特別附録

手作包名師講堂 Open!

簡約線條風格手作包

atelier popo 原創

隨剪隨用的圓弧尺

※ 請以美工刀或剪刀沿線剪下後使用。
使用方法請參照本書 P.34。

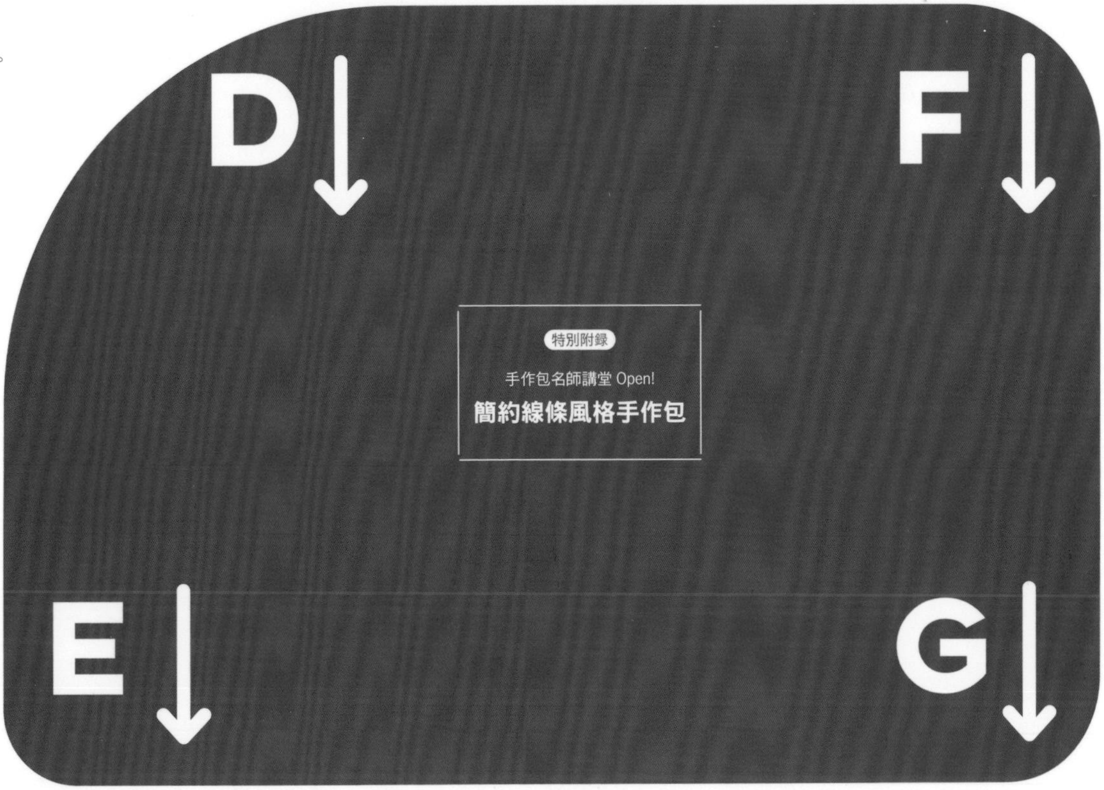

手作包名師講堂Open!

簡約線條風格手作包

atelier popo・冨山朋子著

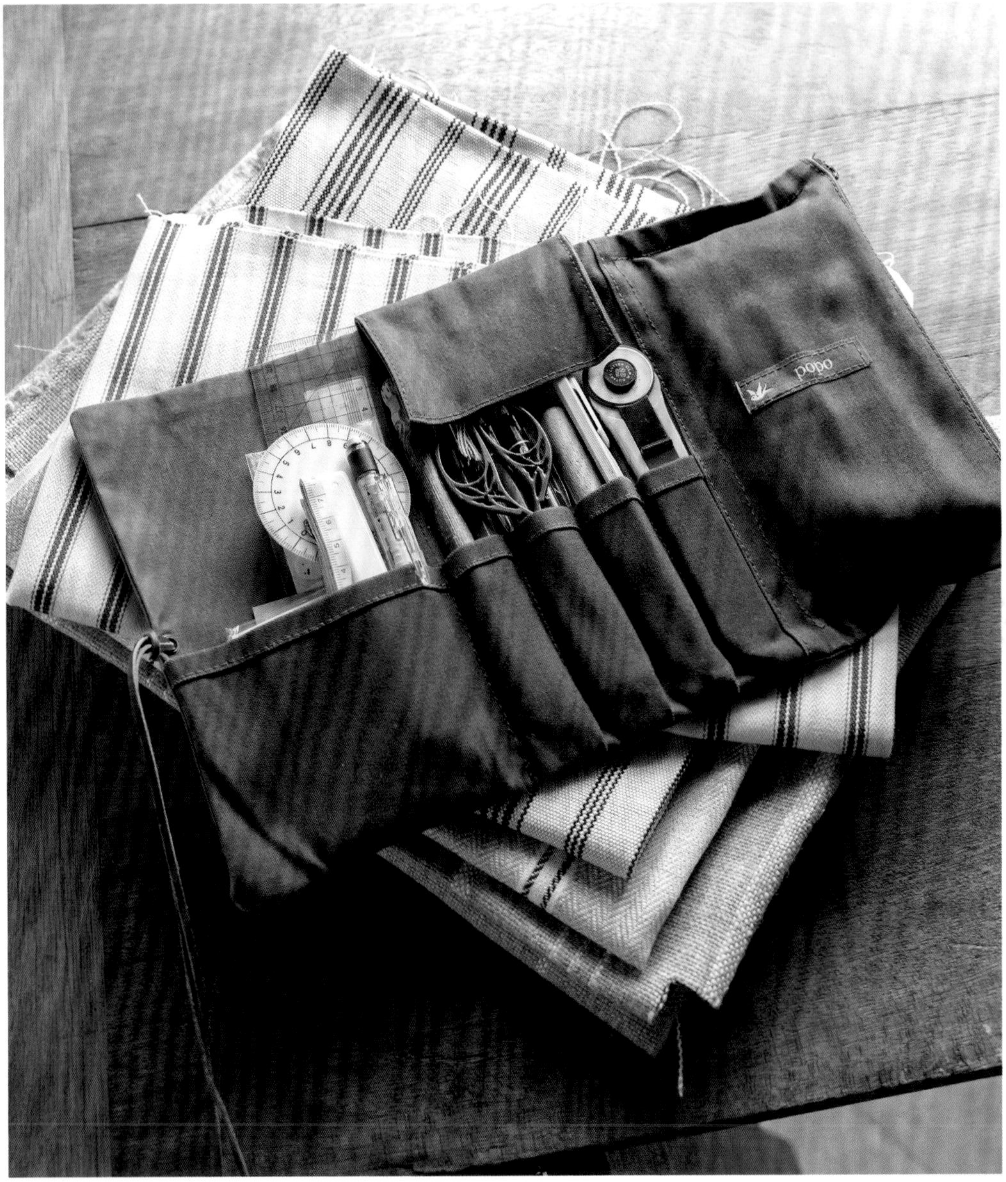

前言

喜愛服裝或手作包的您，
一定都有小心翼翼保存的“珍藏愛布”，
一直等待著出場的時機吧？

我所珍藏的是『COLONIAL CHECK』的布料們。

剛開始學作包時，
前往心心念念的白金店的情景，至今依然難以忘懷。
並使用了在那兒一見鍾情的格紋布，挑戰製作波士頓包。
雖然現在看來，是以不牢靠的車線，粗糙縫製而成，
但用“珍藏愛布”第一次製作的波士頓包，對我來說有著很深刻的回憶。
它成為了我想珍惜長久地一直使用，有著特殊感情的物品，
至今也伴隨著那些回憶，好好地收藏著。
在那之後，經過一段漫長的歲月，
我撰寫了以『COLONIAL CHECK』布料縫製布包的書籍，
這是我這輩子從來沒有想過的事。

本書在特別附錄中，
附贈『atelier popo 原創圓弧尺』。
製作紙型，是縫製美觀布包和波奇包的第一步。
只要有了這個圓弧尺，
即可輕鬆地自己製作紙型。
自己畫線製作的紙型，
也會和包包一樣成為有感情的物品，請務必使用。

大家的“愛藏布料”們，
若能藉由本書的協助，變身成布包或波奇包，
我會很開心。
期盼完成的布包或波奇包，
亦能成為您每日外出的好夥伴。

atelier popo ・冨山朋子

作者初次使用COLONIAL CHECK布料製作的波士頓包。縱使時間流逝，樣貌挺拔依舊。

atelier popo
布包作家／講師　冨山朋子
於文化服裝學院生涯學習BUNKA推廣教育課程學習布包製作。爾後，於2004年～2021年為止，擔任該講座助理，同時開啟作家生涯。2021年起從恩師手中繼承該講座至今。
@popozakka

特別附録
atelier popo 原創
圓弧尺

CONTENTS

Tote Bag
1
直式托特包
作法 → P.63

Tote Bag
2
寬版托特包
作法 → P.65

Tote Bag
3
方形托特包
作法 → P.60

隨著形狀、尺寸、提把接合方法，帶來不同印象，手作包的基本款“托特包”。是製包的基礎袋型，推薦給想要學習製作布包的初學者。即便是製包熟手，也經常回頭製作，是十分受到歡迎的款式。購物、工作或是小旅行使用，配合不同的使用目的，修改本體尺寸吧！

1～3所有的布包，分別都作有內口袋。內口袋的尺寸亦可依照喜好變更。

1 表布＝亞麻布（Naturals Mist / LIBECO） 裡布＝棉（Catalina）
2 表布＝亞麻布（Naturals Corn Silk / LIBECO） 裡布＝棉（Catalina）
3 表布＝亞麻布（Naturals Slate / LIBECO） 裡布＝棉（Catalina）
※布料皆為COLONIAL CHECK

a.拉鍊式內口袋，可放心收納鑰匙或卡片等物品。 b.拉鍊內口袋的對面側是只需車縫即可的貼式口袋。由於內部的物品可迅速取出，非常方便。 c.不但可補強，還能作為裝飾的護角。若皮革的顏色與提把一致，看起來就會很俐落。

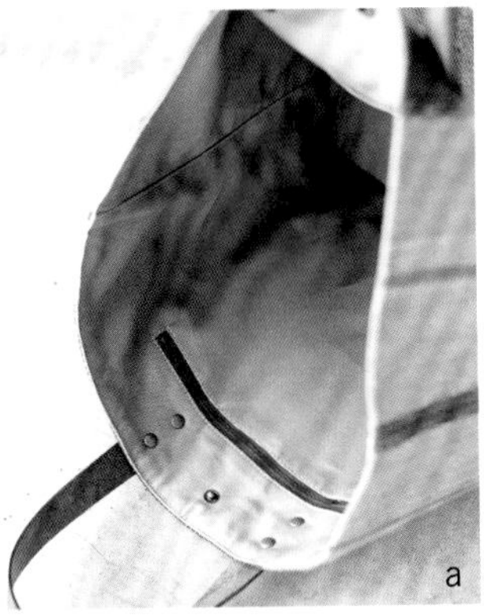
a

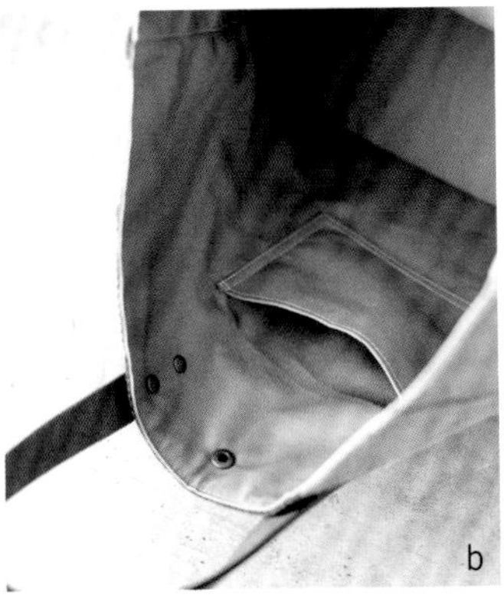
b

c

Tote Bag
4 真皮提把托特包

作法 → P.67

以越用越有味道的皮革提把與護角作為亮點的托特包。作有13cm的側身與底板，是即使放入大量物品也能站立的設計，皮革護角亦能夠防止包角撞傷。

表布＝亞麻布（Lina Herringbone Natural）／COLONIAL CHECK
裡布＝棉厚織79號（＃3300-3·原色）／富士金梅®（川島商事株式會社）

Shoulder Bag

5 掀蓋肩背包

作法 → P.70

尺寸適合輕鬆攜帶的肩背包。掀蓋與脇邊使用的皮革，選擇輕薄且具有挺度的類型為佳。肩帶修剪成喜好長度之後，再縫合固定。

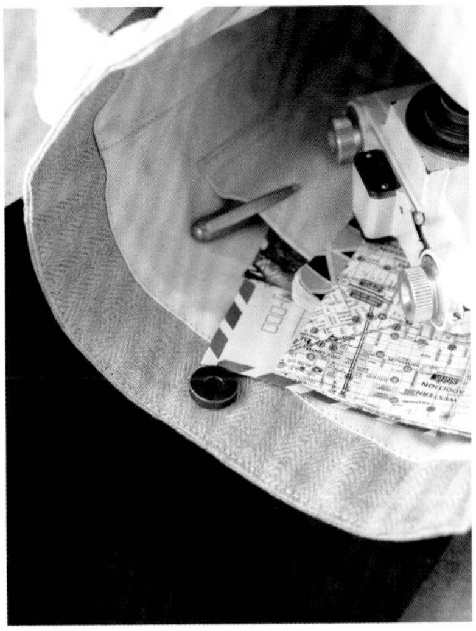

表布＝亞麻布（Naturals 39／LIBECO）／COLONIAL CHECK
裡布＝綿厚織79號 （＃3300-3・原色）／富士金梅®（川島商事株式會社）

有拉鍊的吊掛口袋（僅上端縫合固定於本體狀態的口袋），由於面積較大，因此也能作為蓋布使用。

Tote Bag
6
水桶形托特包

作法→P.93

白色皮革提把與條紋圖案亞麻布的搭配，呈現出潔淨感的托特包。一旦本體與底部的條紋圖案對齊，就能作出漂亮的成果。

Tote Bag

7 有口袋托特包 L SIZE

作法 → P.76

由於無內裡，僅用一片布料即可輕鬆製作，是最適合用來練習車縫厚布的包款。可藉由在底部搭配另一片布料，或是變換材質，輕易地賦予造型變化，或許是簡單卻又最有深度的包款。

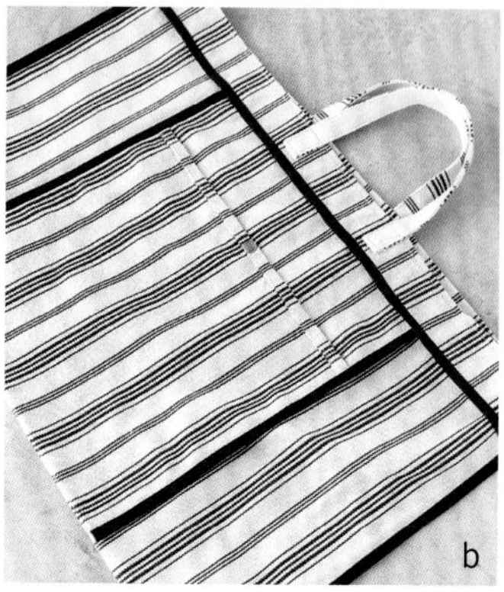

a.即使單層車縫，只要袋口跟底部縫製牢靠，內部放入物品時，就會呈現出穩定性。大型包也很建議置入底板。

b.布端以羅紋織帶包捲。羅紋織帶是對摺包捲布邊端用的薄織帶，羅紋緞帶則是用來裝飾，具有厚度的另一種類型，請加以區分使用。

 表布＝綿（Patry1）／COLONIAL CHECK

表布＝綿（Patry3）／COLONIAL CHECK

以皮標作為亮點。

Tote Bag

8 有口袋托特包 S SIZE

作法 → P.76

與7號托特包作法相同，但尺寸小一號。這款用來裝便當、散步時攜帶隨身物品十分方便。小巧但有確實作出內口袋，也是其便利好用之處。

Tote Bag

9 摺疊環保包

作法 → P.78

不作內裡，只使用一塊布料即可製作的輕鬆包款。由於可將本體與提把摺疊收納在內口袋當中，便於輕巧攜帶。比起厚布，作法更適合使用薄布。

P.15・表布＝亞麻布（右・Lina48・green）（左・Lina60・yellow）／COLONIAL CHECK

摺疊方法

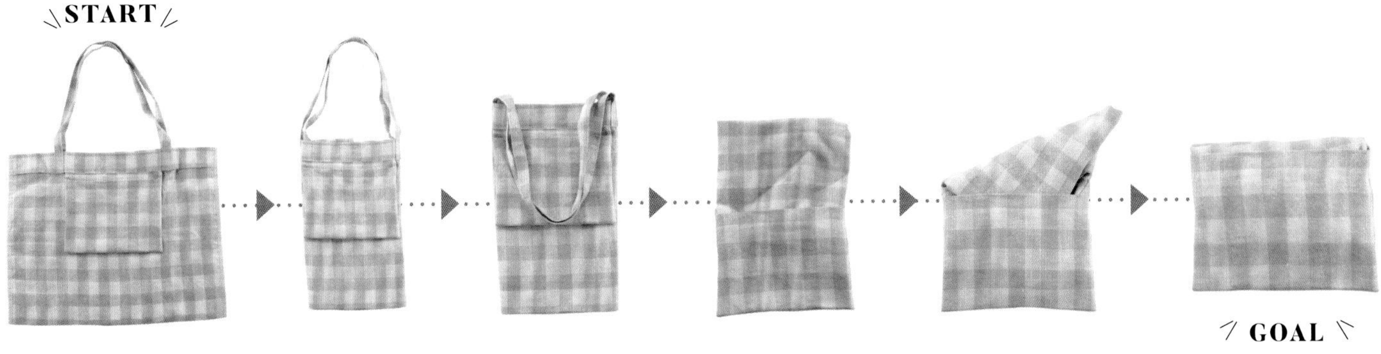

Pouch
10 有底波奇包

作法→P.80

以接合於開口部分的皮布作為設計重點的波奇包。透過皮布可讓開口線條明確。若降低高度製作，也可以作成筆袋。

表布＝綿（AKA Navy）／COLONIAL CHECK
裡布＝綿厚織79號（#3300-11・米色）／富士金梅®（川島商事株式會社）

Pouch

11 扁平波奇包

作法 → P.82

好作又好用的平面波奇包，有拉鍊，是製作波奇包的入門款式。兩側作有皮耳絆，不只是設計元素，也讓拉鍊開闔更加容易。

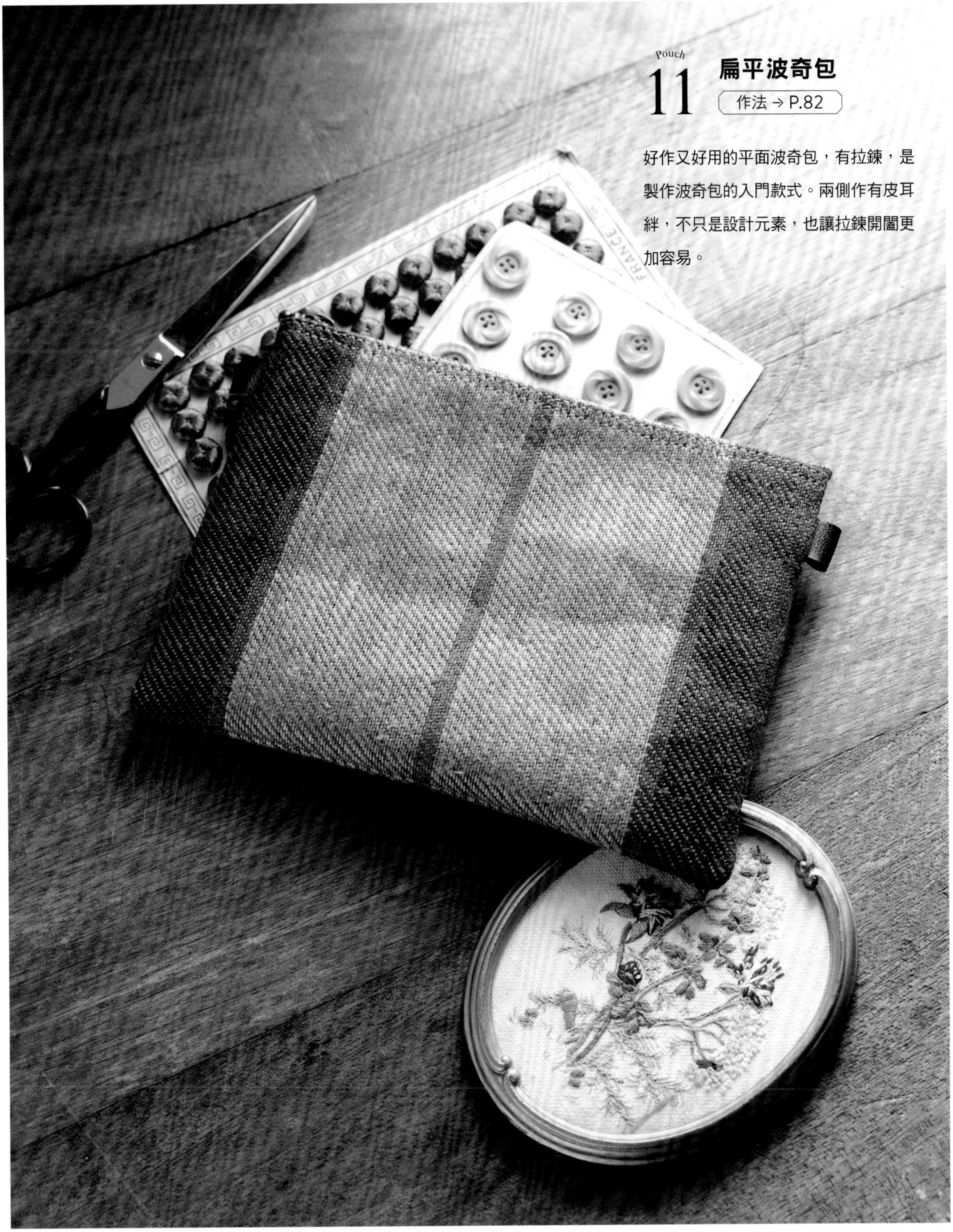

表布＝亞麻布（Naturals L427 Striped／LIBECO）／COLONIAL CHECK
裡布＝綿厚織79號（#3300-11・米色）／富士金梅®（川島商事株式會社）

Pouch
12 波士頓形波奇包

作法 → P.84

沿著本體弧度，使側身至底部彎曲，製成波士頓包形的拉鍊波奇包。使用的人字紋布料，車縫時，若織紋歪斜就會很明顯，因此建議在貼襯之前，先噴上助燙劑（參照P.43）。

表布＝亞麻布（Lina Black Herring Bone）／COLONIAL CHECK
裡布＝綿厚織79號（#3300-3・原色）／富士金梅®（川島商事株式會社）

Pouch

13 掀蓋式波奇包

作法 → P.86

可收納化妝品、卡片類及充電線等物品，正因款式簡單，而更加方便好用的波奇包。固定皮革掀蓋的原子釦，若選用螺絲款，只要有打孔圓沖，無需專用工具也能安裝。

上・表布＝亞麻布（Lina Herringbone Natural）／COLONIAL CHECK
　　裡布＝綿厚織79號 （#3300-3・原色）／富士金梅®（川島商事株式會社）
下・表布＝綿（Catalina）／COLONIAL CHECK
　　裡布＝綿厚織79號 （#3300-3・原色）／富士金梅®（川島商事株式會社）

Pouch

14 束口波奇包

作法 → P.88

以皮革包覆兩脇，製成簡約的成人風束口包。皮革亦可更換成薄人字織帶。此時，請參照P.43單層縫製布包的縫份包捲方式。

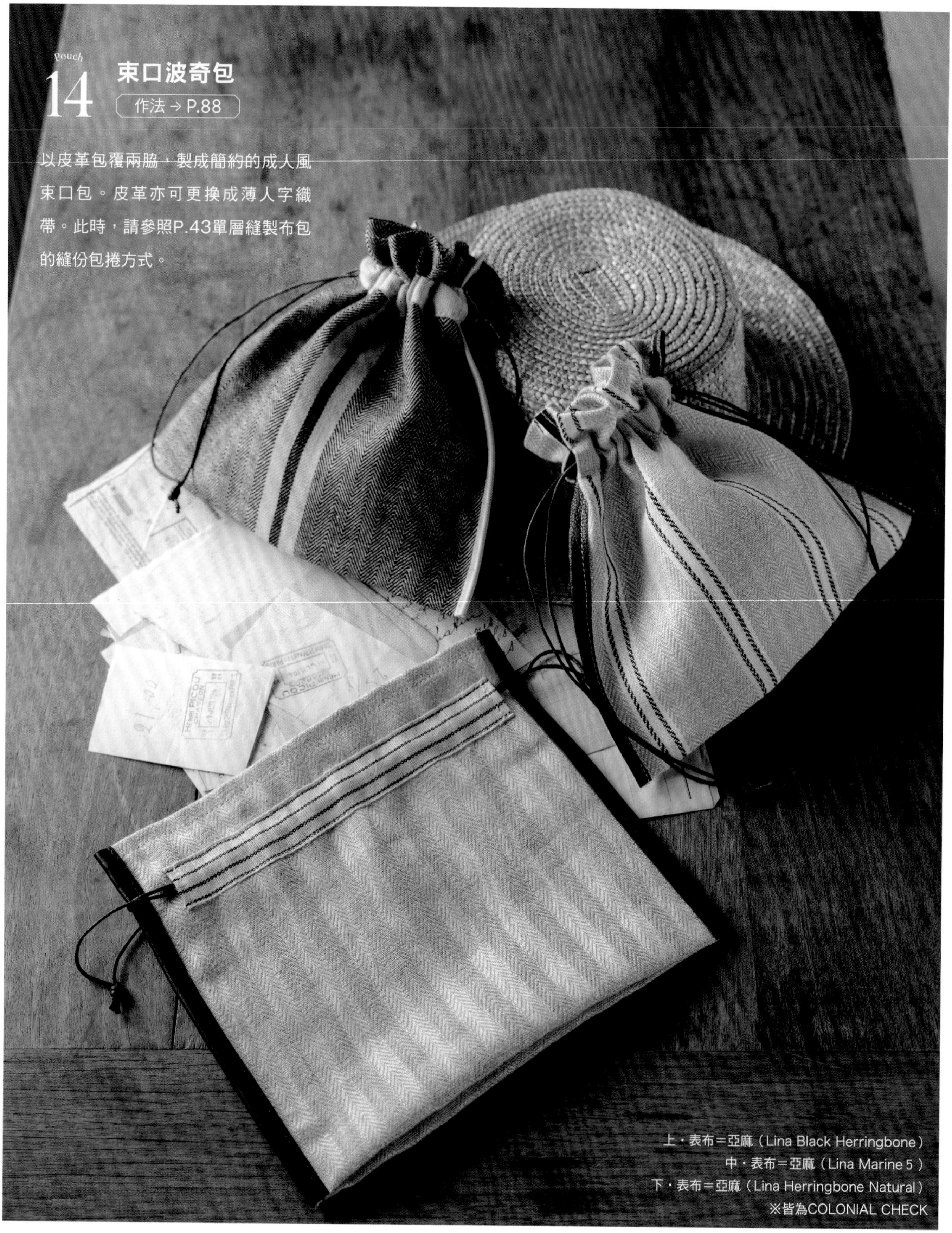

上・表布＝亞麻（Lina Black Herringbone）
中・表布＝亞麻（Lina Marine 5）
下・表布＝亞麻（Lina Herringbone Natural）
※皆為COLONIAL CHECK

表布＝亞麻（Naturals Cement／LIBECO）
配布＝綿（AKA Navy）／COLONIAL CHECK
裡布＝綿厚織79號（#3300-3・原色）／富士金梅®（川島商事株式會社）
肩背帶＝肩背提繩寬10mm（BS1202 #25・焦茶）
／INAZUMA（植村株式會社）

Pochette

15 斜背手機袋

作法→P.90

可輕巧收納手機、卡片或眼鏡等物品的斜背袋。使用了容易拆卸的附問號鉤市售肩背帶。亦可依照想裝入的內容物，修改長度或寬度製作。

表布＝亞麻（Naturals L470 Windowpane／LIBECO）／COLONIAL CHECK
裡布＝綿厚織79號（#3300-3・原色）／富士金梅®（川島商事株式會社）

Shoulder Bag 16

單把肩背包

作法 → P.73

與底部連接的側身，包覆本體一圈的"連通型側身"款式肩背包。是製作立體包的推薦入門款式。雖然側身以皮革拼接，但亦可使用同款布料，或是不同顏色、圖案的布料進行拼接。縫製時，將肩背帶修改成適合自己的長度吧！

表布＝亞麻布（Lina Black Herringbone）／COLONIAL CHECK
裡布＝綿厚織79號（#3300-3・原色）／富士金梅®（川島商事株式會社）

Boston Bag

17 波士頓包

作法 → P.97

能包辦2天1夜程度小旅行的波士頓包。使用的條紋印花人字紋布料這類薄布，若在貼襯之前先以助燙劑上膠之後再製作，縫製時圖案及織紋就不會歪斜（參照P.43）

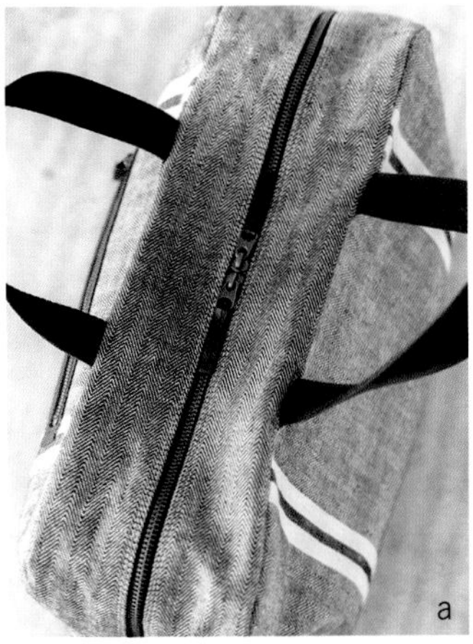

a

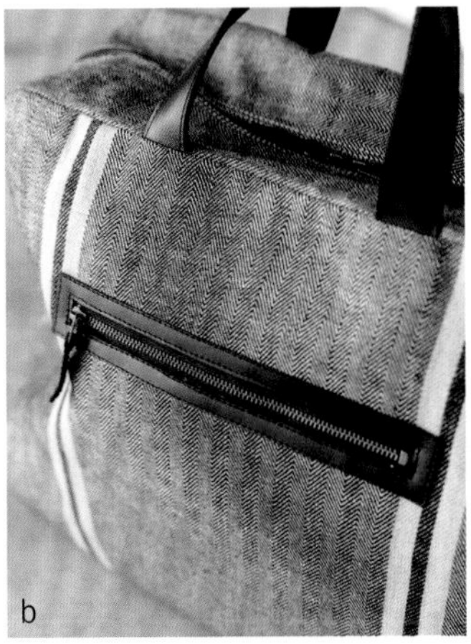

b

a.長距離開闔的波士頓包，使用了易開易關的雙向拉鍊。　b.有袋口布的外口袋，兼具開關拉鍊時減輕布料負擔的功能性，以及提昇設計感的元素。

表布＝亞麻（Naturals L443Plaid Aereo／LIBECO）／COLONIAL CHECK
裡布＝綿厚織79號（#3300-11・米色）／富士金梅®（川島商事株式會社）

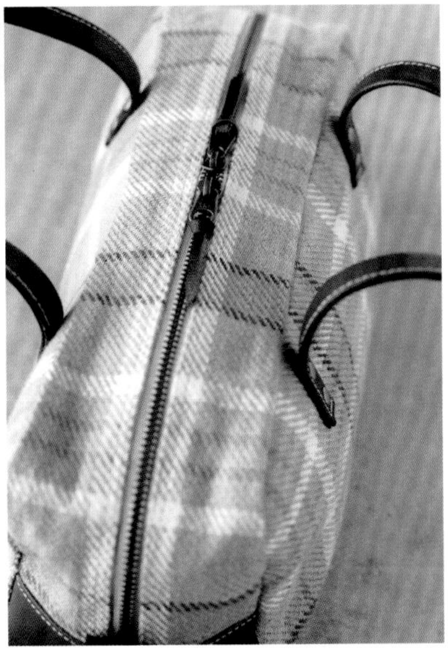

使用雙向拉鍊，並在拉頭綁上皮繩，可使拉鍊更好拉動，也能成為低調的裝飾。

Boston Bag

18 寬版波士頓包

作法→P.100

連接底部的本體，以側身環繞包覆的“側邊側身”款式布包（請與P.22連通型側身款式的16.單把肩背包比較）。與連通型側身相比，通常弧度較小，因此也稍加提昇弧度車縫的難度，但波士頓包這類包款，若是作成側邊側身形式，就會呈現出高級感，請務必挑戰喔！

Tote Bag

19 拉鍊寬版托特包

作法 → P.103

常見於市售品的有拉鍊側身托特包。是拉鍊側身作起來雖然稍微費工，但相對地，本體只需摺出兩側底角即可作出側身，名為”彎曲側身”的簡易製包型態。是無論圖案或材質皆能凸顯的簡單設計。

表布＝綿（Merpal 1）／COLONIAL CHECK
裡布＝綿厚織79號（#3300-11・米色）
／富士金梅®（川島商事株式會社）

a.水瓶及便當都不必橫放，可穩定置入的寬幅側身是其魅力。 b.有拉鍊的口布，由於也能遮蔽內容物，十分便利。使用長於口布的拉鍊，讓袋口可大大地展開，取放物品更加容易。

表布＝亞麻（Naturals 33・check／LIBECO）／COLONIAL CHECK
裡布＝綿厚織79號（#3300-11・米色）／富士金梅®（川島商事株式會社）

Rucksack
20 後背包
作法 → P.106

成人揹也好看的後背包，會是什麼樣的形式呢？幾經思考之後，最終得到的解答，是最簡約的這個款式。穿過雞眼釦的後背包背帶是皮繩。與拼接用的皮革色彩一致。使用大格紋或是直條紋印花，藉由對齊圖案大幅度提昇成品美觀度。

本書使用的布料

本書作品主要用於表布的布料介紹。「選布是作包的妙趣之一。
若是選擇有存在感的布料，即使是簡單的樣式，也能作出好看的布包」，抱持如此主張的作者，
20年來一直所愛的COLONIAL CHECK布料。

※全部皆為COLONIAL CHECK所販售。

1 方形托特包
Naturals Mist（LIBECO）
亞麻100% 140cm幅

2 寬版托特包
Naturals Corn Silk（LIBECO）
亞麻100% 寬140cm

3 寬版托特包
Naturals Slate（LIBECO）
亞麻100% 寬140cm

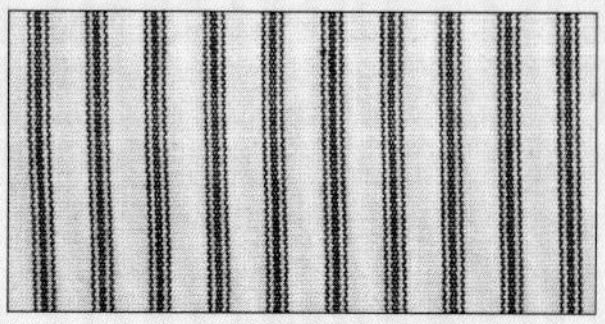

1~3 裡布／13掀蓋式波奇包／15配布
Catalina
綿100% 寬140cm

4 真皮提把托特包／11 扁平波奇包
Naturals L427 striped（LIBECO）
亞麻100% 寬145cm

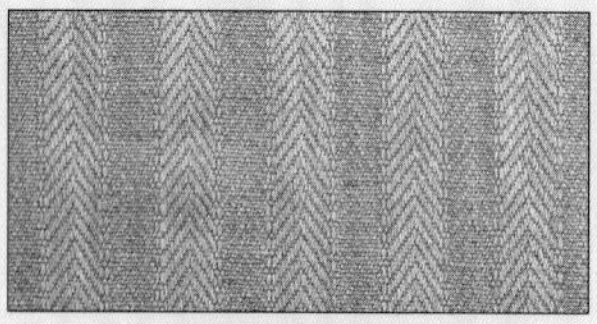

5 掀蓋肩背包／13 掀蓋式波奇包／14 束口波奇包
Lina Herringbone Natural
亞麻100% 寬150cm

6 水桶形托特包
Naturals 39（LIBECO）
亞麻100% 寬140cm

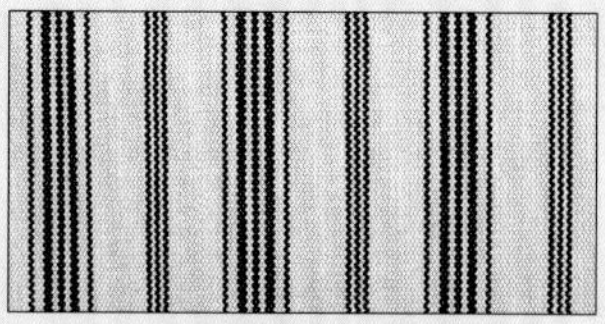

7 有口袋托特包L SIZE
Patry1
綿100% 寬137cm

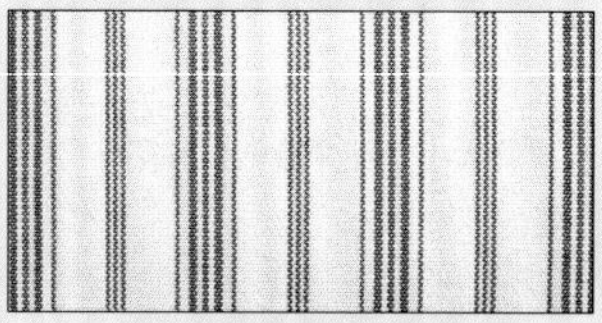

8 有口袋托特包S SIZE
Patry3
綿100% 寬137cm

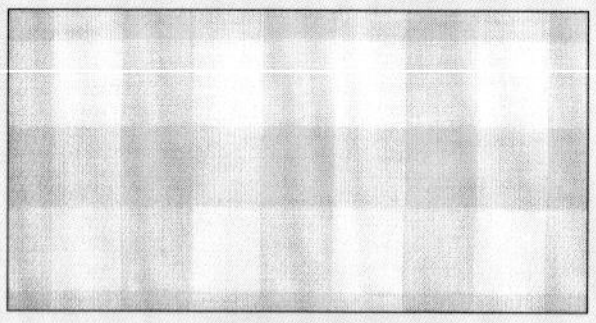

9 摺疊環保包
Lina60・yellow
亞麻100% 寬150cm

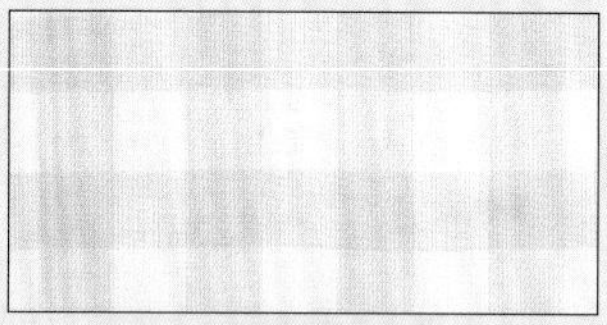

9 摺疊環保包
Lina48・green
亞麻100% 寬150cm

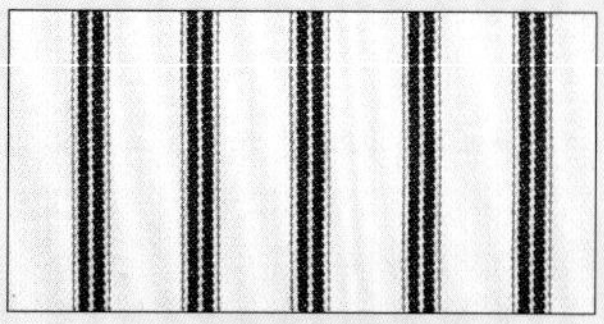

10 有底波奇包／15 斜背手機袋（配布）
AKA Navy 3
綿100% 寬137cm

12 波士頓形波奇包／14 束口波奇包／17 波士頓包
Lina Black Herringbone
亞麻100% 寬150cm

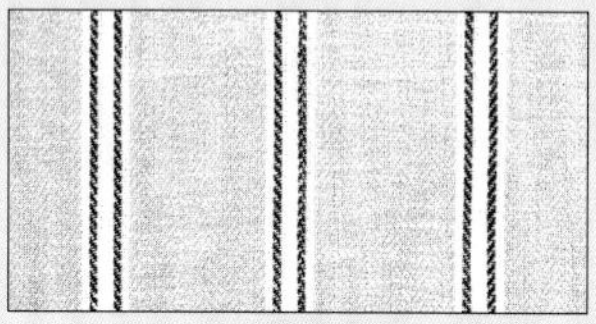

14 束口波奇包
Lina Marine No. 5
亞麻100% 寬150cm

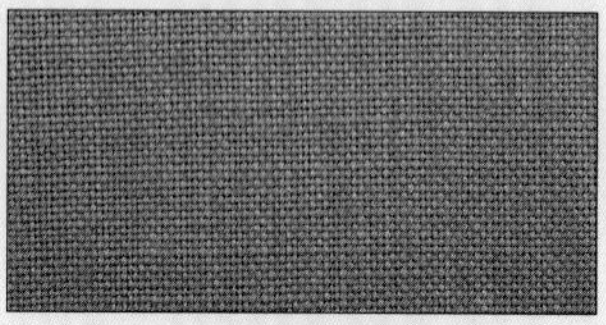

15 斜背手機袋
Naturals Cement（LIBECO）
亞麻100% 寬140cm

16 單把肩背包
Naturals L470 Windowpane（LIBECO）
亞麻100% 寬140cm

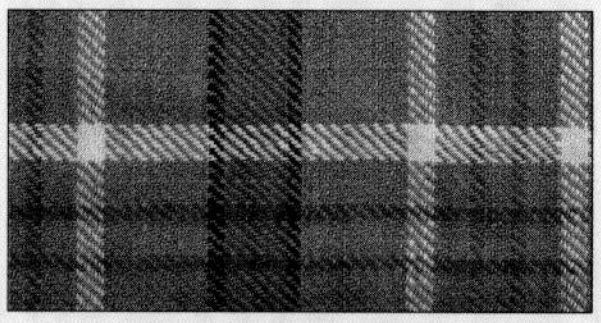

18 寬版波士頓包
Naturals L443 Plaid Aereo（LIBECO）
亞麻100% 寬140cm

19 拉鍊寬版托特包
Merpal 1
綿100% 寬137cm

20 後背包
Naturals 33（LIBECO）
亞麻100% 寬140cm

SHOP

COLONIAL CHECK

COLONIAL CHECK
https://www.colonialcheck.com/

布包製作工具

在此公開作者愛用的工具。選擇好用的工具是製作精美布包的捷徑。
可在手藝店或五金大賣場等地方購得。

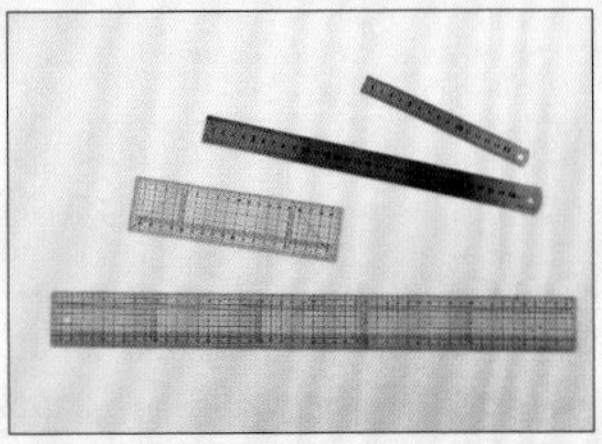

尺

使用於加入縫份、裁剪布料。添加縫份時使用有方格的款式，裁布時則是金屬製品較為方便好用。

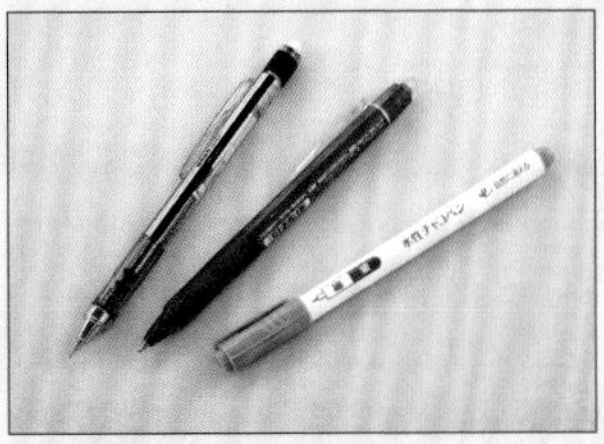

消失筆

用於布料作記號時。除了布用消失筆之外，也會使用能熨燙加熱清除的魔擦筆以及自動鉛筆（2B）。

布鎮

在布料上作記號時，用以固定紙型。

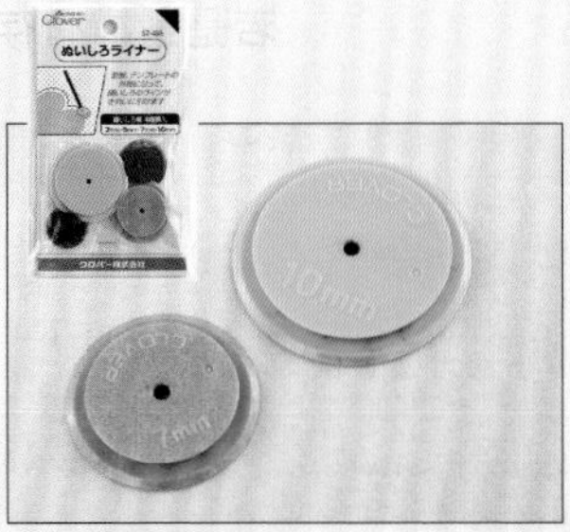

縫份圈 Clover（株）

將溝槽靠在紙型外側，就能平均地畫出0.3、0.5、0.7、1cm的縫份。用法請參考P.36。

銀筆

銀色墨水的原子筆。
用於皮布作記號時。能在皮布上畫出清楚的色彩。想要清除時，使用橡皮擦即可擦拭乾淨。

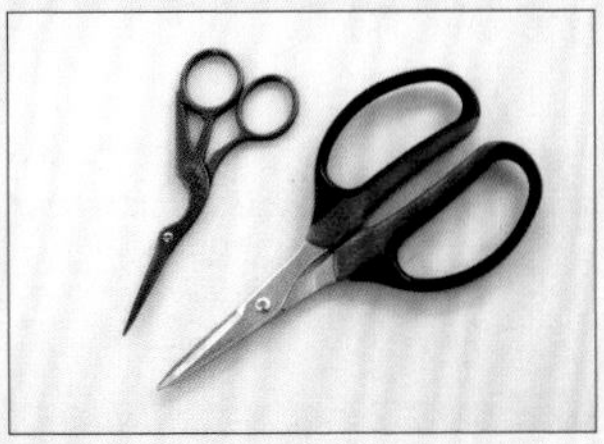

剪刀

線剪與用來裁剪布料或皮布的剪刀。由於經常需要裁剪厚物，因此慣用的不是裁縫用的布剪，而是萬用剪刀。

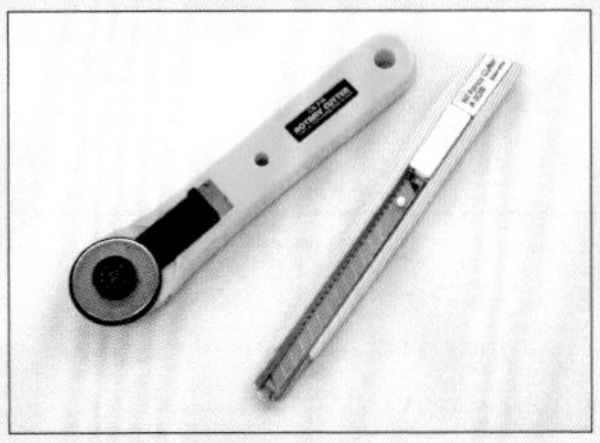

美工刀

用於切割紙型與布料時。將美工刀的刀刃摺短，隨時保持銳利。小巧的類型較方便使用。切割輪刀則便於裁切曲線。

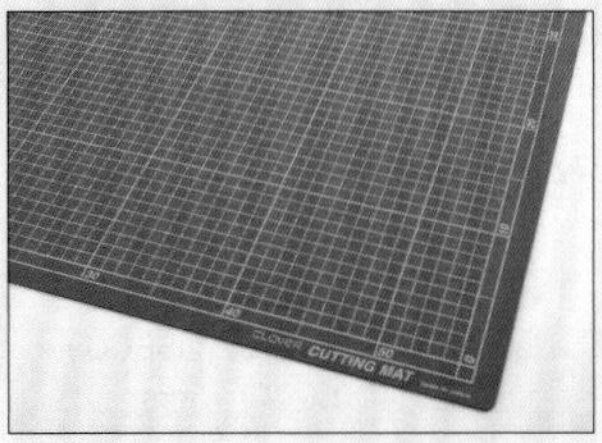

切割墊

使用美工刀時，用來墊在下方。有一定程度大小的種類會較好使用。

強力接著劑・抹刀

暫時固定皮革與厚布的強力接著劑和抹刀。這把抹刀是老師的父親將小朋友劍道用的竹刀削製而成的手工品。使用市售品也沒問題。

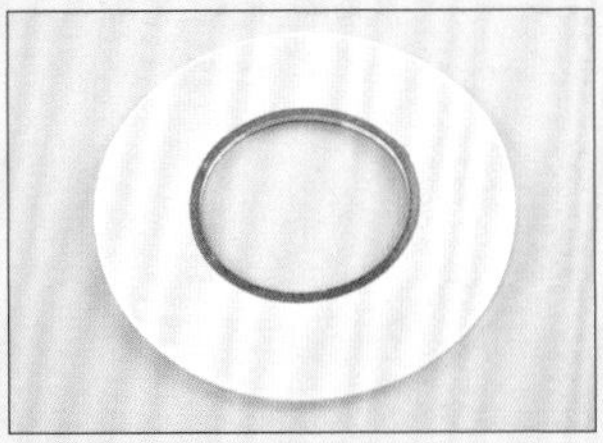

雙面膠

用於黏貼摺線、暫時固定拉鍊。寬3mm的類型不會妨礙車縫線，使用便利。

接著劑（G CLEAR）

用於固定提把等場合。能夠將不同材質相互黏合，乾燥後也不會變硬。

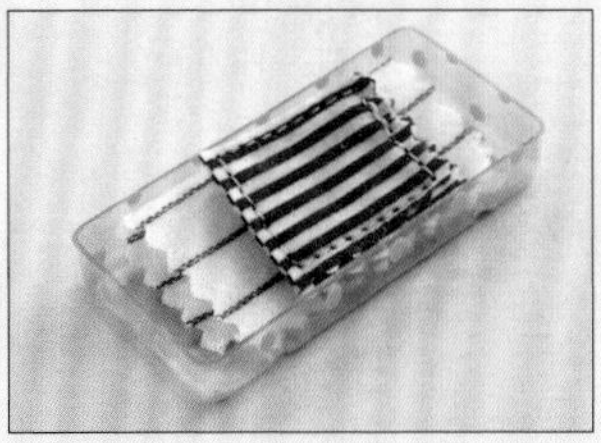

拭針布

浸泡縫紉機油的布。當膠帶上的黏膠附著在針上，讓針變得黏膩時可用本產品擦拭。放在小盒子裡，隨時待命。

木槌

在安裝五金時用來敲打沖子，或是將布料摺出摺線時使用。

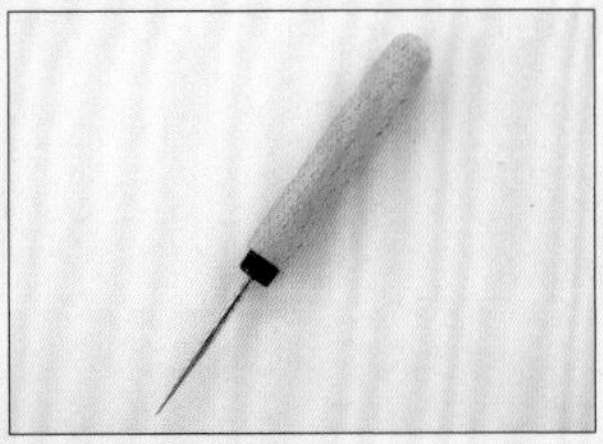

錐子（千枚通）

作記號，以及安裝提把或五金時用來戳洞。直到根部都很細，也被叫作千枚通的款式使用方便。

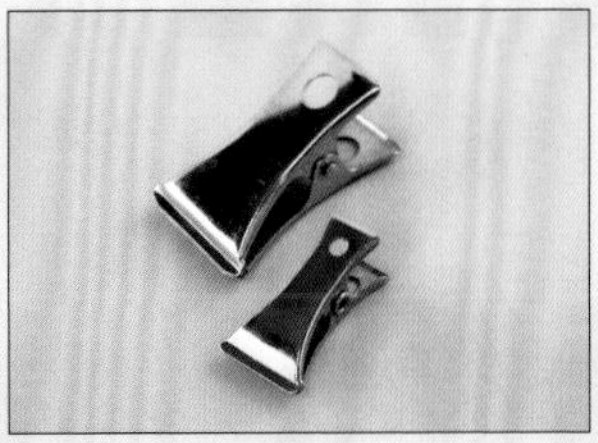

夾子

用於夾住布料暫時固定。由於能牢牢地固定，因此慣用金屬夾。依照固定的位置，使用不同大小。

機縫線（VINYMO #30）

厚布（布包）用車縫線。具有絲般的光澤，同時具有強度，不易跳針，能漂亮地車縫厚布。

簡單迅速作出紙型！

atelier popo
原創

特別附錄 隨剪隨用的圓弧尺使用方法

本書中使用到的所有圓角（曲線）都能運用這2張圓弧尺描繪。
只要使用此圓弧尺，無論是誰都能正確地描繪圓角（曲線）的部分。在描繪紙型時不易錯位，因此能夠作出漂亮的成品。

＼附有方便的直角／

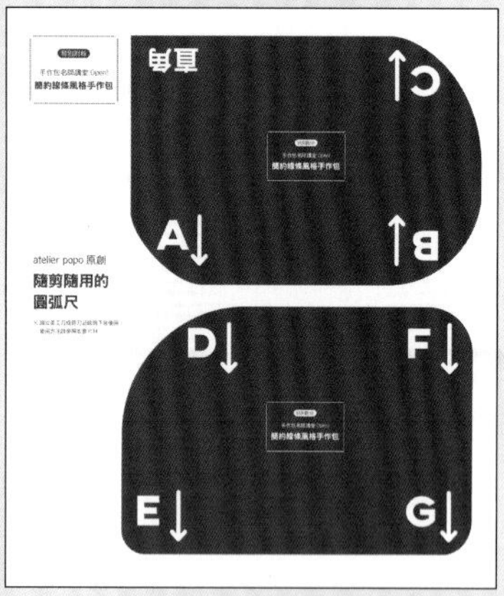

本書所使用到的圓角全部在這2張裡！

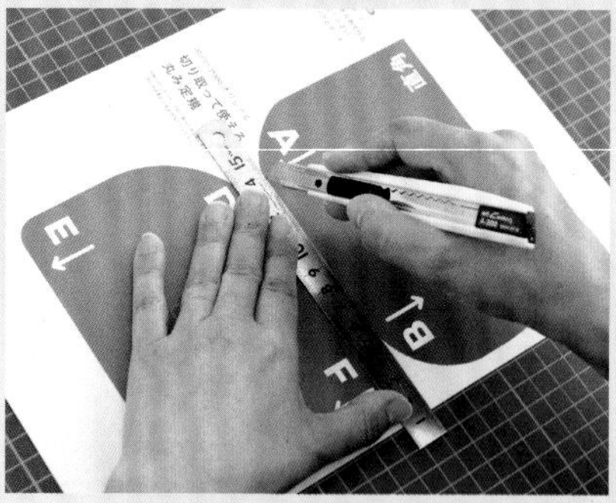

1 從書上將〈特別附錄圓弧尺〉剪下。沿外側，將尺靠在直線的部分上，以美工刀裁切。

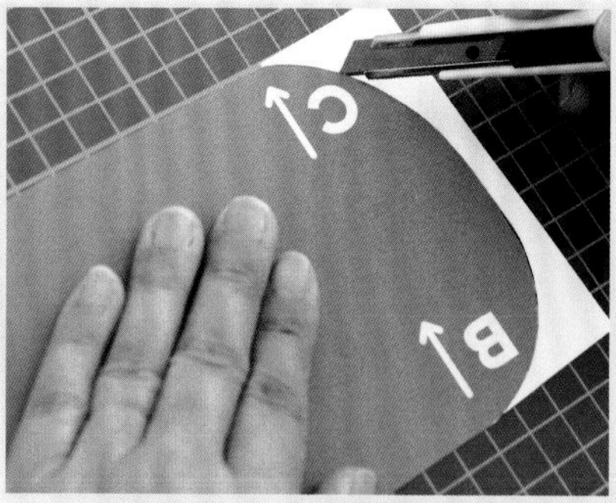

2 圓弧的部分則以美工刀或剪刀裁剪。

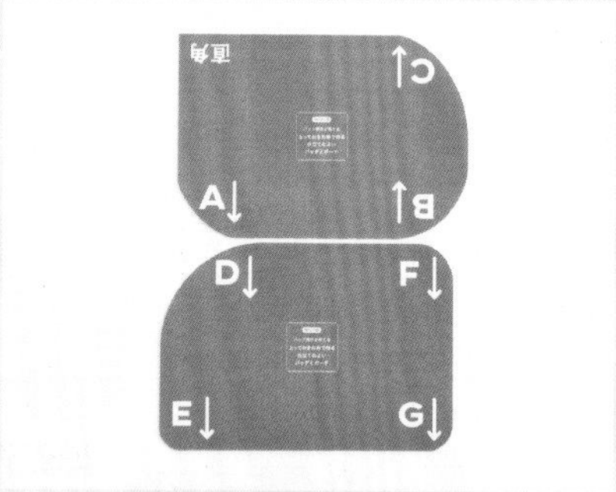

3 兩張圓弧尺裁剪完成。

4 閱讀作法頁的〈裁布圖〉，在約為月曆厚度的紙張上畫出完成線。

5 參照作法頁的〈圓角畫法〉，將圓弧尺A～G任一個圓角靠在角落。

6 沿著圓弧尺畫圓角。

7 對向側則將圓弧尺翻面，以相同方式繪製。

8 沿完成線剪下，紙型即完成。

作法從下一頁開始！

↗

紙型作法・記號畫法

製作所有裁片的紙型，放在布料上，畫出完成線等記號。

1 製作紙型

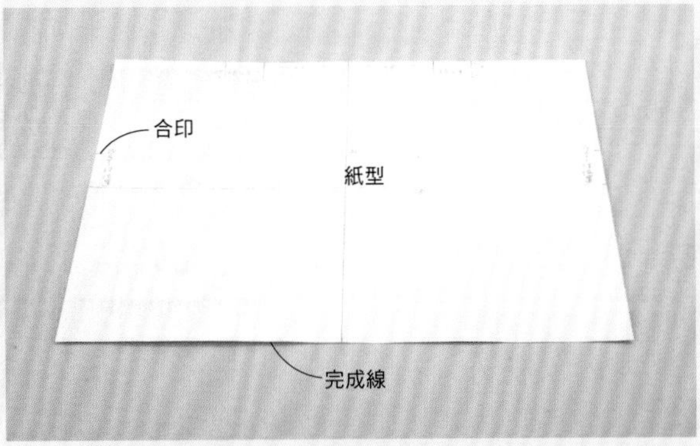

1 參考作法頁的〈裁布圖〉，製作符合完成線的紙型。也畫上合印、口袋位置等需要的記號。

對紙型而言，月曆紙的厚度剛剛好。

2 畫上完成線

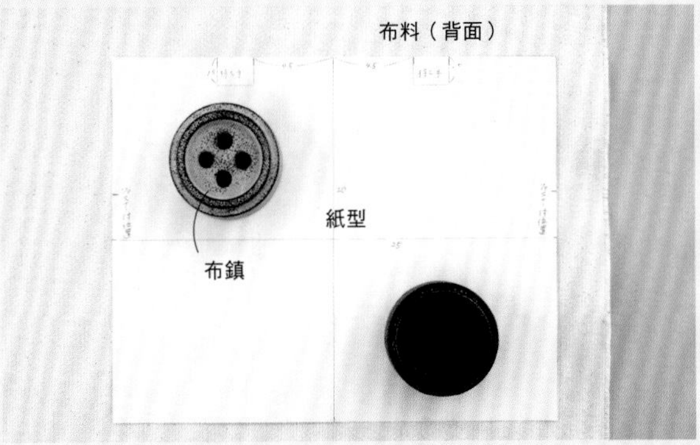

2 在剪下的布料背面側放上紙型，以布鎮這類重物壓住固定。

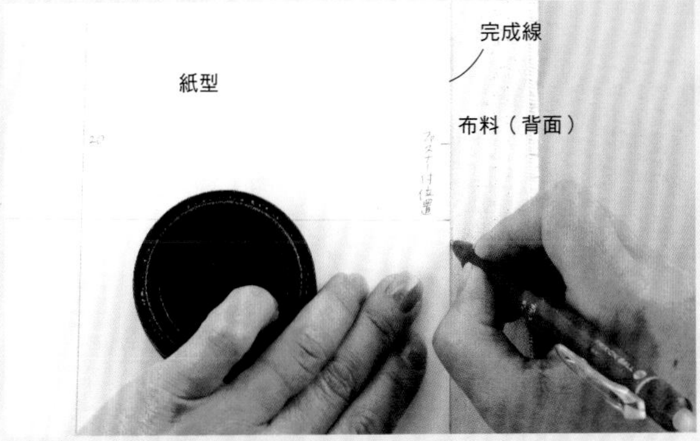

3 沿著紙型，畫出完成線。

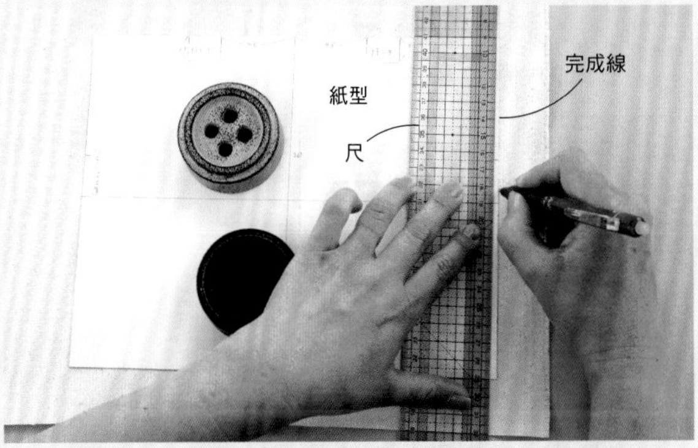

4 直線等狀況，就將尺靠在完成線上，即可漂亮地畫線。

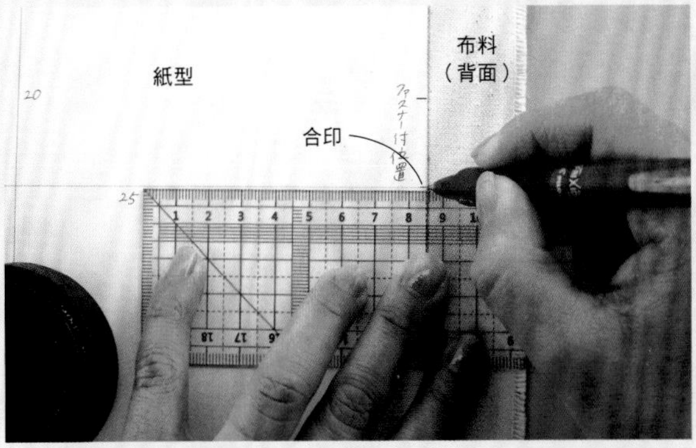

5 也別忘了在中心、合印、接合位置等地方作記號。

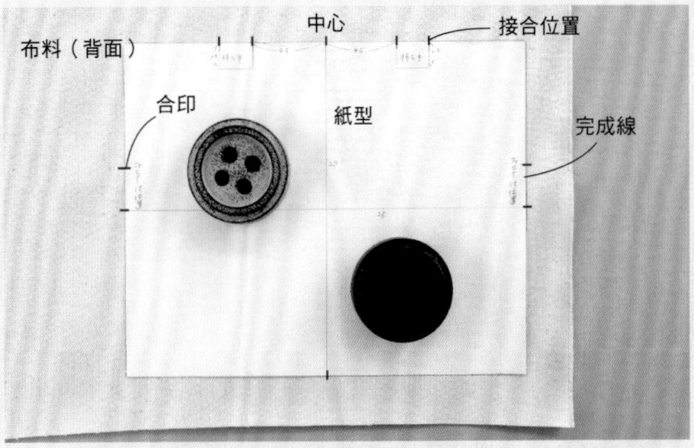

6 完成線和記號繪製完畢。透過在此階段確實地作出記號，後面的步驟就能順利進行。

P.36繼續→

縫份畫法・裁布方法

在布料畫好的完成線上，加上指定的縫份進行裁布。

1 加上縫份

方格尺的用法

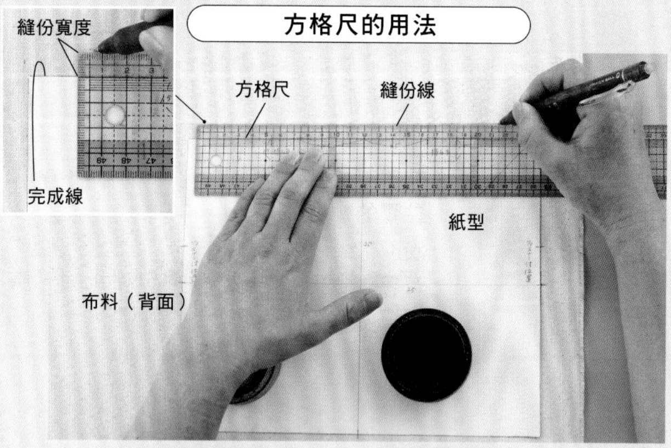

1　將紙型邊緣靠在方格尺的縫份寬度格線上，畫出縫份寬的線條。

縫份圈的用法

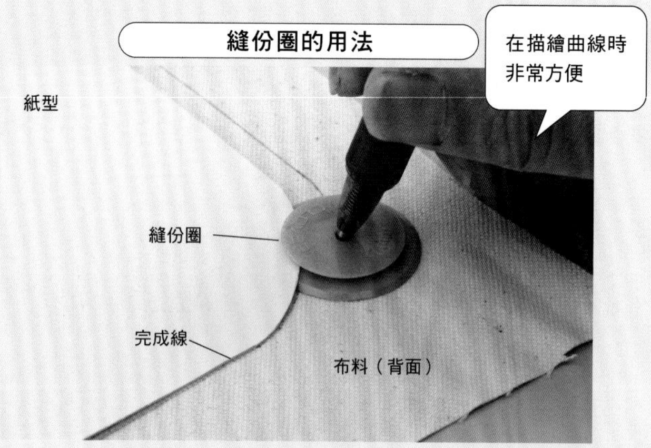

1　使用所需縫份寬的縫份圈（圖中為0.7cm）。將紙型邊緣靠在縫份圈的溝槽中，並將筆尖戳入中心的孔洞，以旋轉縫份圈的方式畫線。

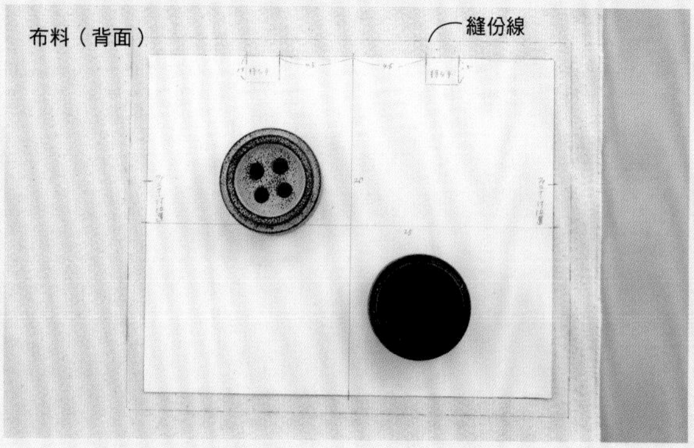

2　縫份線繪製完畢。

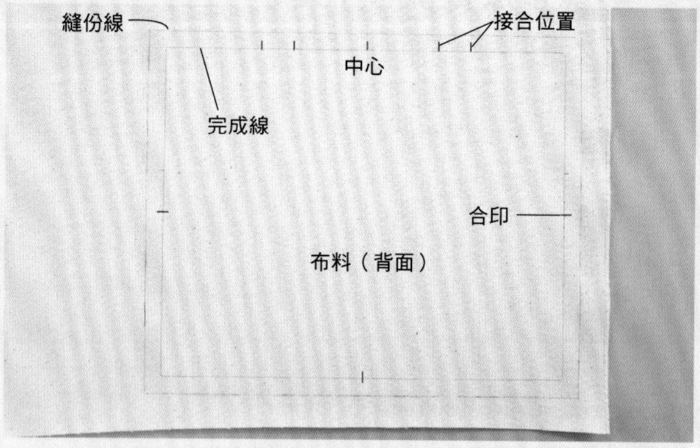

3　移開紙型。完成線、縫份線、記號繪製完成。

2 裁布

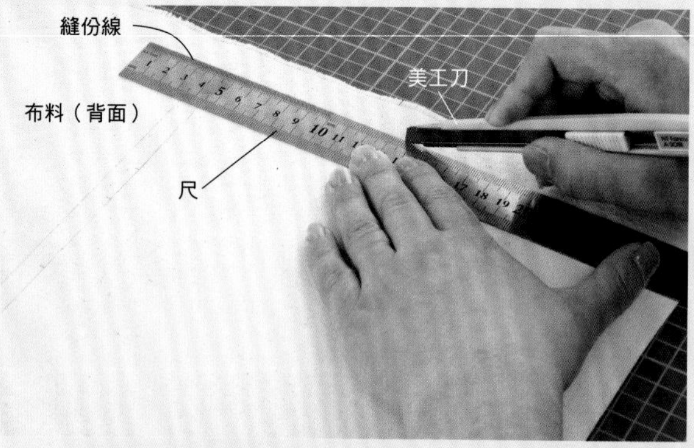

1　直線是將金屬尺靠在縫份線上，曲線則是以美工刀在線條上進行切割。藉由美工刀的使用，可迅速又俐落地裁切。

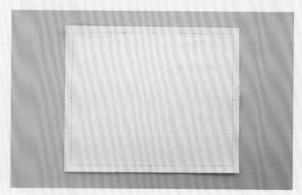

2　裁布完成。

襯的用法

藉由在布料背面貼襯，製作出正式的效果。
來解說襯的用法。

不織布接著襯〈中厚〉

日本Vilene（株）

在無布紋的不織布上，塗有可熨燙融化黏膠的襯布。
硬度恰到好處的〈中厚〉種類適合製作布包。與P.37的自黏襯用途相同。請選擇好保存，方便使用的類型。

不織布接著襯的貼法

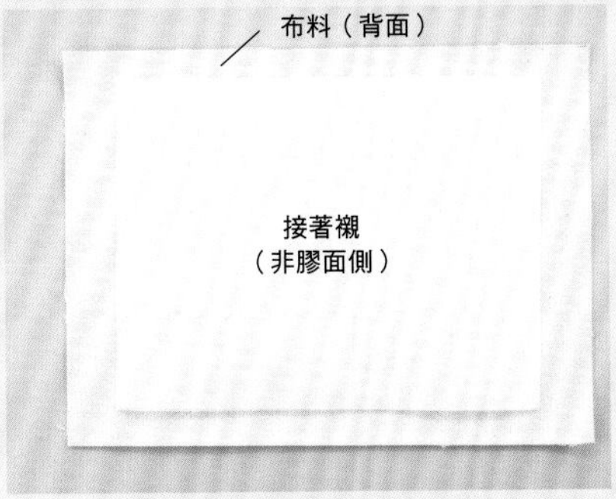

1 所有裁片都要黏貼的情況，在比裁片裁剪得更大一些的布料背面側，膠面朝下放上小一圈的接著襯。

不要移動熨斗，從上以體重施壓。

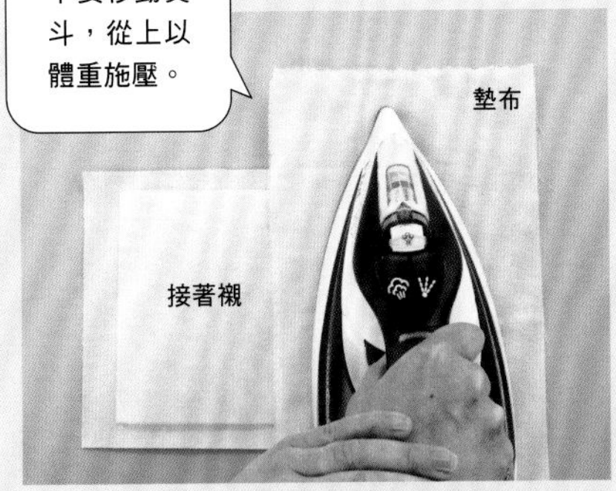

2 為防止接著襯的黏膠沾附於熨斗上，一定要墊布，以中溫（140℃～160℃）熨燙。

3 稍微移動熨斗，並同樣地以體重重壓。重複此動作直到整體貼合為止。

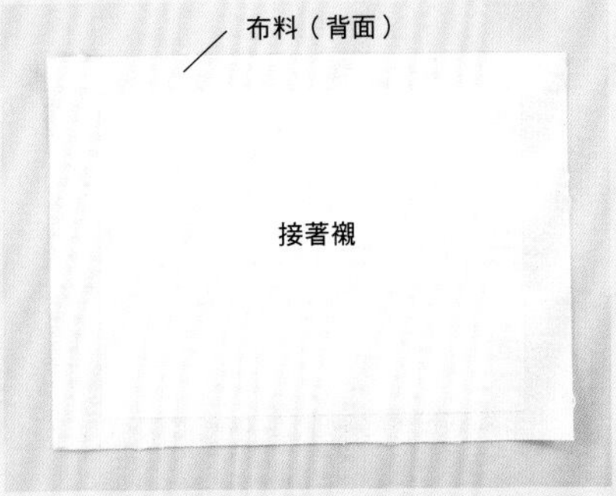

4 整體按壓熨燙之後，就確認是否到邊緣都有確實黏貼，並放置在平坦處直到冷卻為止。若在熱的時候移動，背膠會有脫落的疑慮。

5 背膠冷卻穩定之後，就參照P.35～P.36放上紙型裁剪。

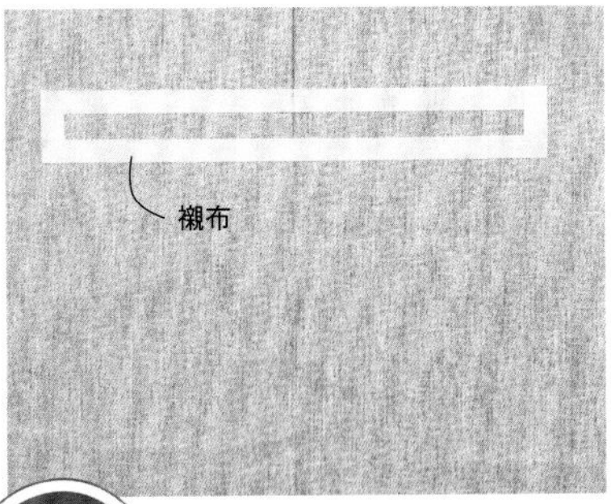

ONE POINT!

局部貼襯的情況，是先裁剪好裁片，再將襯剪成指定尺寸，接著放在貼合位置進行黏貼。

華夫格自黏襯（薄）

是浮雕加工成華夫格狀的不織布，背面帶有背膠的免燙式襯布。不使用熨斗，撕下離型紙進行黏貼。具有剛好的厚度與挺度，輕巧且持久度佳。特色在於作品翻至正面時也不易脫落，不易產生皺褶。

自黏襯的貼法

1 自黏襯的正面側（非離型紙側）參照P.35～P.36，加上記號。將接著襯裁剪成比記號大一圈（局部貼襯的狀況請參照P.37）。

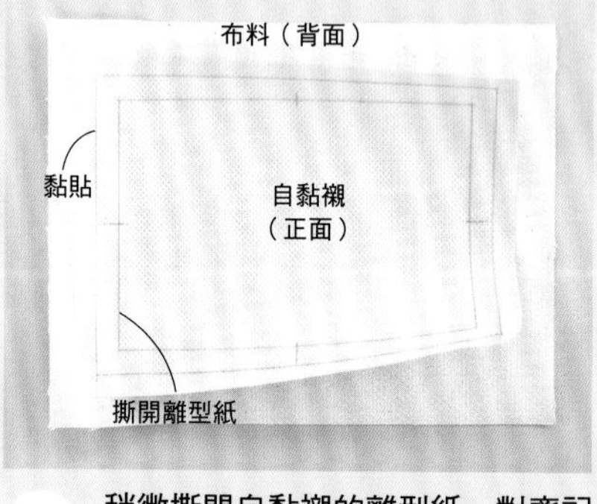

2 稍微撕開自黏襯的離型紙，對齊記號與布紋，黏貼在布料背面側。

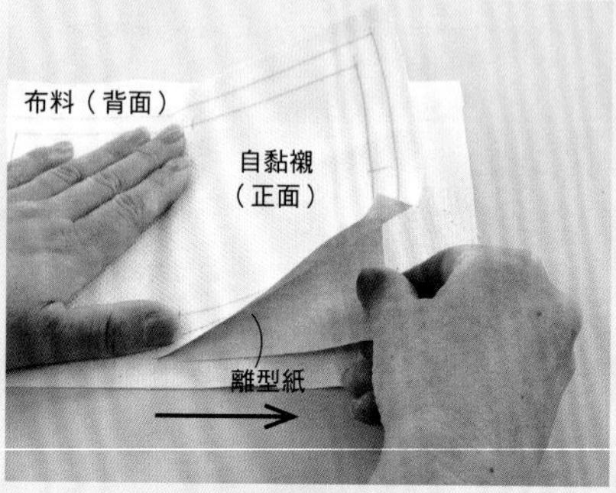

3 一邊慢慢地撕開離型紙，一邊避免產生皺褶進行黏貼。

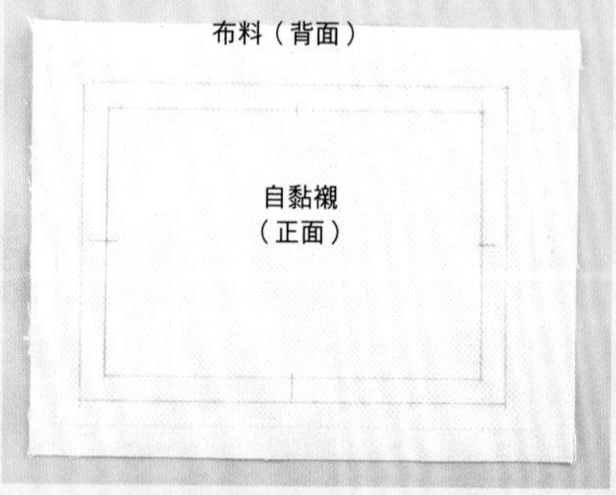

4 自黏襯黏貼完成。

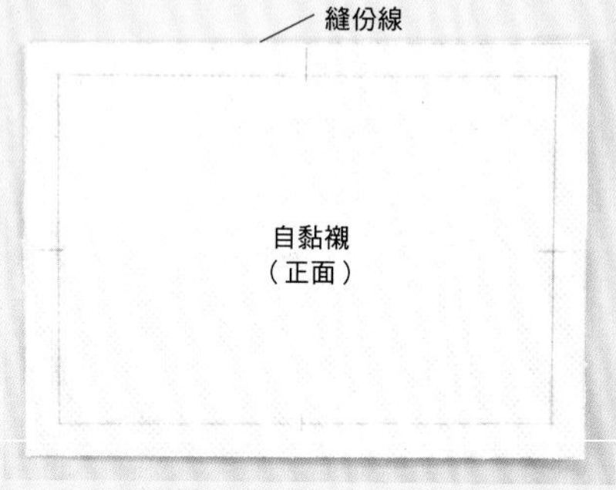

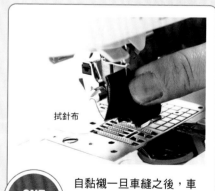

5 沿縫份線裁剪。

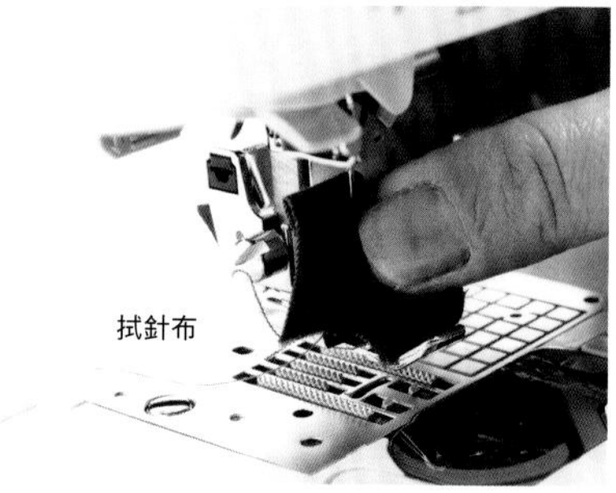

ONE POINT!

自黏襯一旦車縫之後，車針就會沾附黏膠，造成跳針，因此請使用吸附了縫紉機油的布料（參照P.33〈拭針布〉）頻繁地擦拭。

insole襯

材質如皮革一般的襯布。沒有背膠，以強力接著劑黏貼使用。可增強材質，使黏貼的部分呈現出漂亮的直線，能使布包製作出挺度效果。本書使用0.3mm厚與0.8mm厚的款式。

強力接著劑

用於暫時固定真皮、厚布或襯布等布料的糊狀黏膠。能比雙面膠更牢靠地暫時固定，在黏貼大面積或以雙面膠會剝落的情況可使用強力接著劑。

ONE POINT!

具揮發性且容易乾燥，不使用時請確實關緊蓋子。可使用金屬蓋的空罐分裝成小分量使用。這時若瓶內保持填滿的狀況，就不會接觸空氣，也不易乾燥。

insole襯的貼法

在黏貼面雙方都塗上強力接著劑。

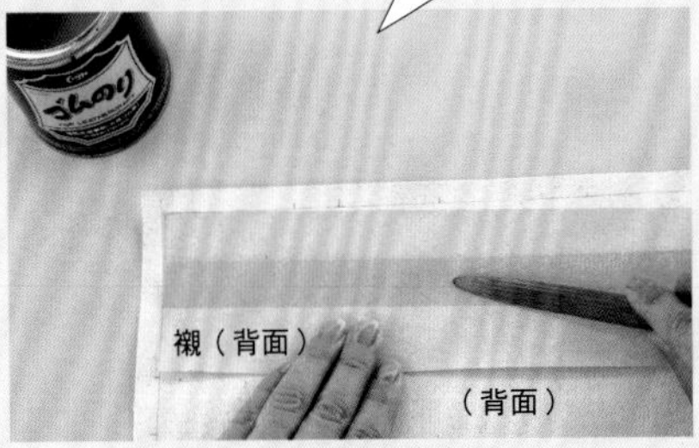

1 在襯布與本體的黏貼位置上方，薄薄地塗上強力接著劑，在接合處兩邊都塗抹強力接著劑。

強力接著劑乾燥之後再黏貼。

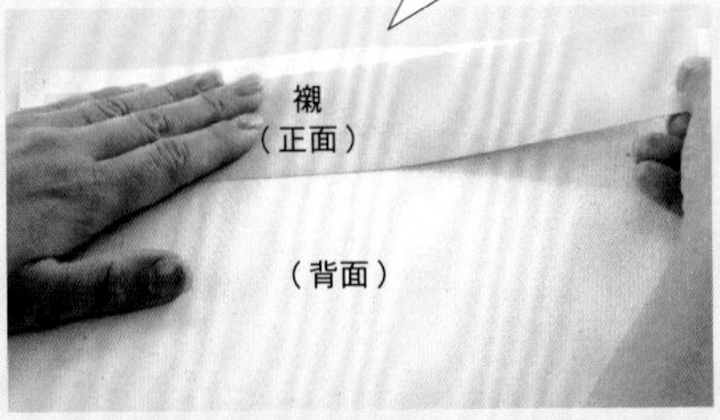

2 強力接著劑乾燥之後，就將襯的邊緣對齊接合位置，慢慢地黏貼。

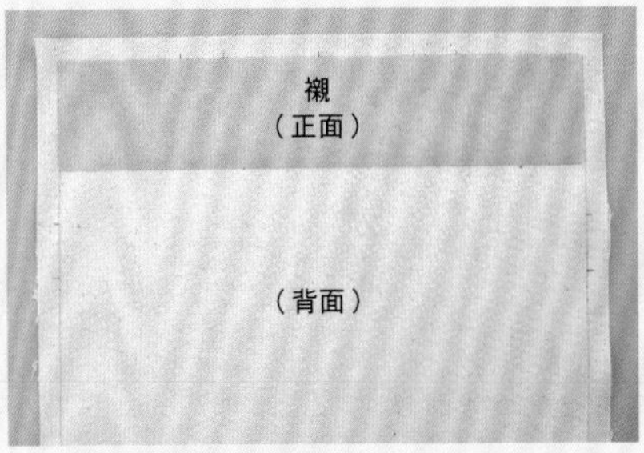

3 將襯黏貼完成。

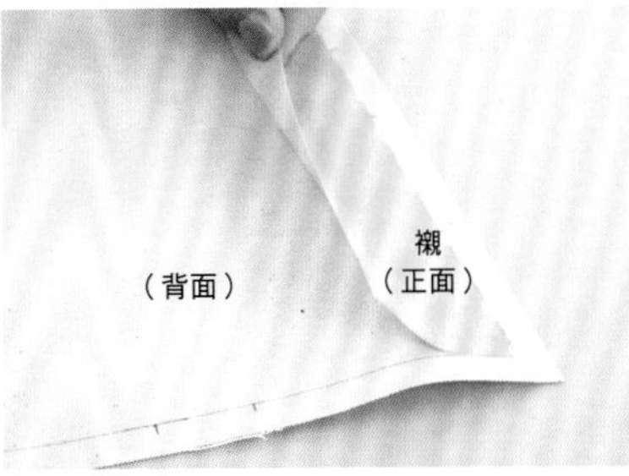

ONE POINT!

在開口部分貼襯時，若下方不黏貼，就不易在正面側呈現出襯的落差。

底板

堅硬厚實且輕盈的聚乙烯板。放在包底作為底襯。可以美工刀裁切的款式使用方便。本書使用了厚1.5mm的底襯。

摺線摺法

布用雙面膠

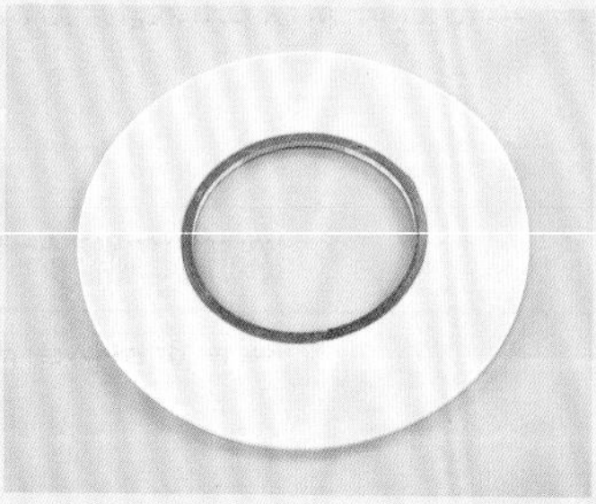

在作出摺線或暫時固定時，
使用雙面膠或強力接著劑。

比起使用珠針固定更不易移動，能牢牢地固定，因此可輕易地漂亮車縫。若車縫膠帶部分，針就會黏膩，容易造成跳針或斷線，因此要避免黏貼在車縫處。當針變得黏膩時，請擦拭乾淨（參照P.38）。

二摺邊的作法

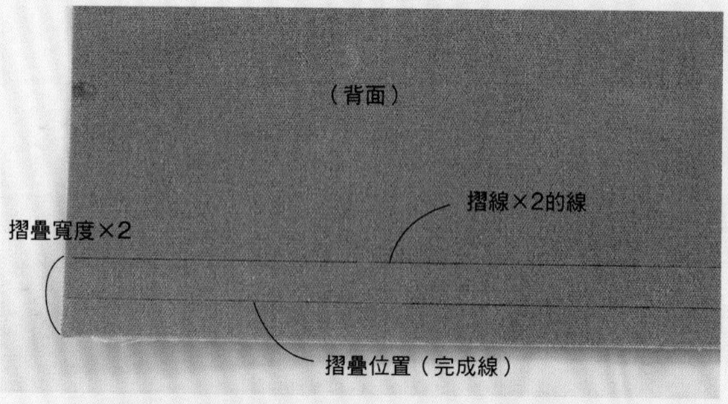

1 在摺疊位置與摺疊寬度×2的位置畫線。

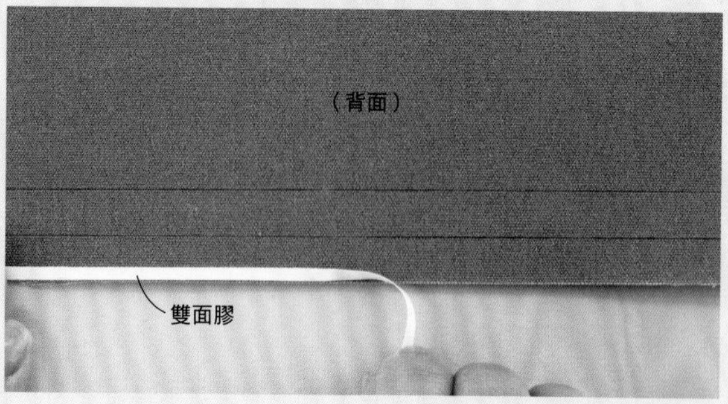

2 避開車縫位置，在布端黏貼雙面膠帶。

雙面膠不要一口氣撕開！

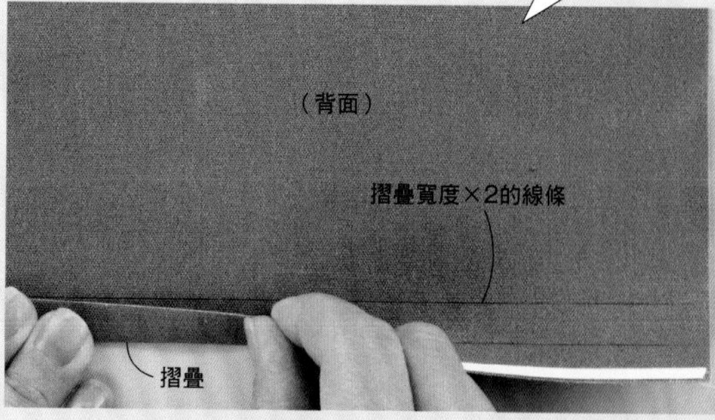

3 一邊撕下雙面膠的離型紙，一邊將布端對齊摺疊寬度×2的線條摺疊。

4 二摺邊完成。

三摺邊的作法

1 參照〈二摺邊的作法〉，進行二摺邊。避開車縫位置，在二摺邊的中心黏貼雙面膠。

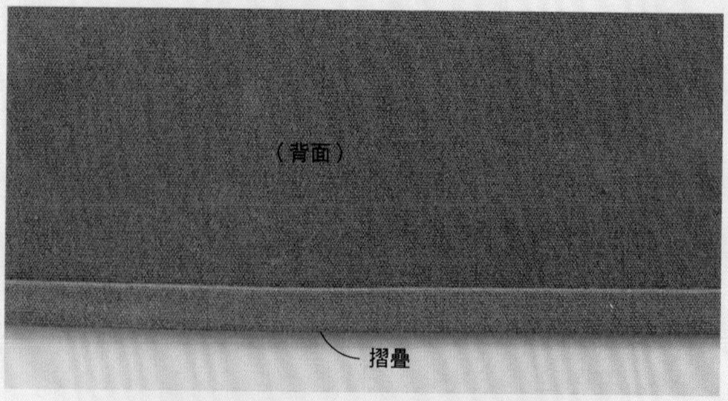

2 以二摺邊的③相同作法，撕下雙面膠離型紙，沿二摺邊布端作出摺線。三摺邊即完成。

漂亮車縫的方法

使用能移動車針位置的家用縫紉機時，就將針移動至易於車縫的位置進行車縫。
以〈正確的持布方式〉持布，眼睛不看針，而是看著行進方向進行車縫，就能筆直地漂亮縫製。

起縫的訣竅

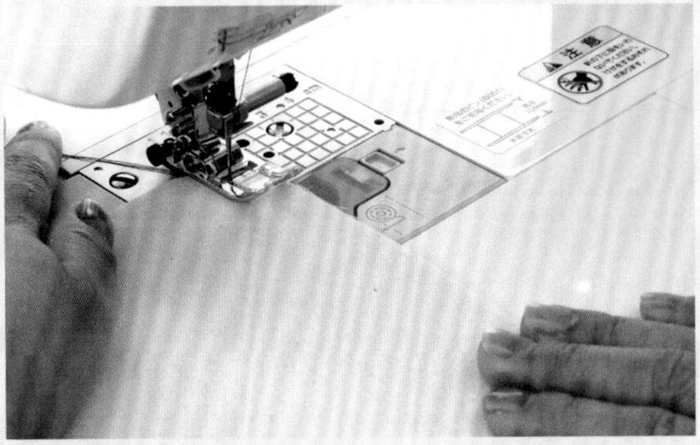

以左手輕壓住縫紉機的線頭起縫。不纏繞背面縫線，能車出漂亮的成果。

正確的持布方式

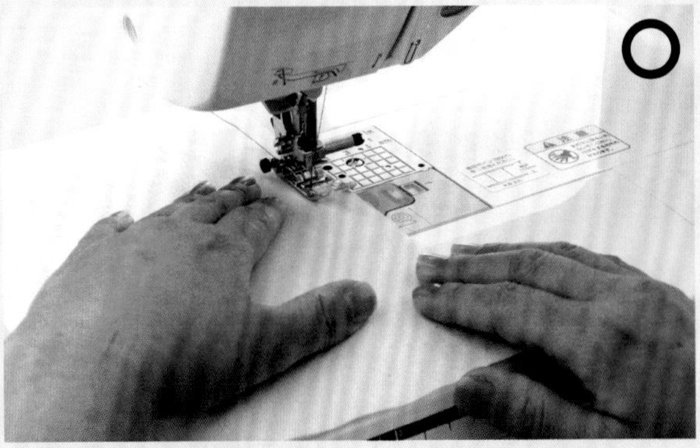

輕輕地將手放在近身側與側邊（針的旁邊）進行車縫。

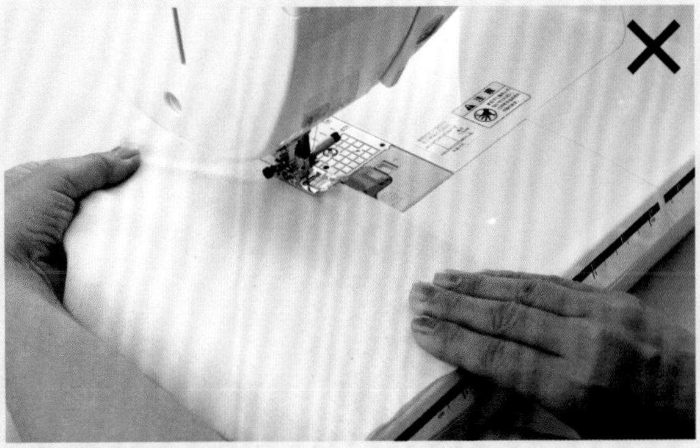

避免用力拉扯布料。

筆直車縫的訣竅

筆直車縫於完成線上

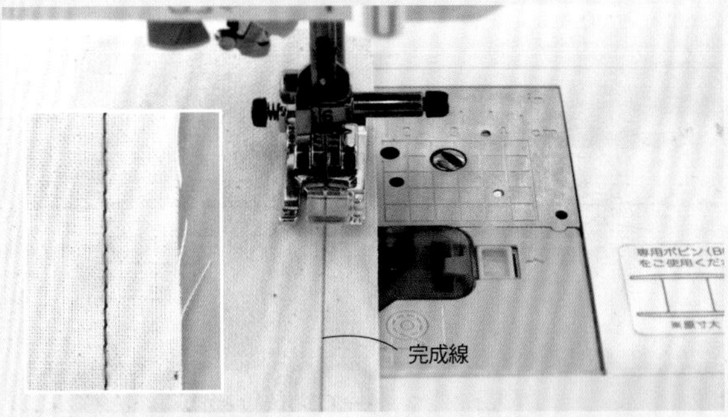

針的位置要在壓布腳中心。以〈正確的持布方式〉持布，視線不放在車針上，而是稍微往前，一邊確認完成線位在車針的正前方，同時看著前進方向。

沿邊壓線的作法

車縫距離布邊0.2cm稱作沿邊壓線。找出距離車針0.2cm寬度的參考點（圖中是壓腳位置的刻度），將布端對齊此處進行車縫。視線不要放在針上，而是一邊確認參考點與布端是否對齊，一邊看著行進方向。

2道縫線的車法

進行沿邊壓線，並決定對齊該縫線的位置，（圖中是壓腳的邊緣），將此處對齊沿邊壓線進行車縫。以沿邊壓線的相同注意事項進行縫製。

車縫厚布的訣竅

解說以家用縫紉機車縫厚布的方式。請一定要以使用的布料先進行試縫。

車針

車針14號（中厚布用）

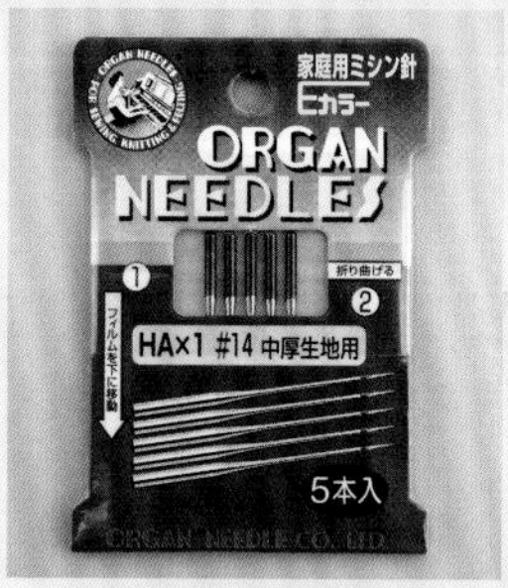

車針16號（厚布用）

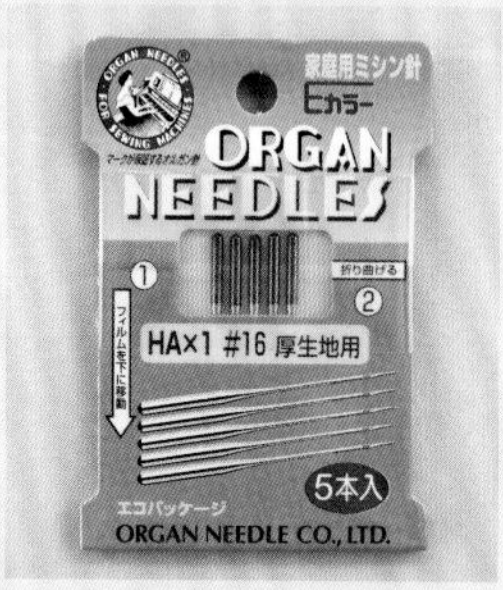

針要進行試縫，若使用14號會有線張力問題等狀況而不利車縫，就使用16號車針。

車縫線

Schappe Spun機縫線＃30

VINYMO＃30

線使用厚布用#30。VINYMO是布包專用車縫線，具有強度，能夠漂亮地車縫厚布。

調節壓布腳壓力

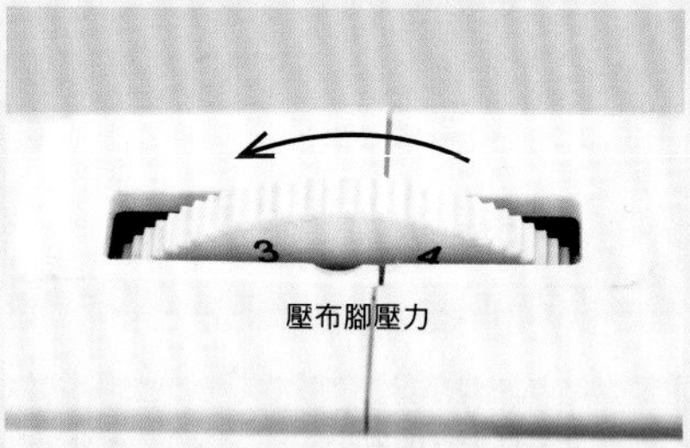

將縫紉機的壓布腳壓力（壓布力道）設定得較強。數字較大越則越強。

※壓布腳壓力的設定請確認您使用的縫紉機說明書。

轉動手輪

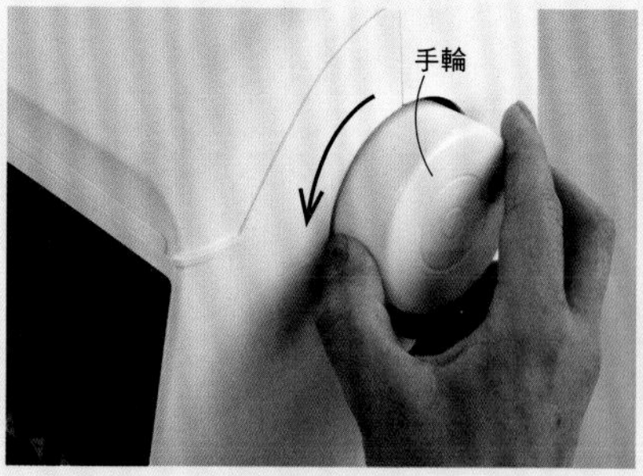

車縫前，先將手輪轉往自己的方向，確認針是否能順暢地穿過布料。

此外，當較厚的部分無法車縫前進時，就轉動手輪一針一針地往前車縫。

起縫

厚布的起縫，有時會遇到縫紉機壓布腳朝後方傾斜而無法起縫的狀況。

將零碼布摺成和車縫物相同高度，夾在壓布腳後方起縫。

車縫訣竅

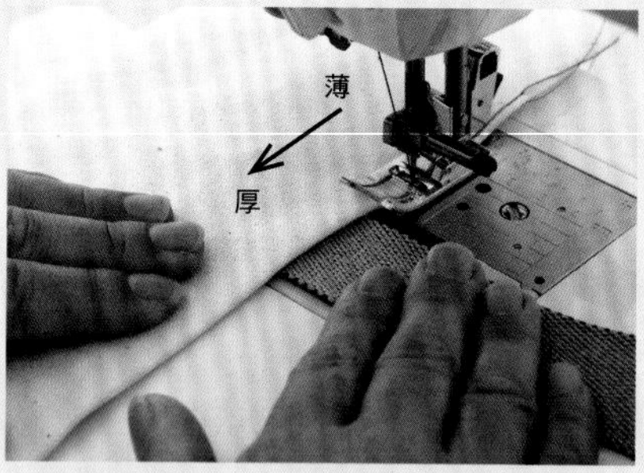

因車縫物的厚度而產生高低落差時，要從薄側往厚側進行車縫。

提把這類從厚側到薄側產生落差，會卡住無法車縫的情況，就先剪斷車線，從另一頭由薄側往厚側車縫就能順利進行。

包捲縫份的方法

無接合裡本體，單層車縫的情況，縫份邊緣以羅紋織帶包捲處理。

羅紋織帶

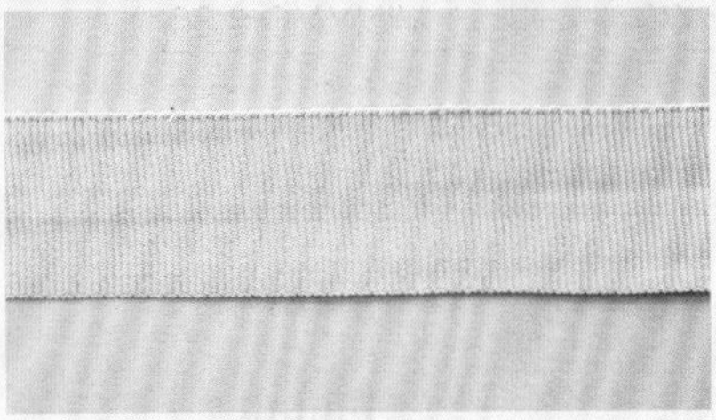

包捲縫份用的聚酯纖維織帶（寬2cm）。由於很輕薄，因此重疊也不易產生厚度。

與羅紋緞帶是不同物品，請特別注意！

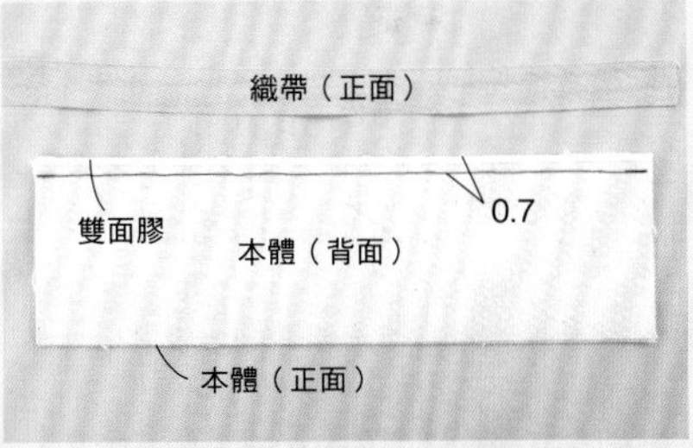

1 以0.7cm的縫份車縫本體。準備比車縫部分長2cm的織帶。在本體縫份邊緣黏貼雙面膠。另一側也以相同方式黏貼。

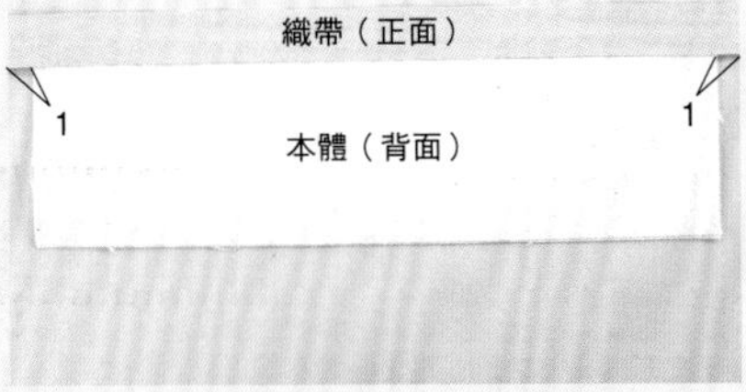

2 在縫線上以雙面膠黏貼織帶。

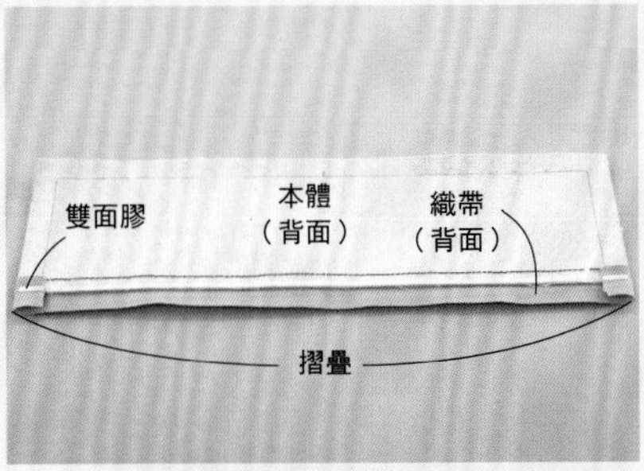

3 將織帶兩頭摺往另一側，並以雙面膠黏貼。在摺疊好的織帶上再黏貼雙面膠。

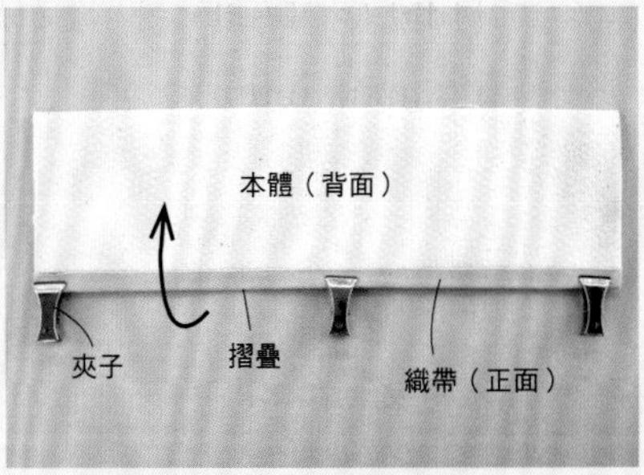

4 對摺織帶，以雙面膠黏貼。以夾子固定。

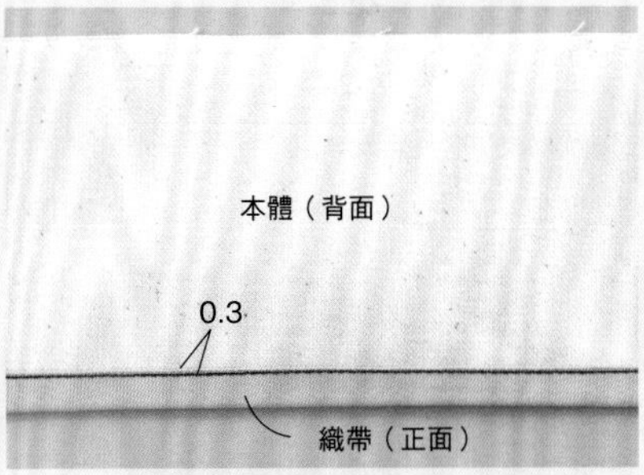

5 車縫織帶邊緣0.3cm處。縫份末端處理完畢。

軟布的用法

由於柔軟的布料布紋容易歪斜，因此在黏貼接著襯之前先作好準備，就會比較好使用。

ONE POINT!

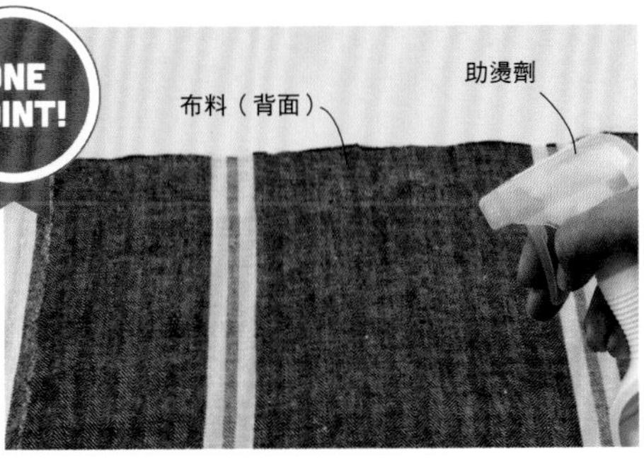

1 從布料背面側整面噴上助燙劑。

2 以乾熨斗熨燙。布料將會出現挺度，黏貼接著襯時不易歪斜，變得容易使用。

曲線與角落的車縫方法

基礎縫法與P.41<筆直車縫的訣竅>相同。以較慢的速度車縫於完成線上。

平緩曲線的車縫方法

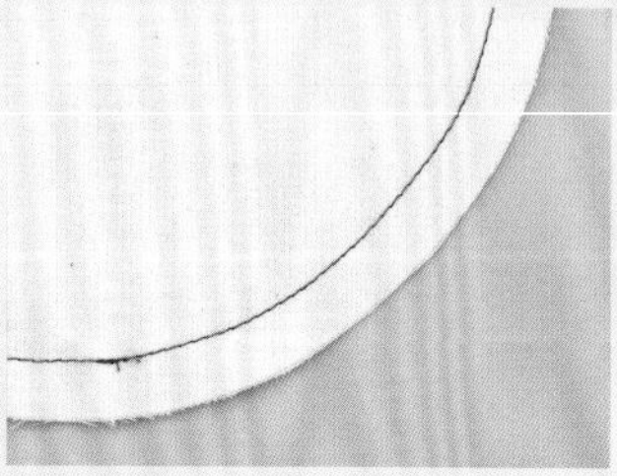

1 轉動布料，讓完成線位在車針正面。

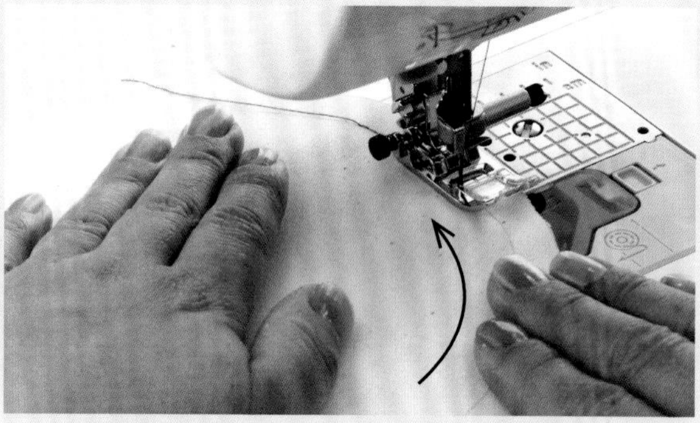

2 如圖般將手放上，一邊轉動布料一邊車縫。

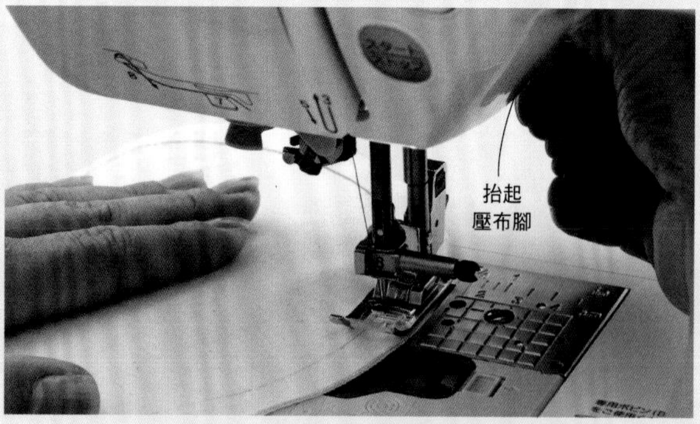

3 當一邊轉動一邊車縫有困難時，先暫時停止車縫，在針刺入布料的狀態下抬起壓布腳，轉動布料。

角度大的曲線車縫方式

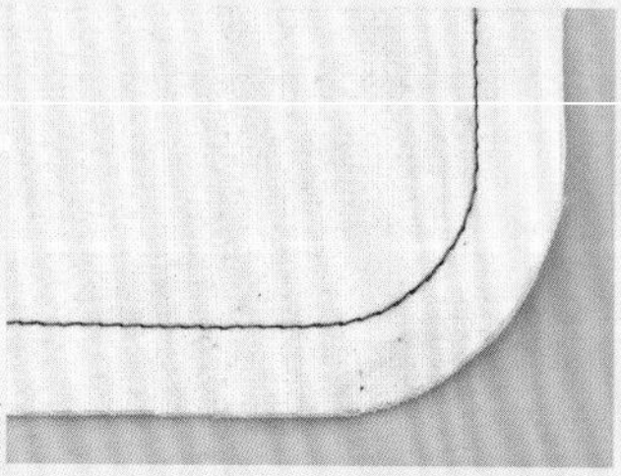

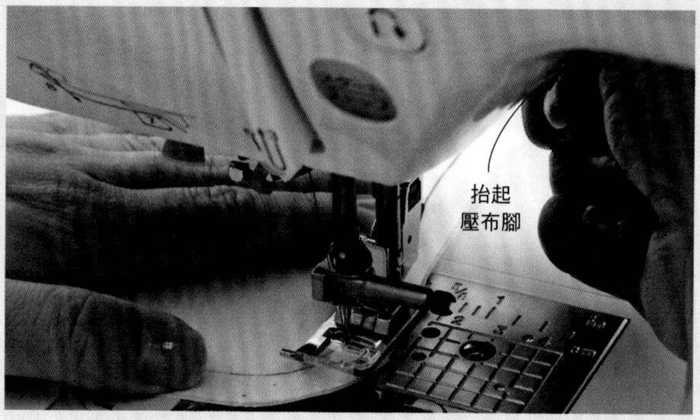

1 車縫到曲線前方時，就在針刺入的狀態下提起壓布腳，轉動布料。

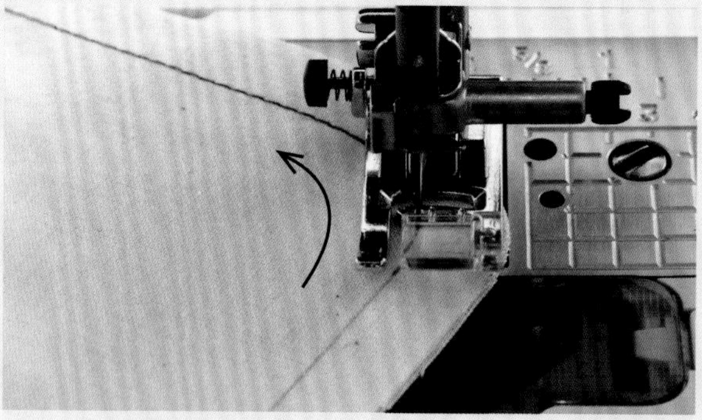

2 轉動布料使完成線來到車針正面。當車縫有困難時，可轉動手輪一針一針慢慢車縫。

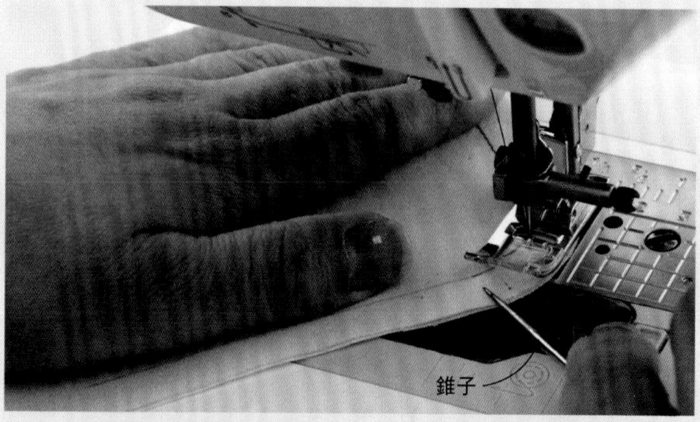

3 如圖以錐子壓住車縫，就能從壓布腳前方固定好布料，車縫出正確的曲線。

直線與曲線的車縫方法

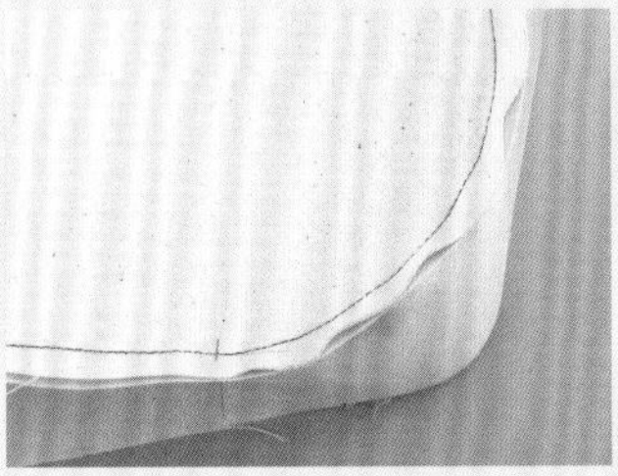

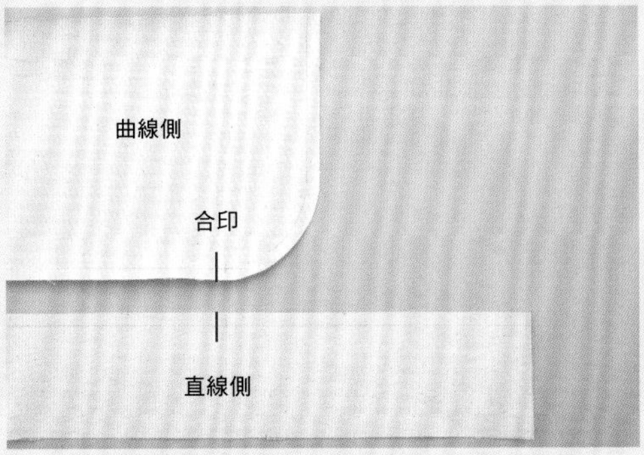

1 分別在曲線側、直線側的裁片作合印是重點。

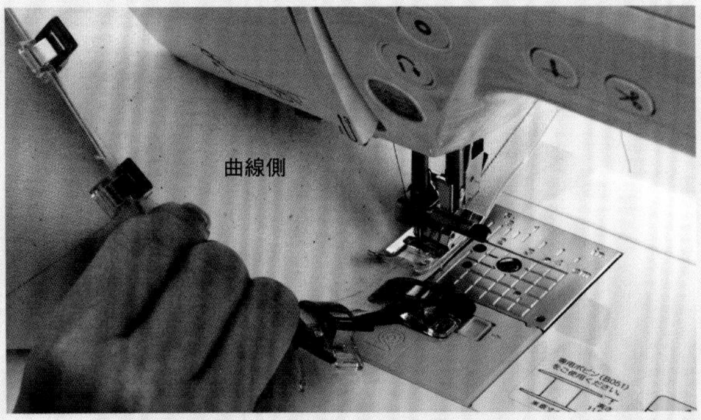

2 合印相互對齊，使用疏縫強力夾固定。車縫時曲線側朝上進行車縫。

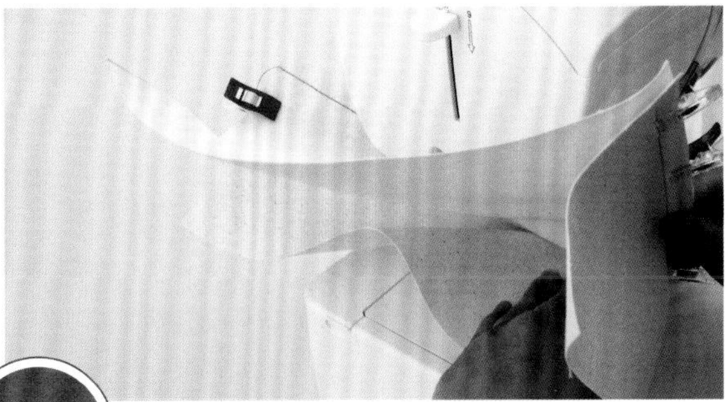

ONE POINT!

將左手伸入曲線部分，若一邊掀起曲線部分的布料一邊車縫，就能夠漂亮地車縫。

角落的縫法

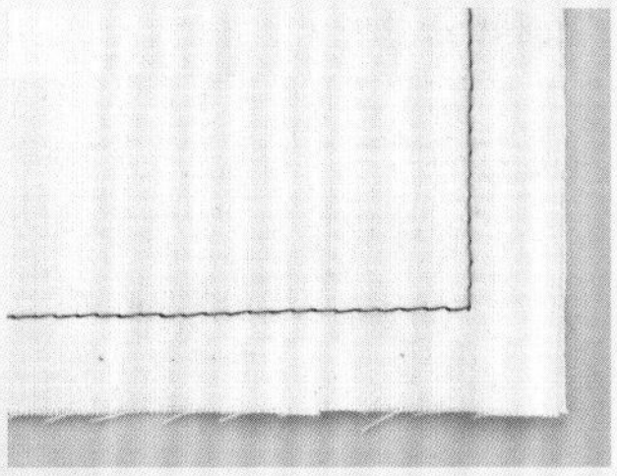

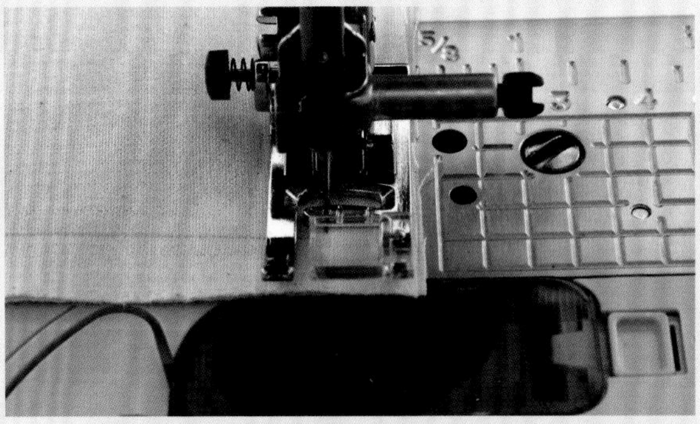

1 在角落記號之前先暫停車縫。使用升降車針的按鈕，或是手輪一針一針車縫至角落。

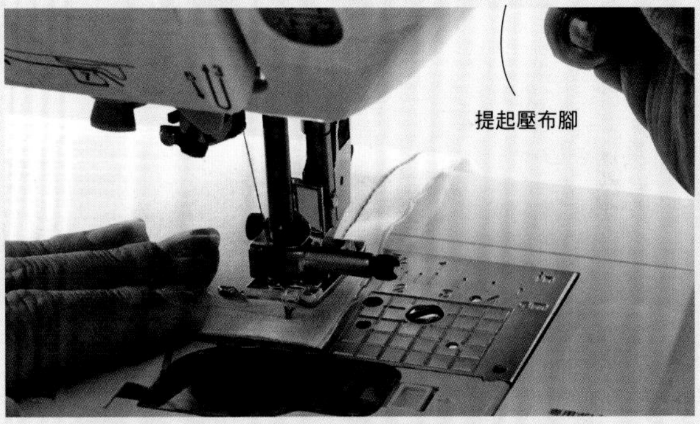

2 車縫至角落，在針下降的狀態抬起壓布腳。

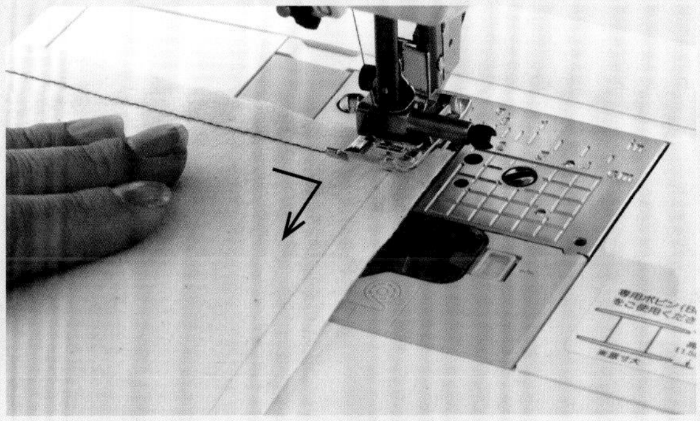

3 轉動布料，降下壓布腳，車縫另一邊。

真皮的用法

真皮有各種厚度和種類，厚皮當中還有一定要進行處理才能車縫的類型。
選擇家用縫紉機可車縫，容易使用的皮布吧！

容易使用的真皮

●厚度約1.2～2mm的類型
●不易變形的類型
●底面（背面）纖維沒有起毛的乾淨類型（切口會較漂亮）

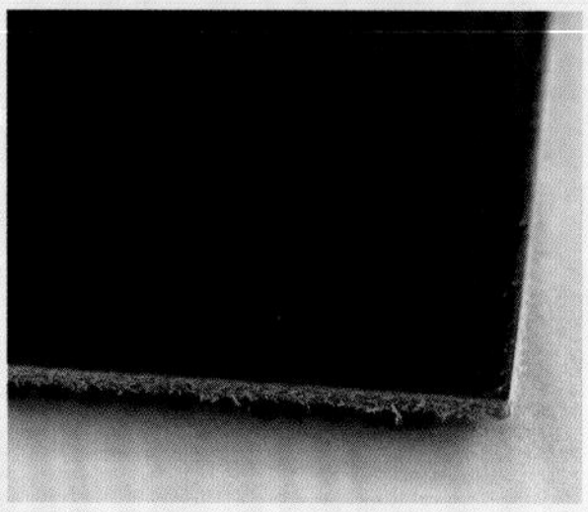

作記號、裁剪的方式

作記號請使用銀筆（參照P.33）。若使用剪刀，切口一定會傾斜，請務必使用美工刀。

摺疊方式

1 參照P.40（二摺邊的作法）1 作記號，暫時作出褶痕。

強力接著劑的用法參照P.39

2 塗抹強力接著劑至第2條記號為止。

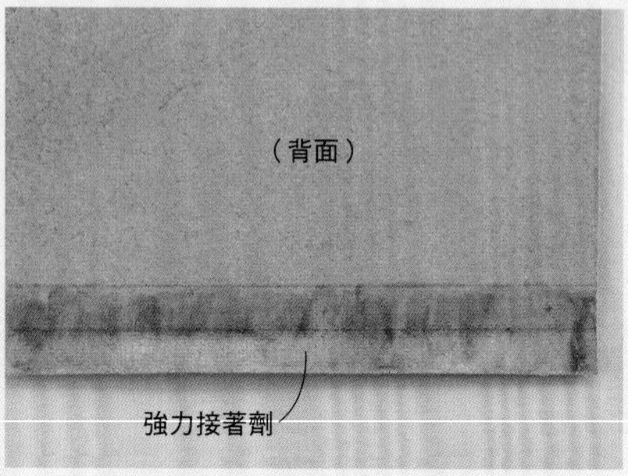

3 靜置直到強力接著劑乾燥為止。

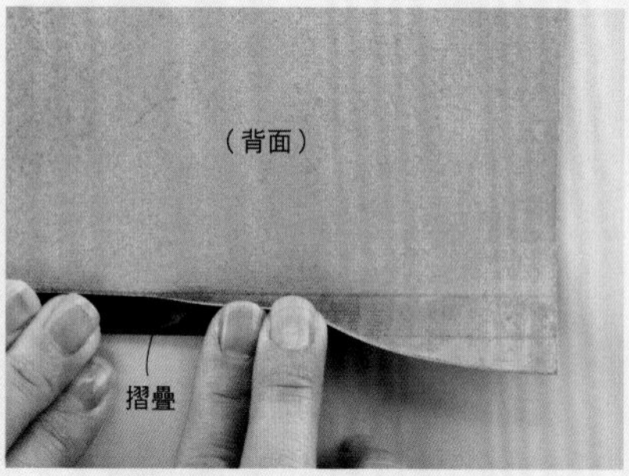

4 若強力接著劑乾燥，就依照①作出的褶痕摺疊。

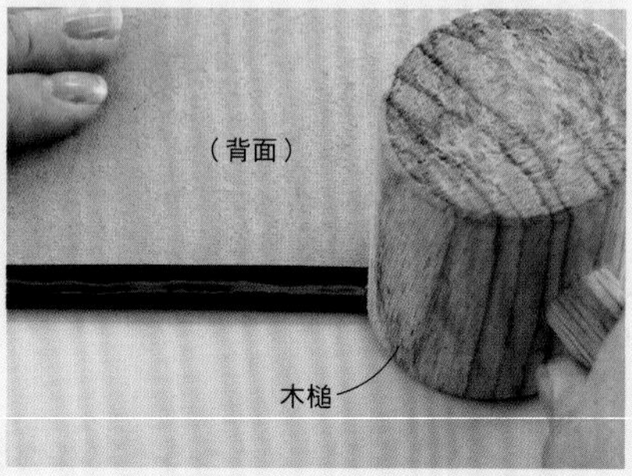

5 以木槌敲打，作出明顯的摺線。

6 摺線製作完成。

車縫方法

車縫針

使用14號、16號車針，或是針尖呈現刀狀的皮革用針。

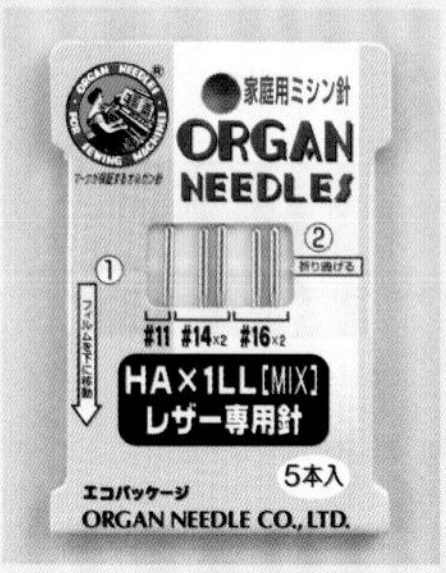

縫紉機壓布腳

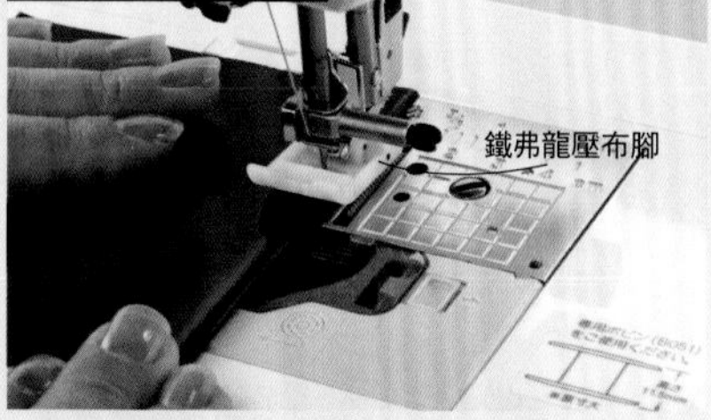

使用滑順度良好的鐵弗龍壓布腳。

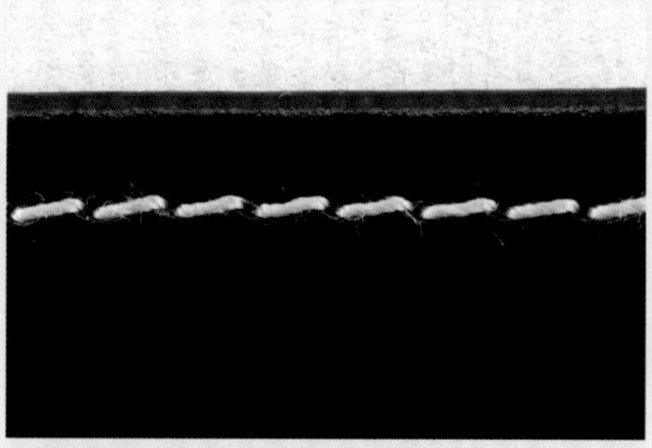

針趾寬度（長度）設定得稍長（3～4）。用線參照P.42〈車縫厚布的訣竅〉。

雞眼釦的安裝方法

補強孔洞四周的五金。使用於穿繩等狀況。

解說正面側呈環狀，背面側則是雙環狀的單面雞眼釦安裝方法。

零件

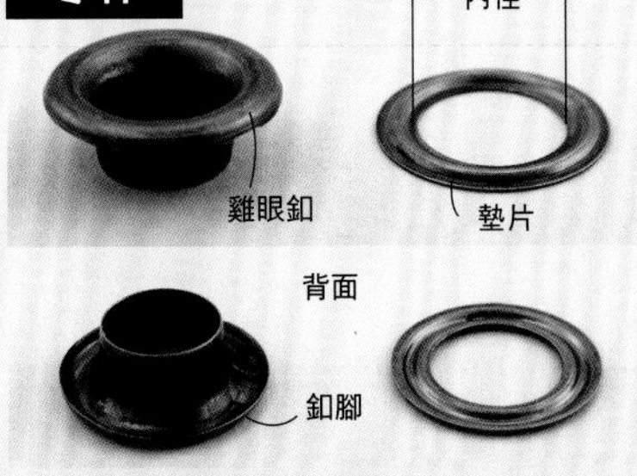

是以雞眼釦與墊片2個為1組的零件。
墊片是以表面光滑側為正面。

工具

打孔沖
穿洞工具。與雞眼釦內徑相同尺寸。

膠板
以打孔沖戳洞時等狀況，墊在下方用的橡膠板。

捲邊沖

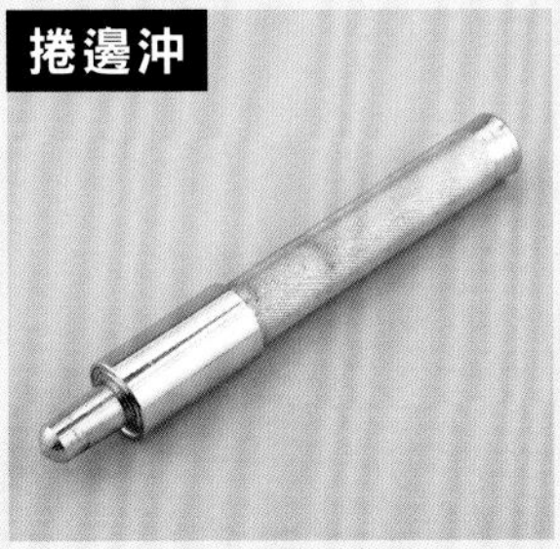

與雞眼釦內徑吻合的捲邊沖

底座

與雞眼釦環圈吻合的底座

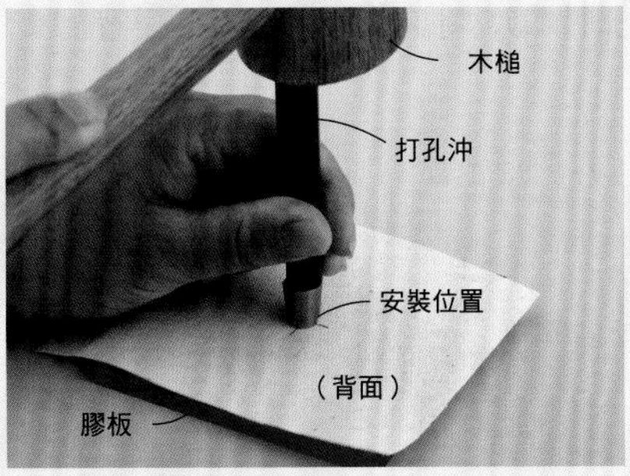

1 下方放置膠板，將打孔沖放在安裝位置，以木槌敲打穿孔。

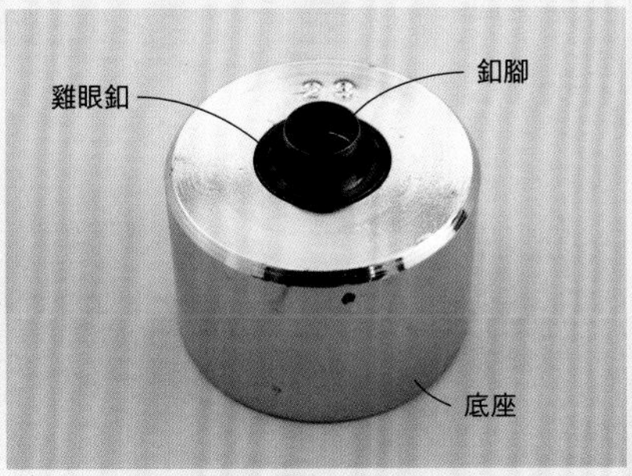

2 將底座放置在堅硬平坦處，將雞眼釦環圈對準放上。

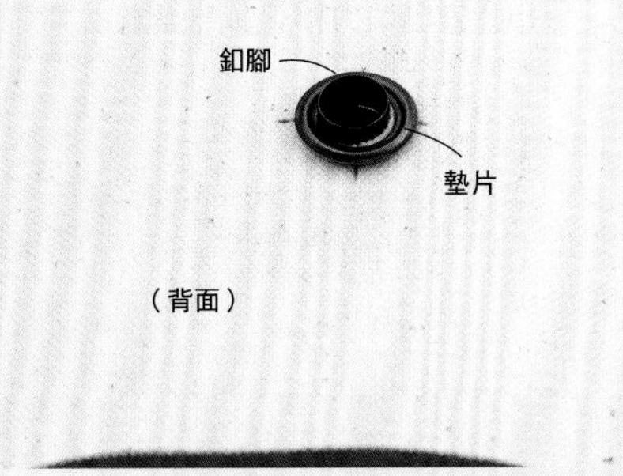

3 布料背面朝上，覆蓋在底座上，從安裝位置的孔洞中穿出雞眼釦釦腳。墊片正面朝上套入釦腳。

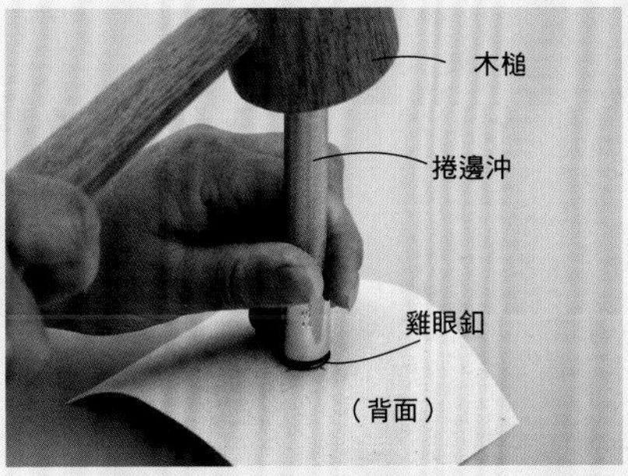

4 將捲邊沖對準雞眼釦釦腳，垂直拿著避免移動，以木槌敲打直到釦腳漂亮地捲起。

完成

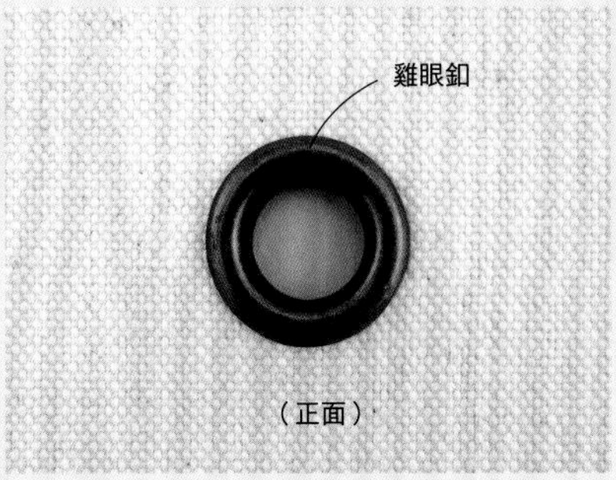

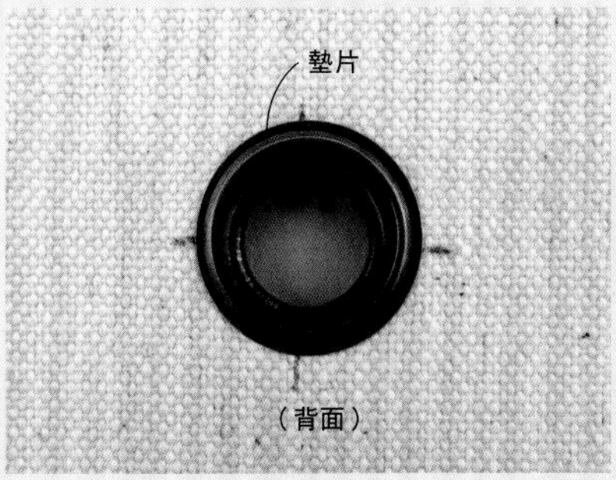

四合釦的安裝方法

安裝感輕盈的壓釦式五金。用於布包開口或口袋口。

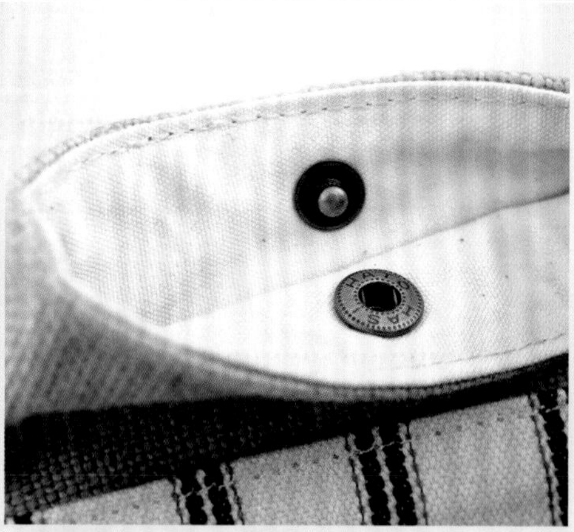

工具

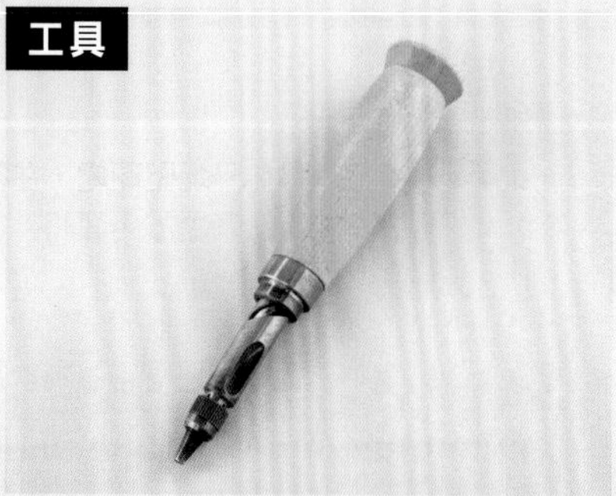

螺絲打孔沖（Screw Punch）

旋轉前端，可省力開洞的工具。
選擇開孔約3mm的類型。

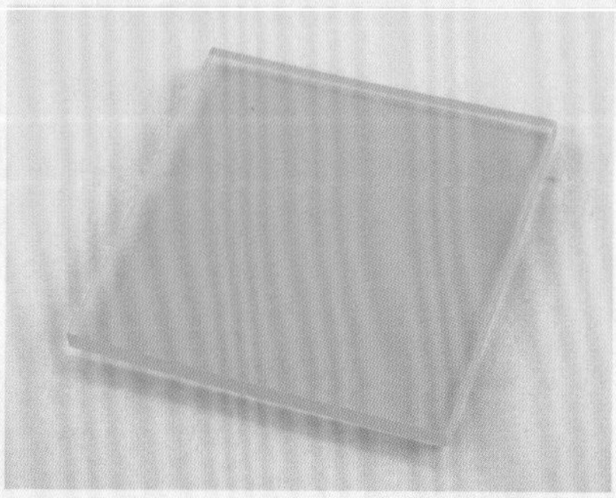

膠板

使用打孔沖鑿洞等情況，墊在下方的橡膠板。

零件

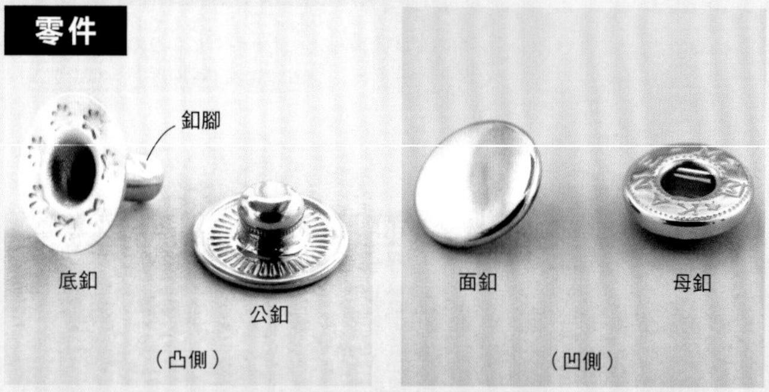

共有凸側的公釦・底釦、凹側的面釦・母釦兩組各2個的零件。

壓釦斬

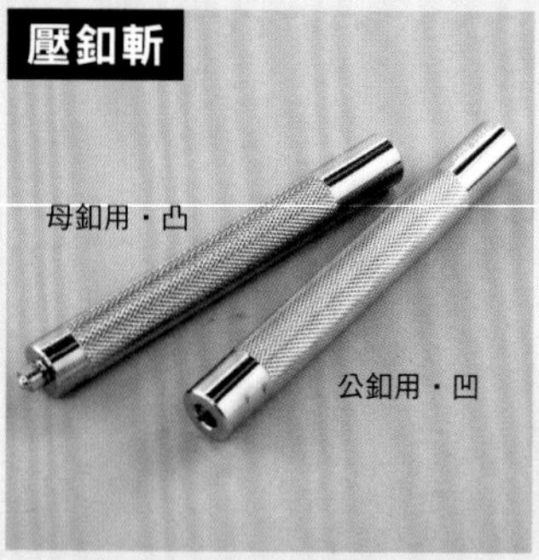

依照零件尺寸，準備公釦用的凹型與母釦用的凸型壓釦斬共2支。

底座

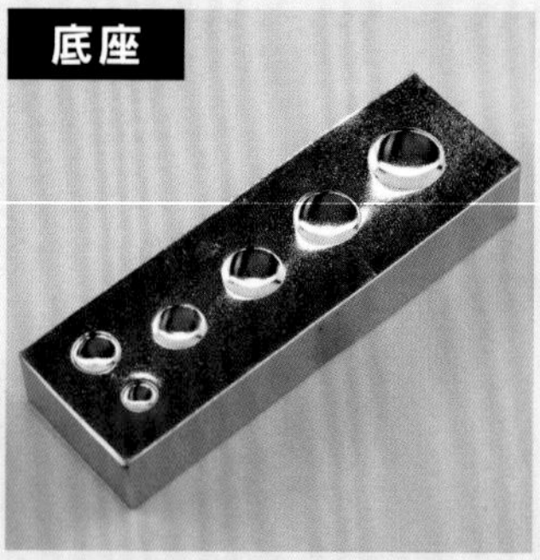

凹洞與面釦尺寸吻合的底座。

1 在安裝位置戳洞

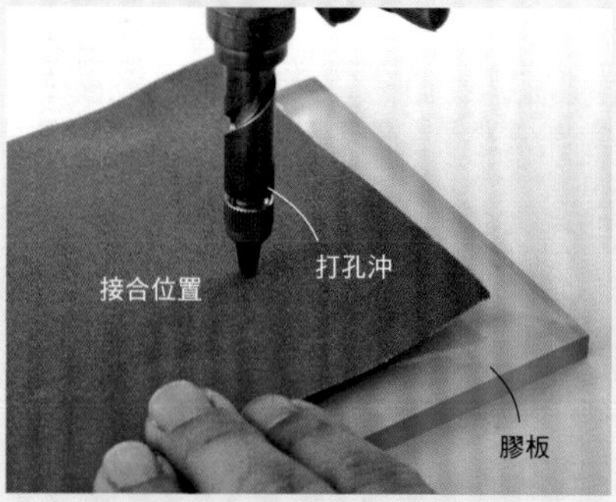

1 在下面放置膠板，以打孔沖在安裝位置戳洞。

2 安裝凸（底釦・公釦）側

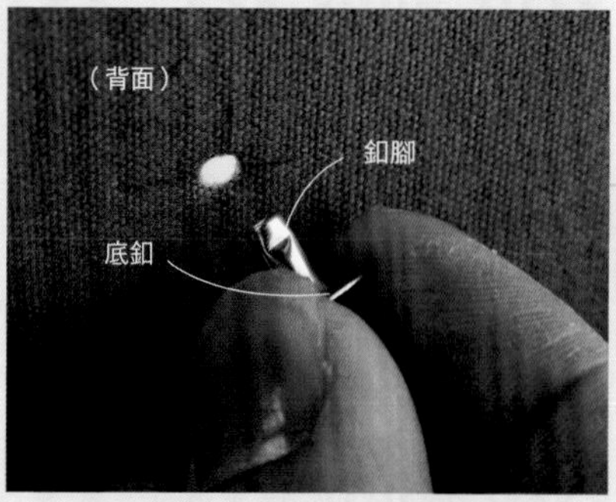

1 從背面側將底釦釦腳插入洞中。

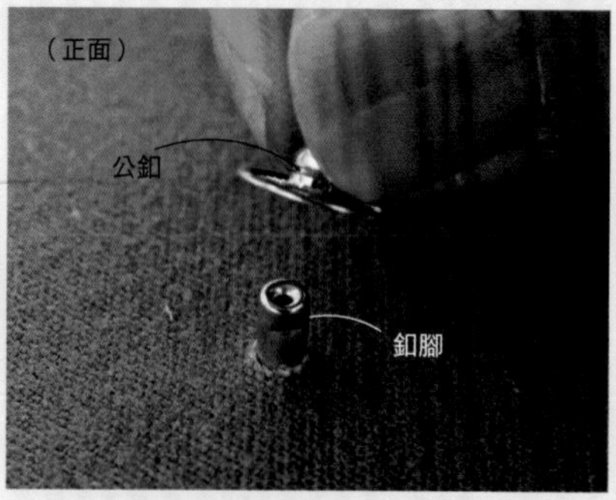

2 從正面側在底釦釦腳套上公釦。

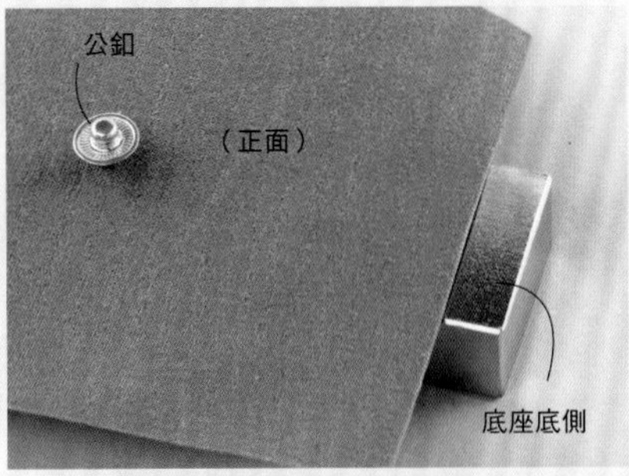

3 將底座倒置於平坦場所，於底部平坦側上放置3。

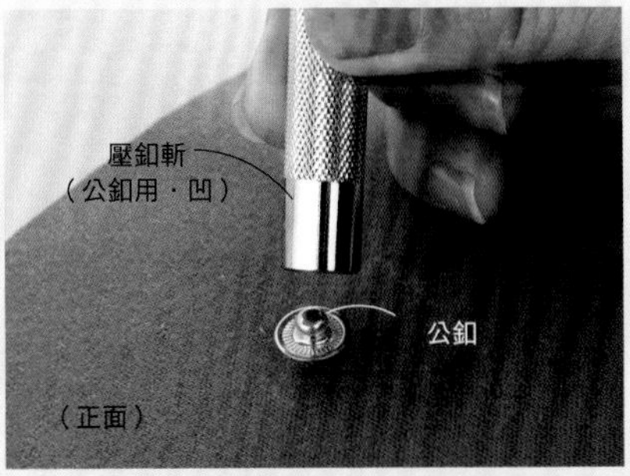

4 公釦以壓釦斬的凹處對準公釦凸起。

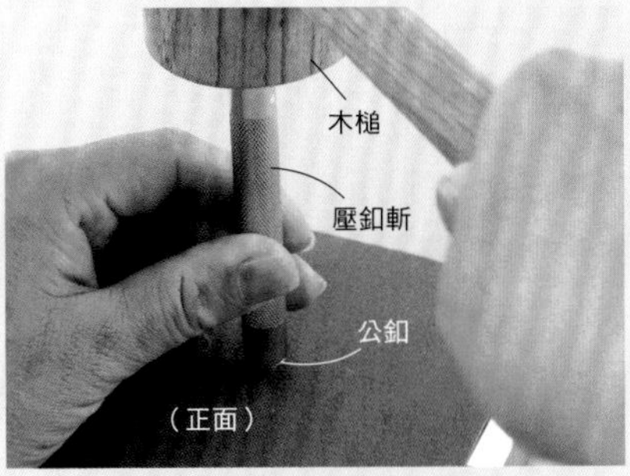

5 垂直拿著壓釦斬並避免移動，以木槌敲打到底釦・公釦不會轉動為止。

3 安裝凹（面釦・母釦）側

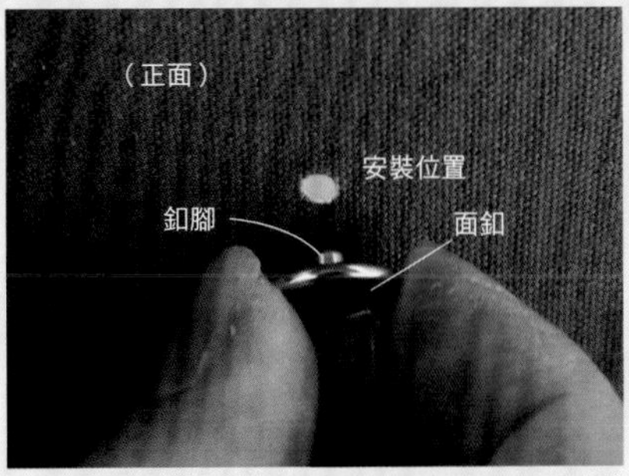

1 從正面側在安裝位置的洞插入面釦釦腳。

2 將底座放置在平坦堅硬處，在符合面釦尺寸的凹洞中放入面釦。

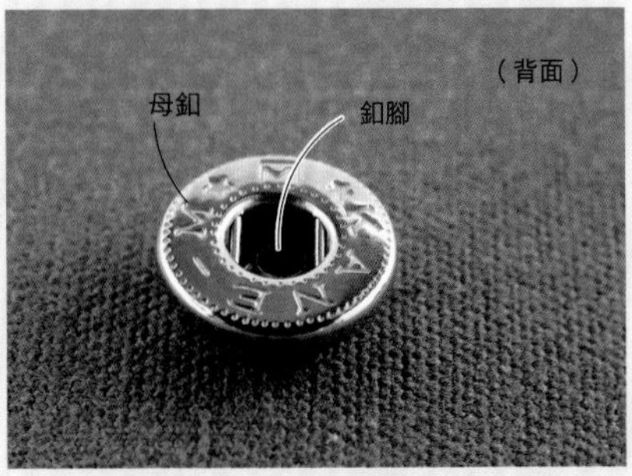

3 將母釦套入面釦釦腳。

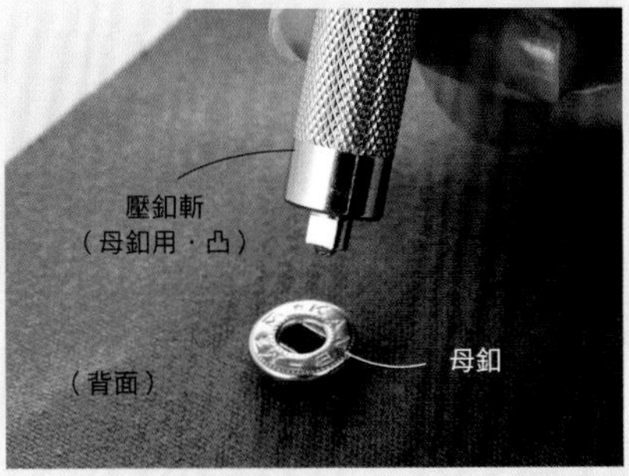

4 將母釦以壓釦斬的凸處套入母釦凹陷的四角形中。

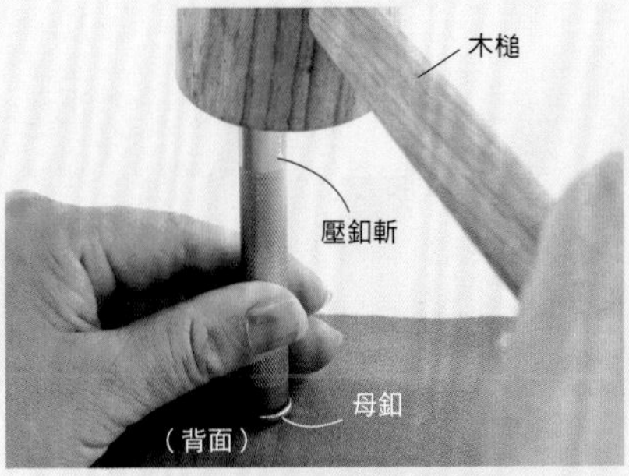

5 垂直拿著壓釦斬並避免移動，以木槌敲打到面釦釦腳漂亮地捲起，且母釦不會轉動為止。

完成

凸（底釦・公釦）側

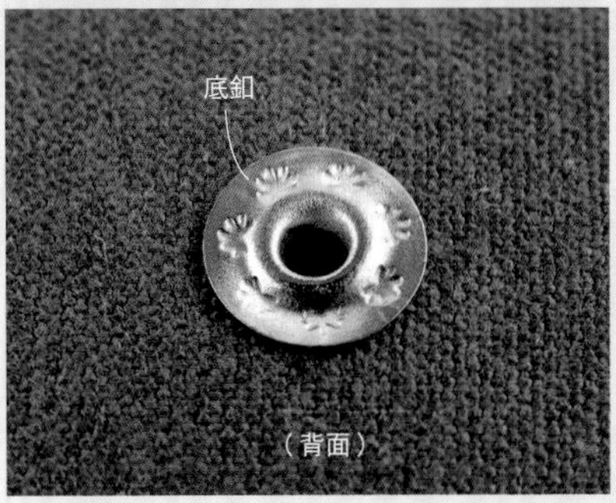

凹（面釦・母釦）側

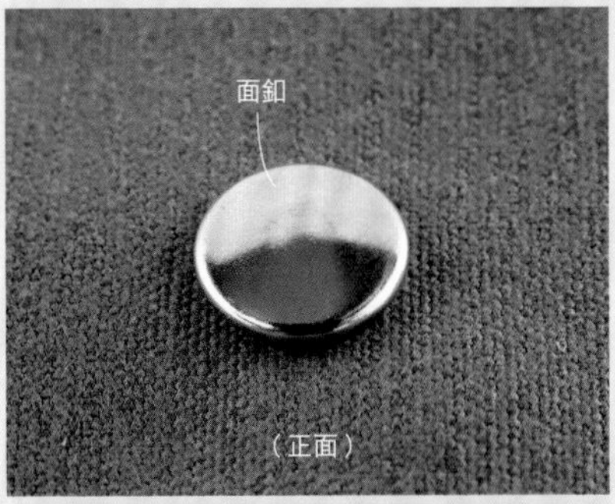

鉚釘的安裝方法

以補強及裝飾為目的安裝的圓形五金。分為僅單側有面釦的單面鉚釘，以及兩側皆有面釦的雙面鉚釘。
在此解說雙面鉚釘的安裝方法。

零件

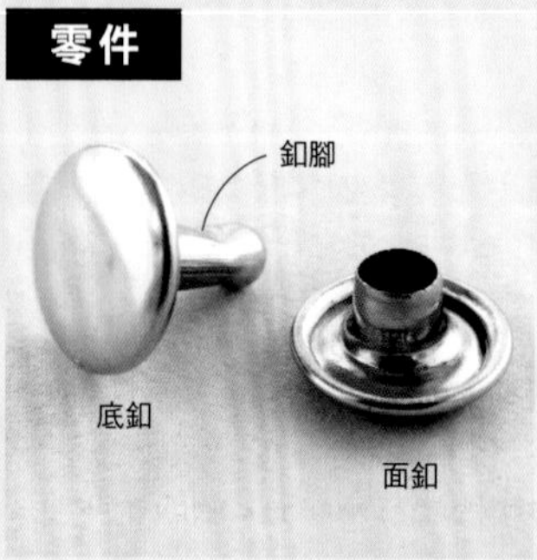

以有釦腳的底釦與面釦，2個為一組的零件。

平凹斬

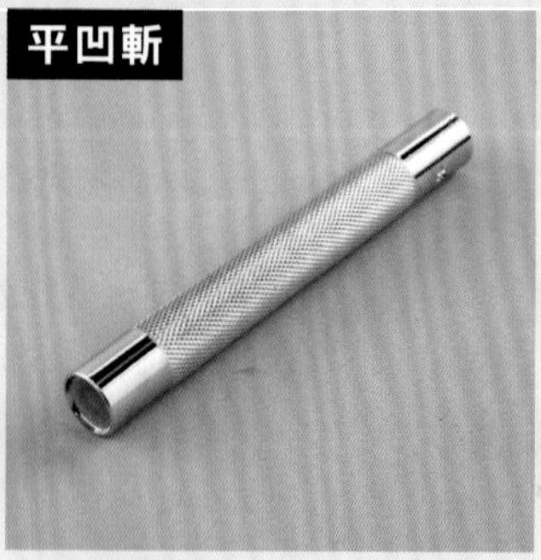

凹槽與面釦尺寸吻合的類型。

底座

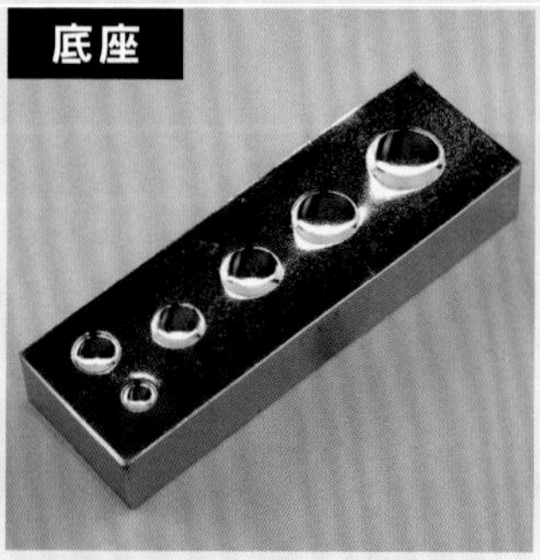

凹槽與面釦尺寸吻合的類型。

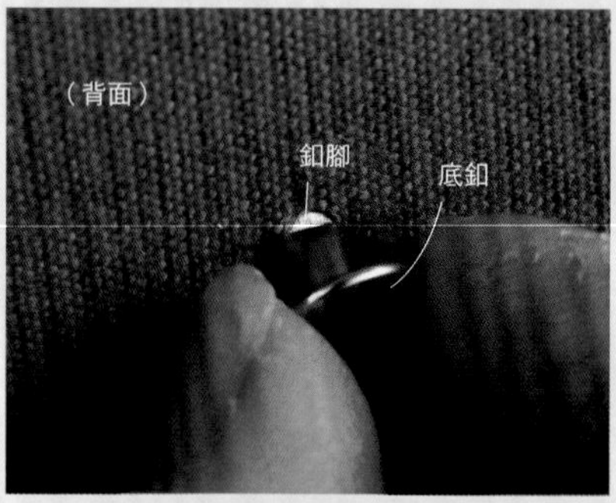

1 參照P.48步驟**1**，在安裝位置鑿洞。從背面側插入底釦釦腳。

2 將底座放置在堅硬平坦處，將底釦面部放置在符合面部尺寸的凹槽中。

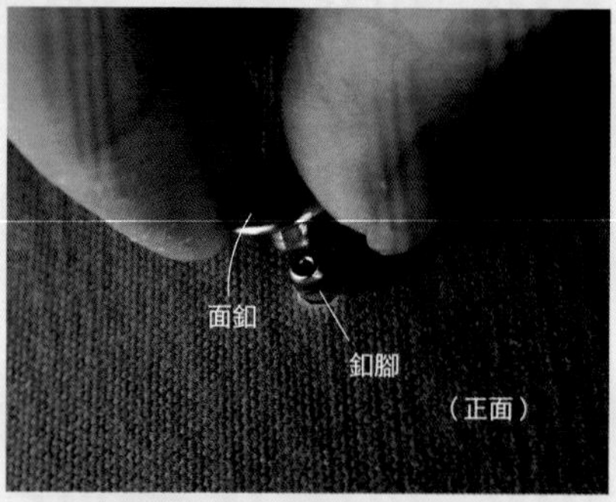

3 從正面側在釦腳套入面釦。

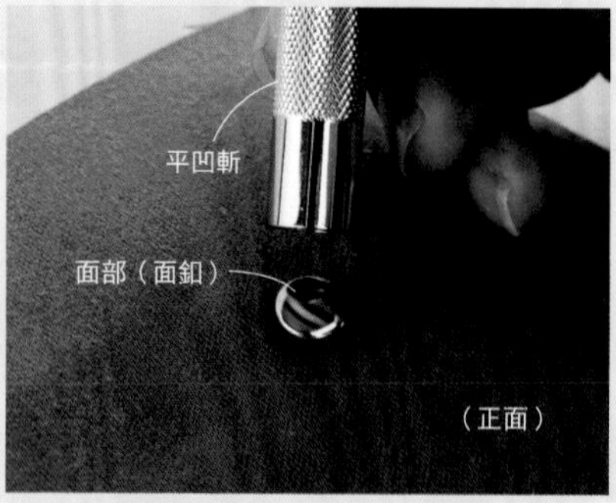

4 將平凹斬的凹槽置於面釦面部上。

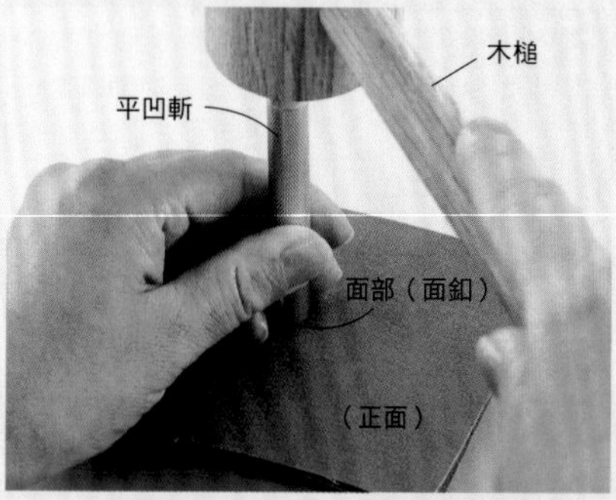

5 垂直拿著平凹斬並避免移動，以木槌敲打到釦腳開花且鉚釘不會轉動為止。

完成

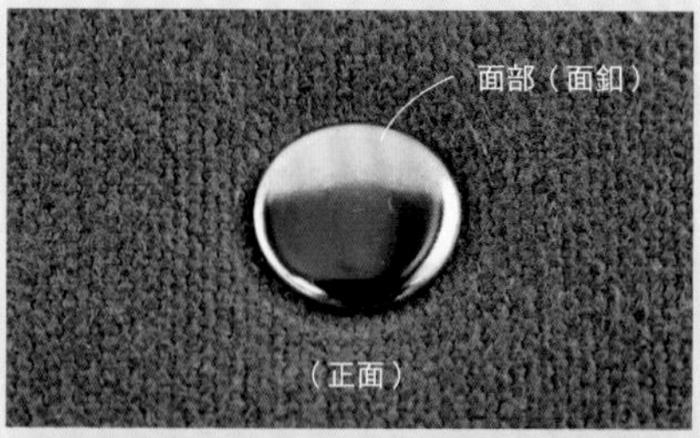

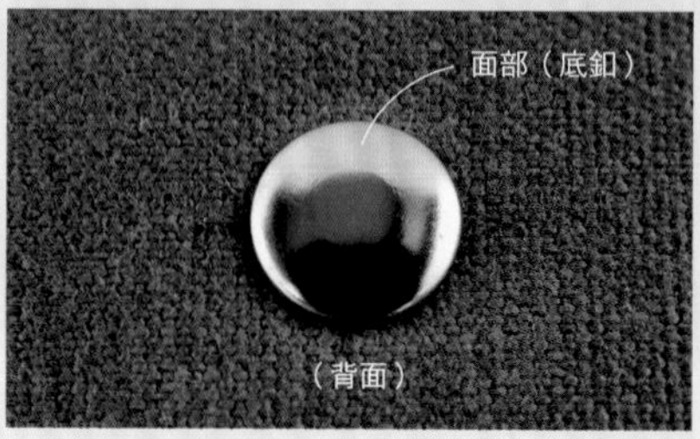

磁釦的安裝方法

以磁鐵製作而成的壓釦。可輕鬆開闔。使用在波奇包或布包開口。

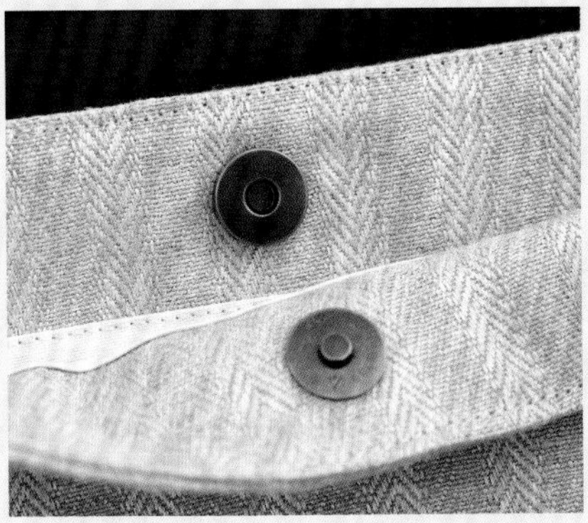

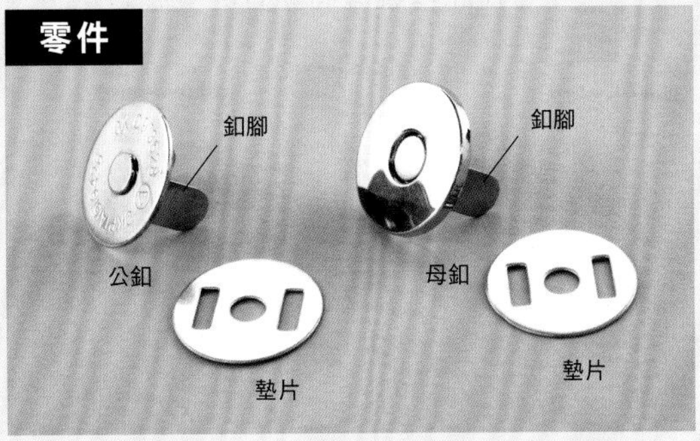

分成公釦與墊片、母釦與墊片兩組各2個的零件。

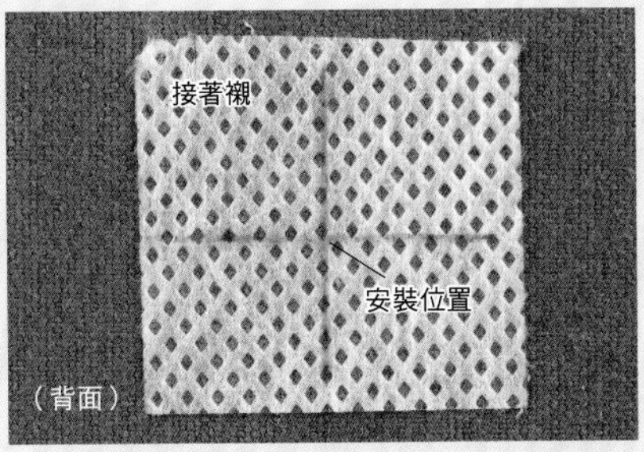

1 安裝位置由於要承受力道，因此在安裝位置背面黏貼接著襯之後，再於安裝位置作記號。

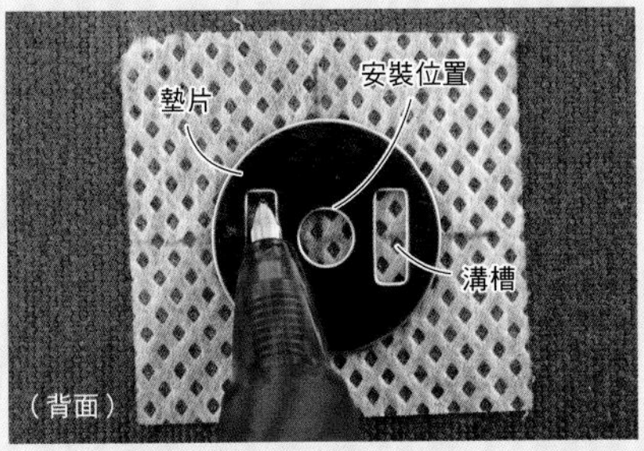

2 將安裝位置中心和墊片中心對齊放置，在左右溝槽內作記號。

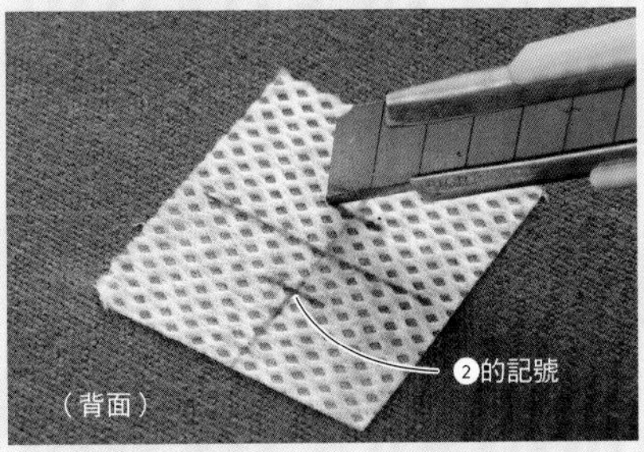

3 以美工刀在❷的記號切出切口。

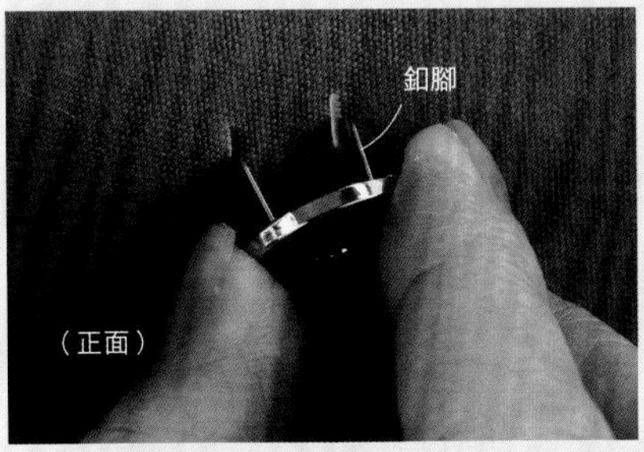

4 將磁釦的釦腳從正面側插入切口中。

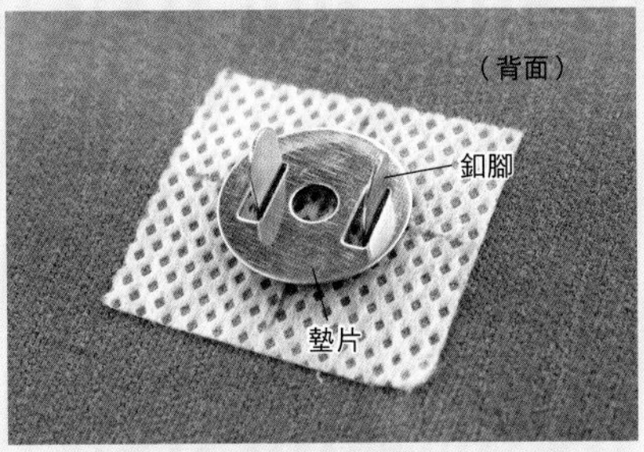

5 把墊片套在釦腳上。

6 以手指或是鉗子將釦腳從根部往左右凹摺。
另一側也以相同方式安裝。

完成

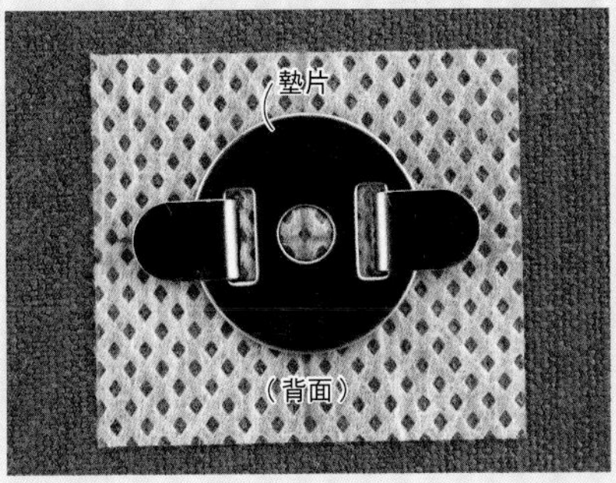

原子釦的安裝方法

類似鈕釦用途的五金。在安裝位置裝上原子釦，並在覆蓋側鑿洞。

零件

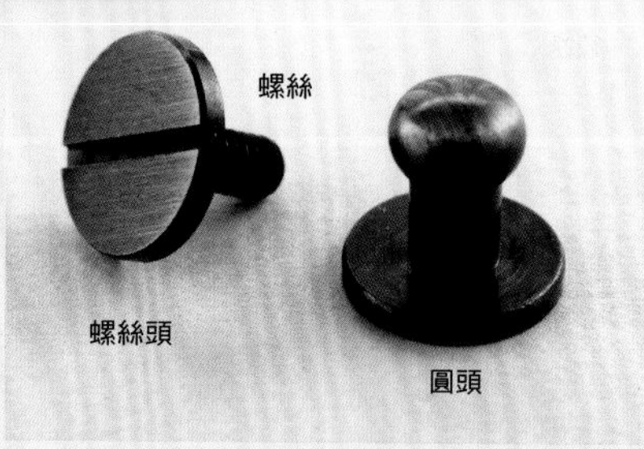

以螺絲頭與圓頭2個為1組的零件。

1 安裝原子釦

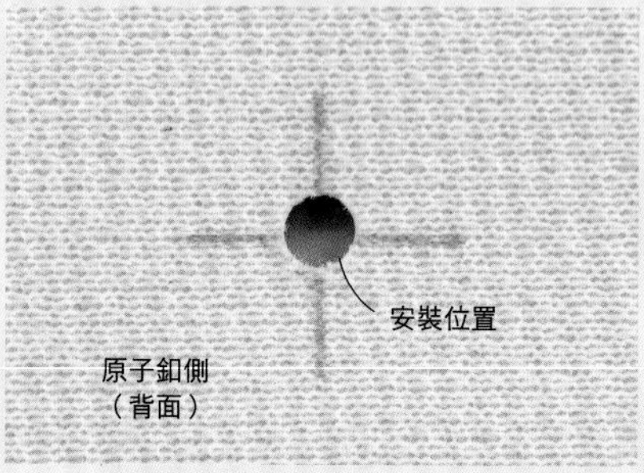

1 參照P.48步驟**1**，在安裝位置鑿洞。

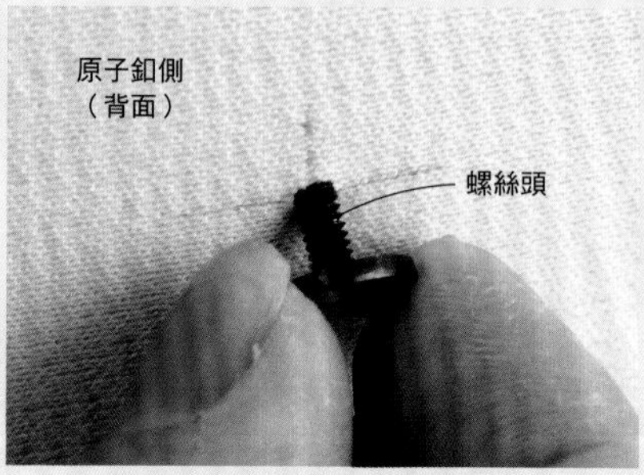

2 從背面側在洞裡插入螺絲頭。

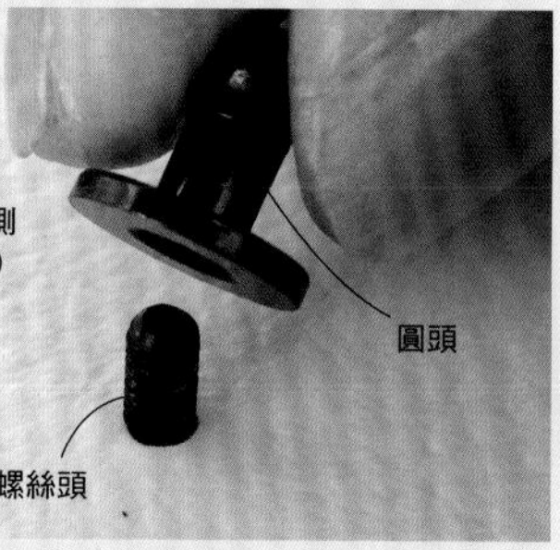

3 從正面側在螺絲部分套上圓頭。

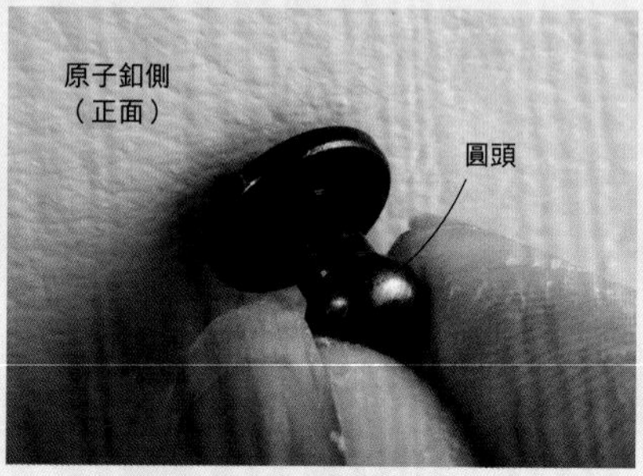

4 轉動圓頭，拴緊螺絲。

完 成

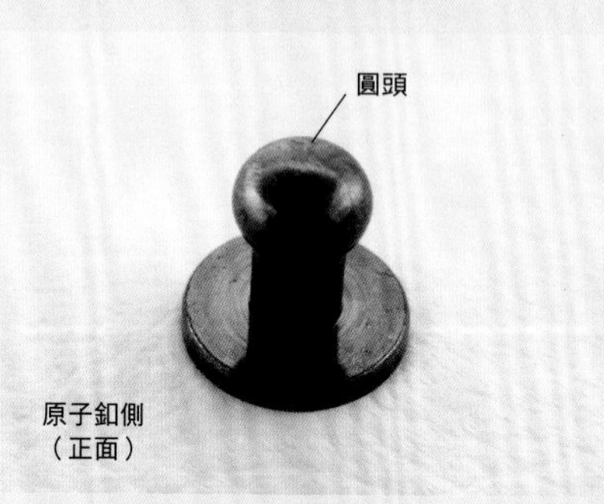

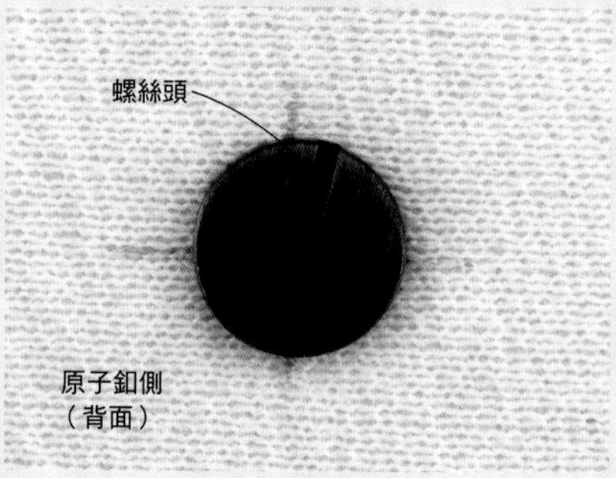

2 在覆蓋側鑿洞

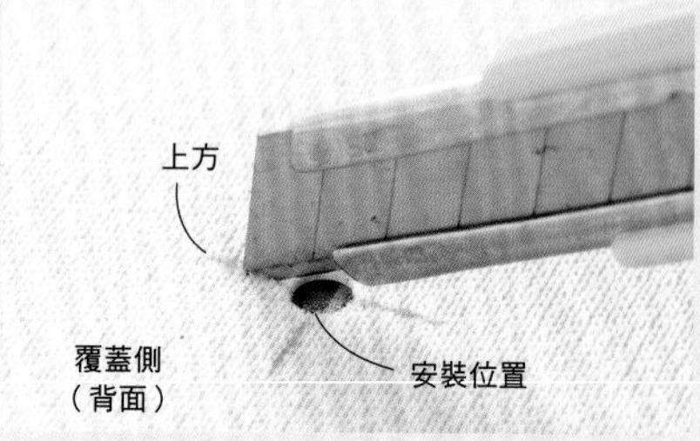

1 參照**1**-①，在安裝位置鑿洞。於安裝位置上方約0.3cm處，以美工刀切出開口。

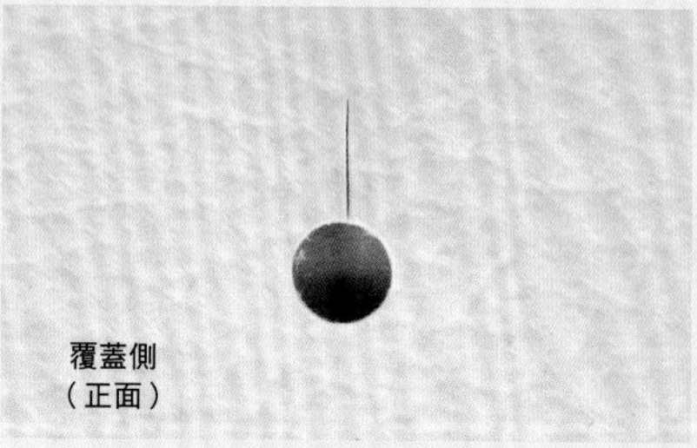

2 開出釦眼般的孔洞。

完 成

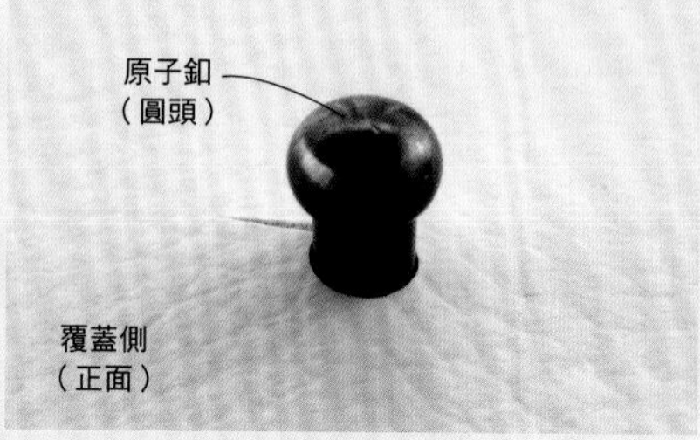

覆蓋原子釦圓頭進行使用。

基礎的拉鍊接合方法

使用拉鍊壓布腳，並用雙面膠暫時固定之後，再車縫拉鍊，就能順利接縫。

拉鍊的部位

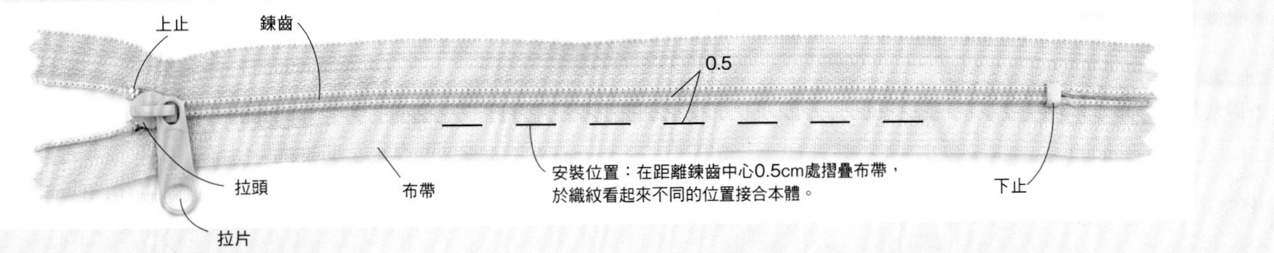

縫紉機壓布腳

使用能避開鍊齒車縫的拉鍊壓布腳。透過替換安裝於左右溝槽，可避開鍊齒進行車縫。

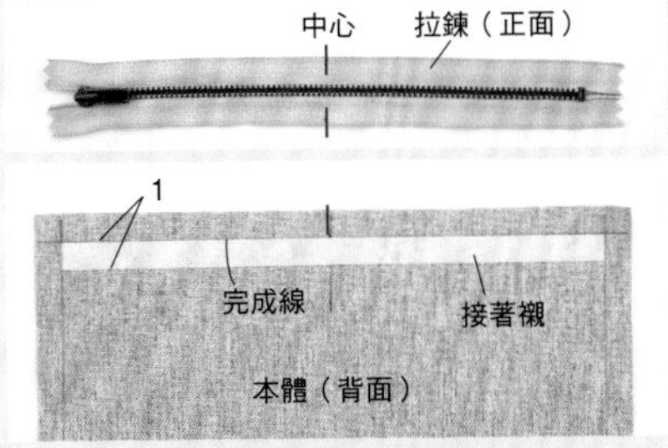

1 從本體的完成線內側黏貼寬1cm的接著襯。在拉鍊與本體中心作記號。

雙面膠的用法參照P.40

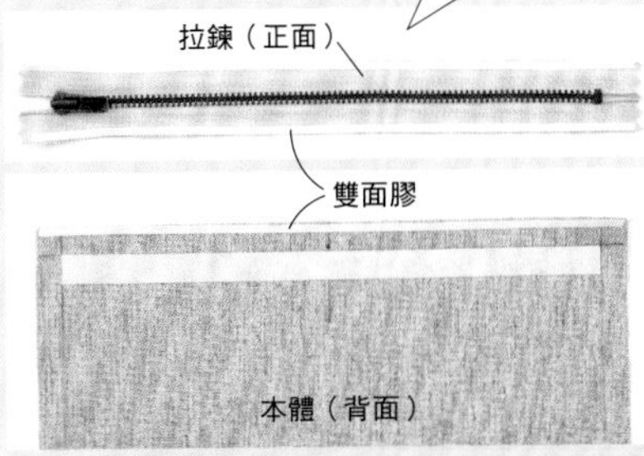

2 將雙面膠黏貼在拉鍊布帶與本體縫份邊緣。

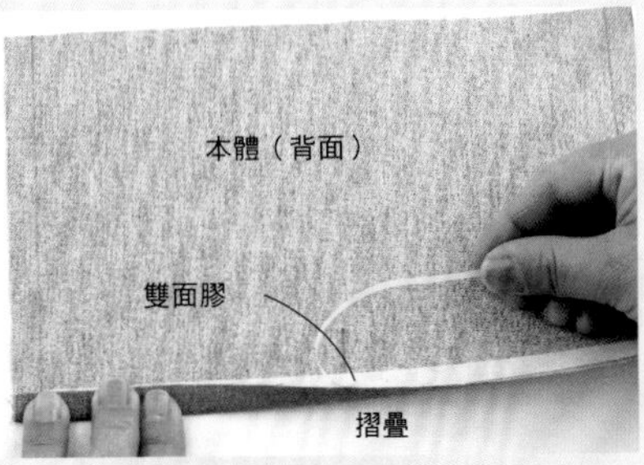

3 一邊撕開雙面膠離型紙，一邊沿接著襯邊緣摺疊本體，黏貼縫份。

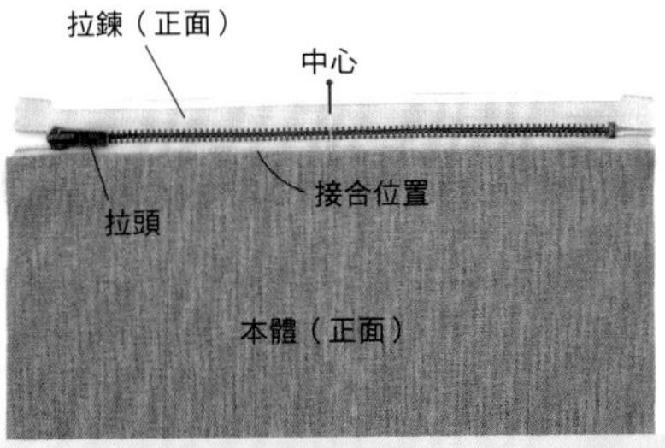

4 對齊本體與拉鍊中心，在拉鍊接合位置以雙面膠黏貼本體。（拉頭在左側）

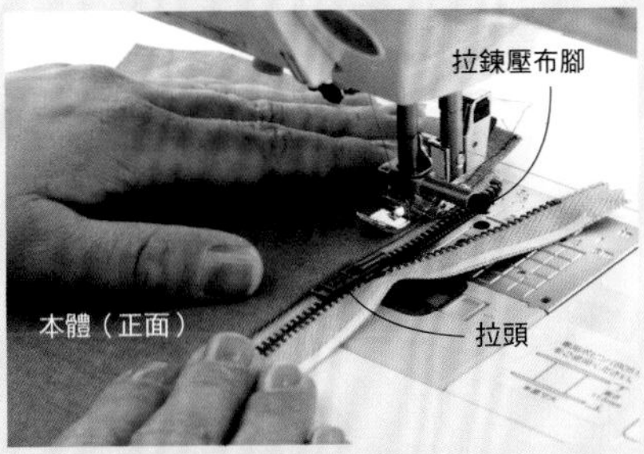

5 將拉鍊壓布腳安裝於左側，拉頭往下拉到一半左右，開始車縫。車縫距離本體邊緣0.2cm處。

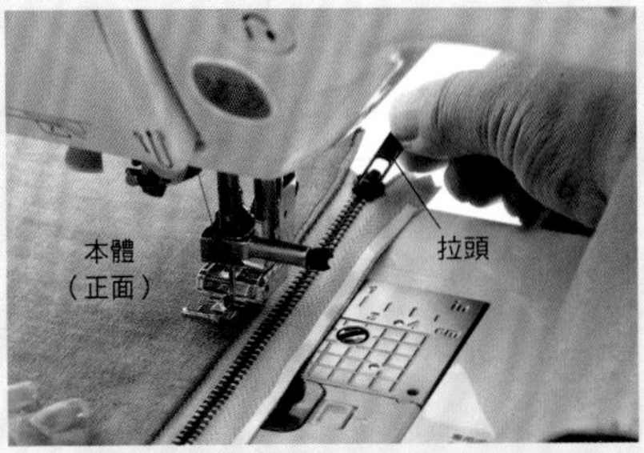

6 車縫至拉頭前方就降下車針，並將拉頭拉至最上端。車縫到最後。

7 將拉鍊壓布腳改裝到右側，另一側也以相同方式車縫。

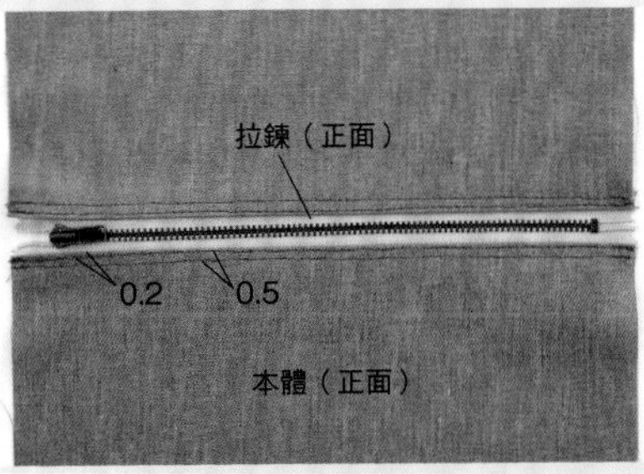

8 在距離第一道縫線0.5cm的位置再車縫一道，拉鍊接合完畢。

摺疊末端的拉鍊接縫方法

是摺疊拉鍊末端的安裝方式。
由於不車縫入拉鍊末端，因此可作出俐落的效果。適合波奇包等類型。

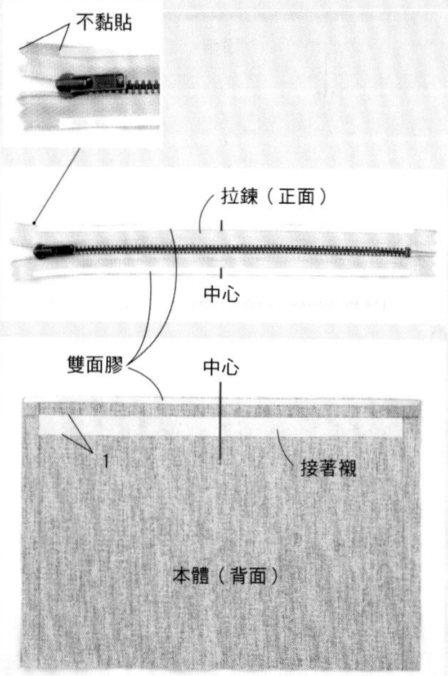

1 參照P.53 1～2 黏貼接著襯，在中心作記號，黏貼雙面膠。因為之後要摺疊，因此雙面膠勿黏貼於拉鍊布帶的兩端。

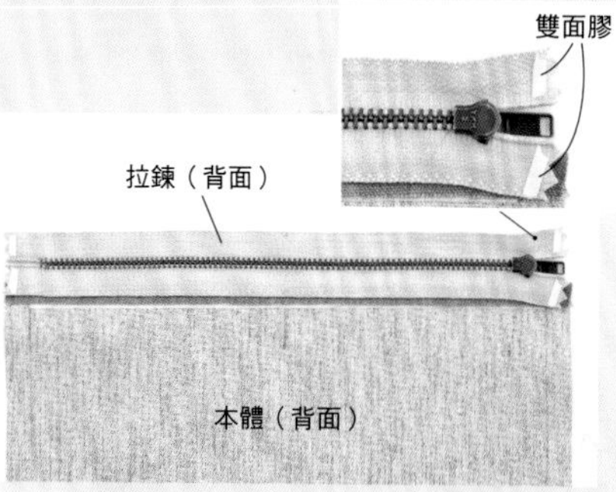

2 參照P.53 3～4 ，在本體黏貼拉鍊。於拉鍊背面側，布帶末端共四處黏貼布用雙面膠。

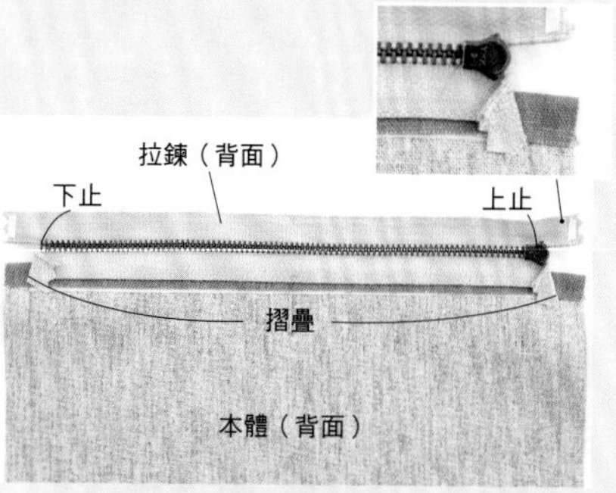

3 將布帶兩端，從上止、下止側往背面摺疊，以雙面膠黏貼。

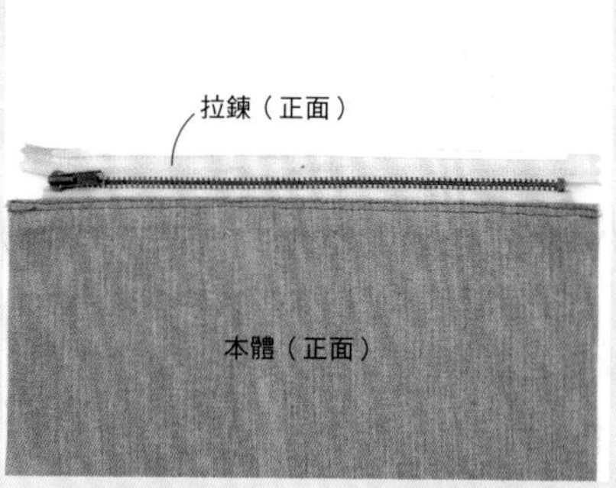

4 參照P.53 5～8 ，車縫拉鍊。

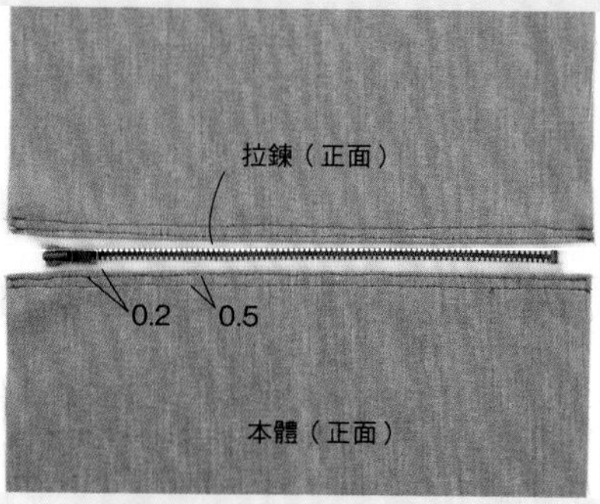

5 拉鍊不會卡到兩脇縫份，接合完畢。

裡本體的接合方法

接合裡本體的狀況是除了拉鍊以外，以表本體的相同方式分別縫製，最後再以手縫接合。

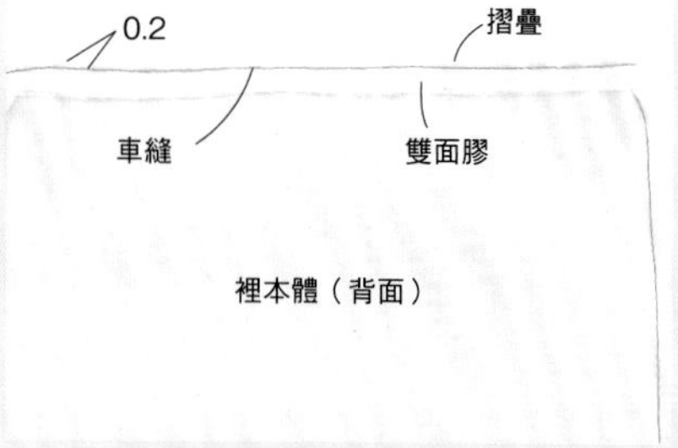

1 摺疊裡本體開口縫份，車縫。在縫線下側的縫份黏貼雙面膠。

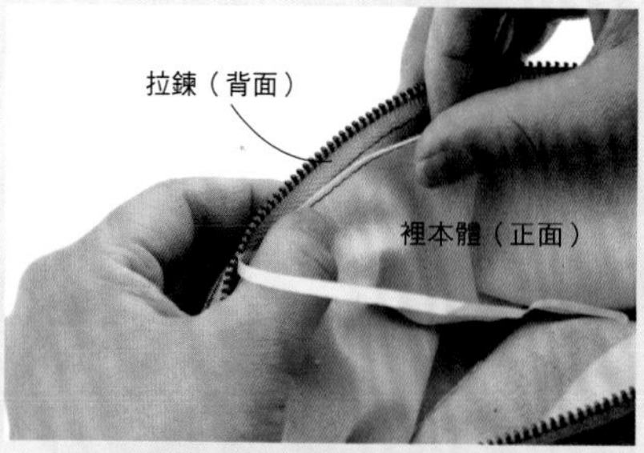

2 在表本體之中放入裡本體，對齊中心、脇邊等位置，在能遮蓋拉鍊布帶縫線的位置，以雙面膠黏貼裡本體。

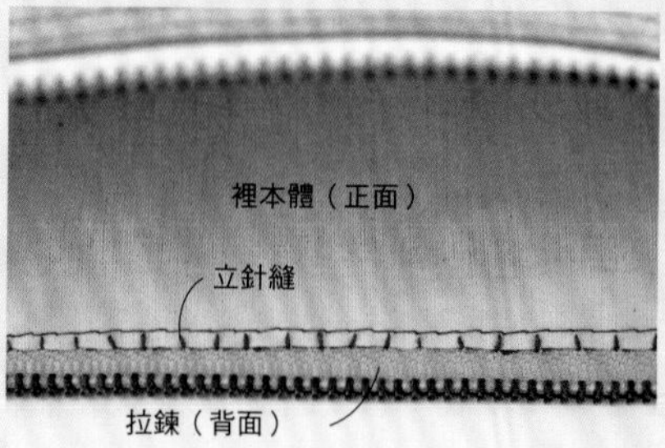

3 以立針縫將裡本體縫合於拉鍊布帶上。

一字拉鍊口袋的作法

挖開本體，接合拉鍊的口袋作法。

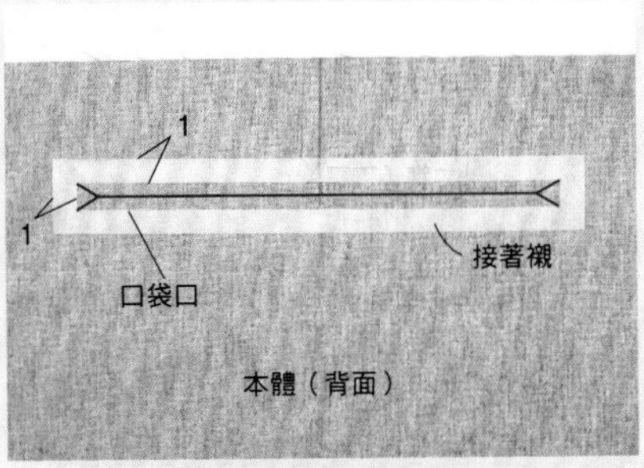

1 在口袋口四周黏貼寬1cm的接著襯。在口袋口作出箭頭記號。

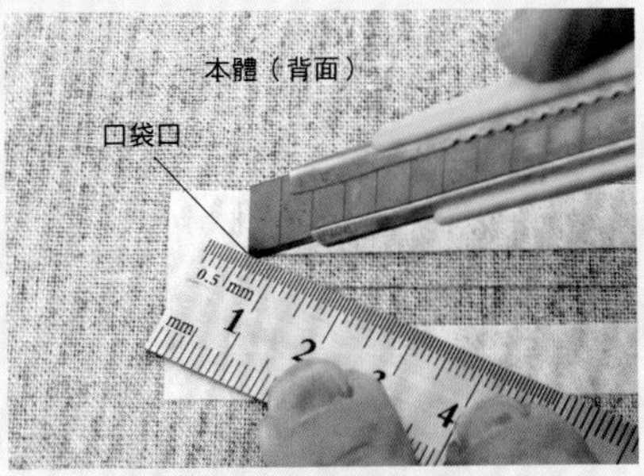

2 放上尺，依照箭頭記號以美工刀切割。

強力接著劑的用法參照P.39

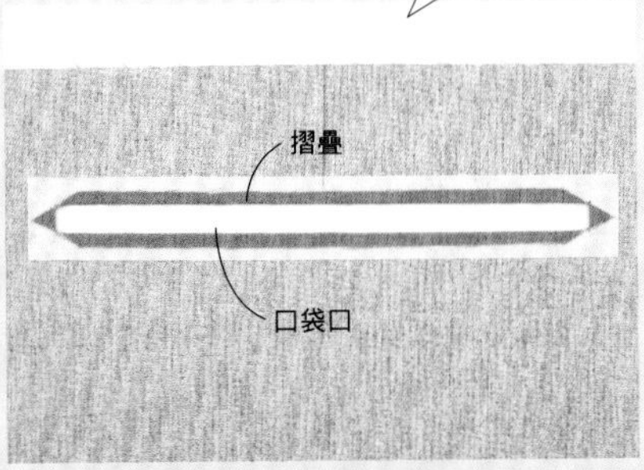

3 在縫份塗上強力接著劑，沿著接著襯摺疊，黏貼縫份。

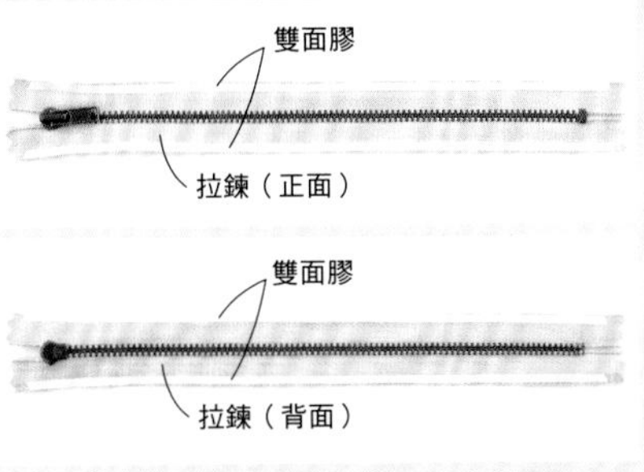

4 在拉鍊布帶的正面、背面黏貼雙面膠。

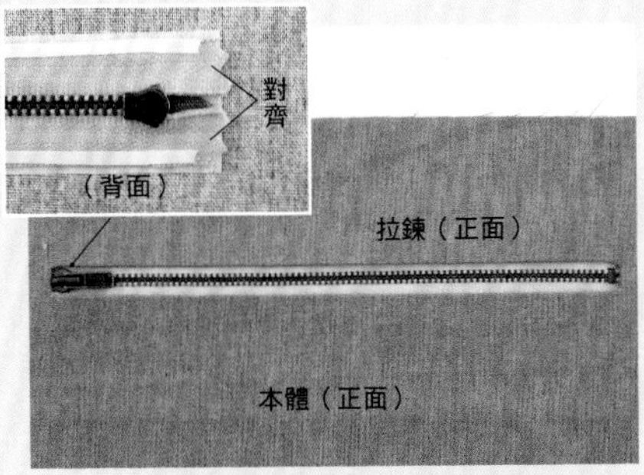

5 從背面側將拉鍊黏貼於口袋口。需避免上止側的布帶末端分開，對齊黏貼。

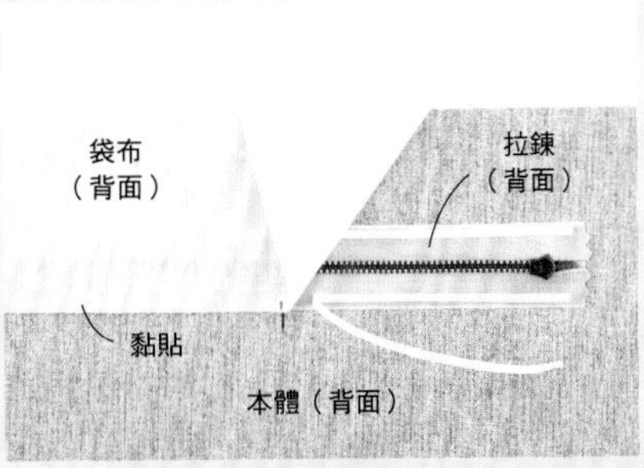

6 將袋布布端與拉鍊下側布帶的邊緣對齊，以雙面膠黏貼。

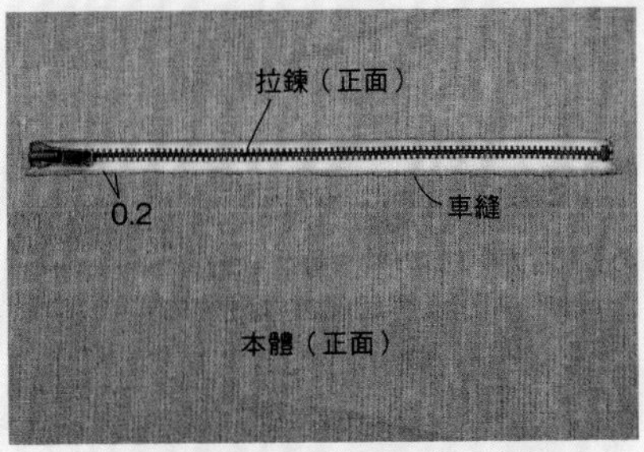

7 從正面車縫口袋口下側。

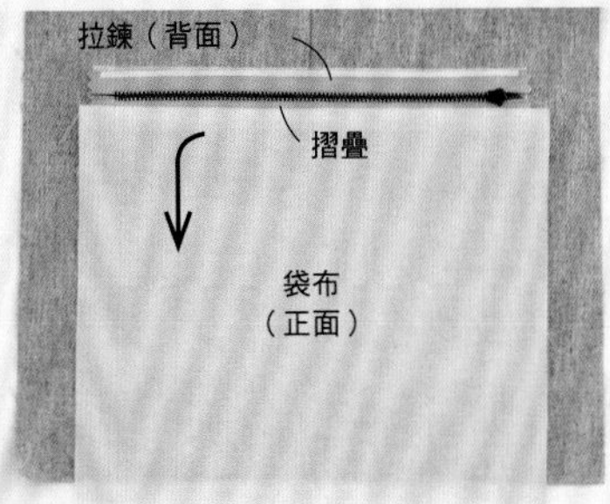

8 摺疊袋布縫線，摺往下側。

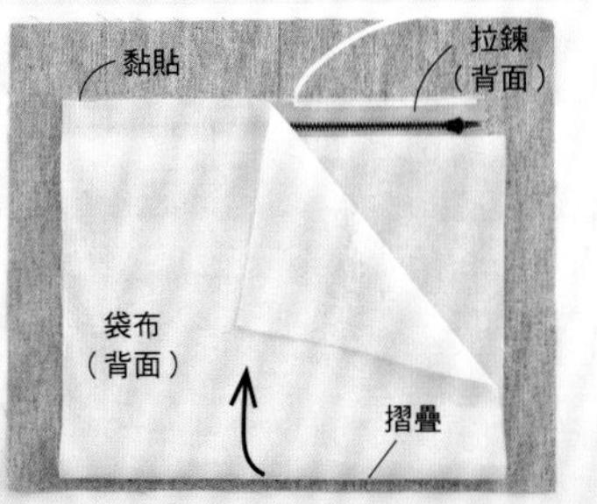

9 將袋布往上摺，布端對齊拉鍊上側布帶邊緣，以雙面膠黏貼。

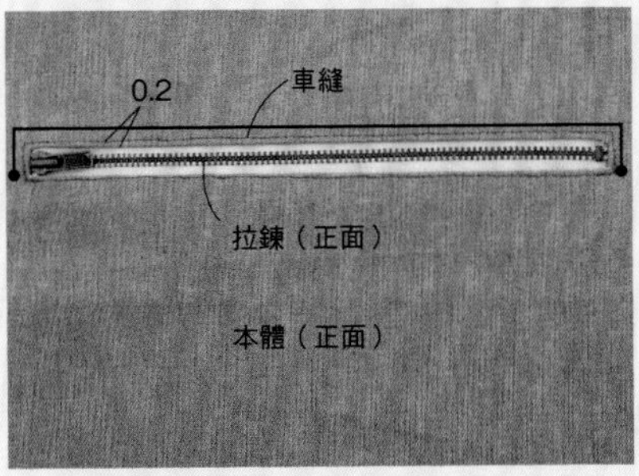

10 從正面以ㄈ字形，車縫口袋口兩端與上方。

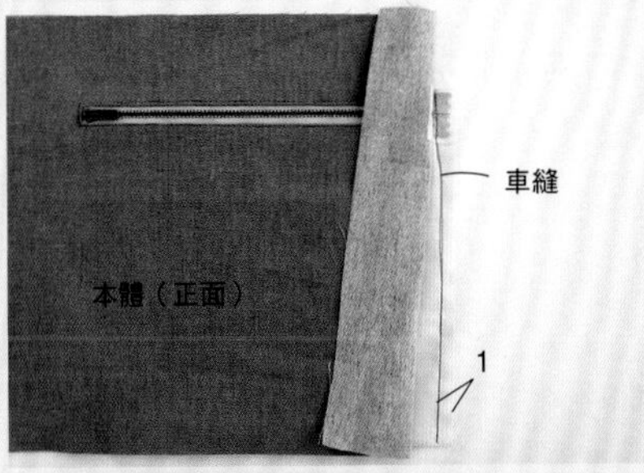

11 掀起本體，將袋布末端於口袋口邊緣車縫2次，下方則是以1cm縫份車縫2次。另一側也以相同方式車縫。

立式拉鍊口袋的作法

在P.55的一字拉鍊口袋裝上袋口布的口袋作法。

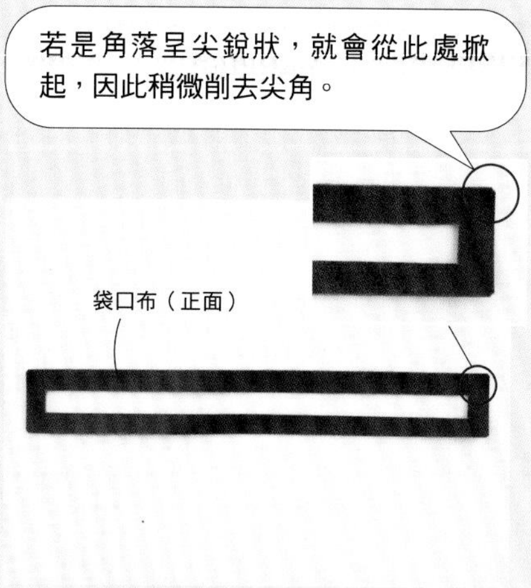

1 依照口袋口裁剪袋口布。

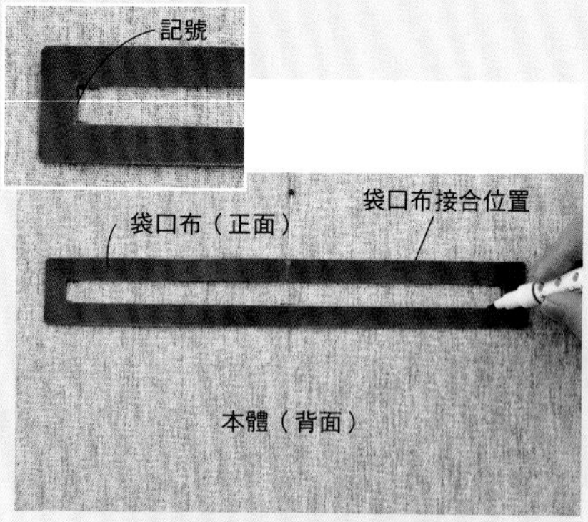

2 在本體背面側的袋口布接合位置放上袋口布，於內側角落描繪ㄈ字，作出口袋口記號。

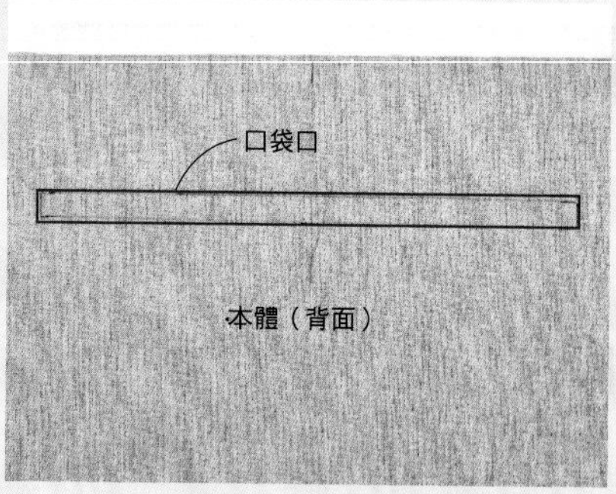

3 以尺連接 2 的記號畫線，畫出口袋口記號。

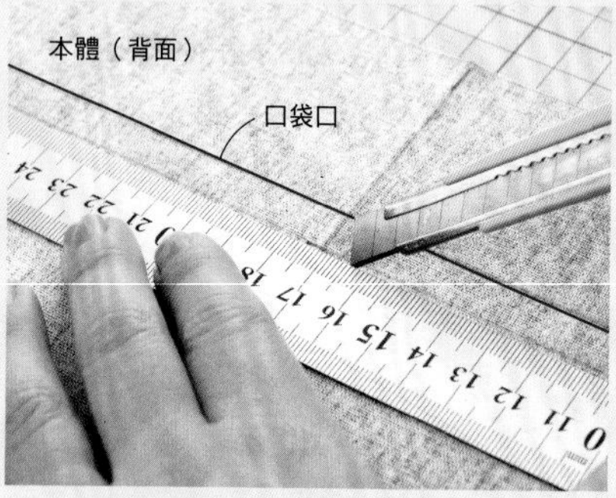

4 使用尺，以美工刀切出口袋口。

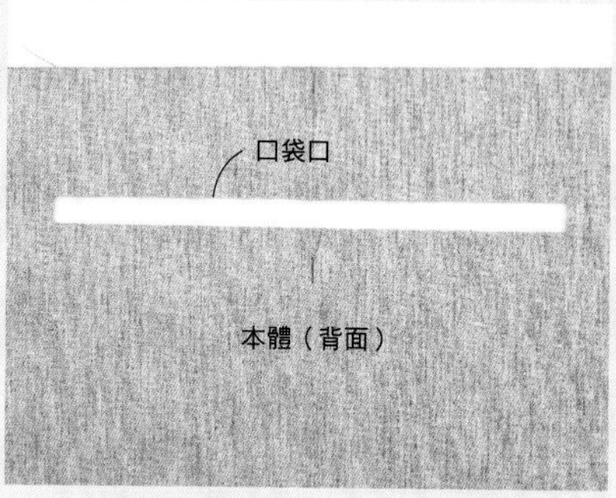

5 切出口袋口。

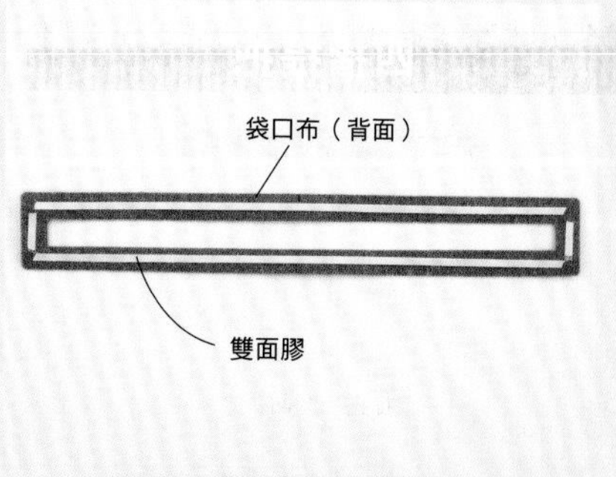

6 在袋口布背面中心貼上雙面膠。

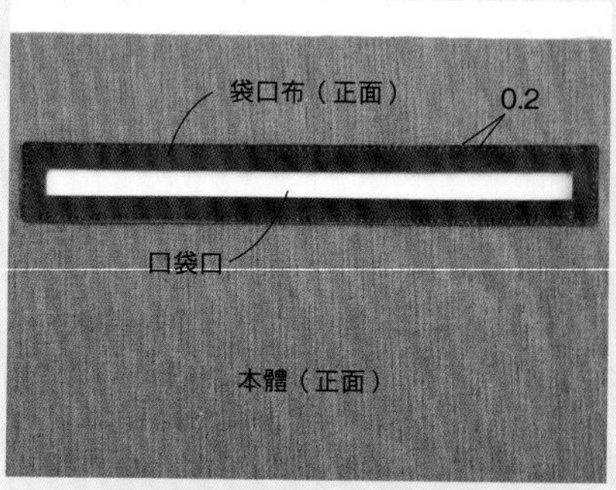

7 將袋口布對齊口袋口黏貼，車縫袋口布外側。

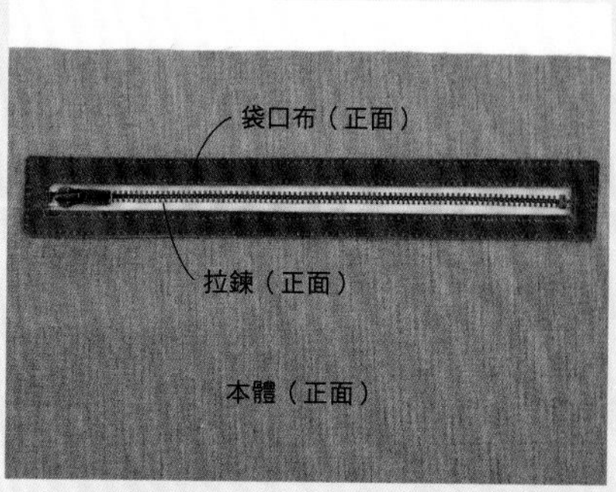

8 參照P.55 4 ～ 11 ，接縫拉鍊與袋布。

提把的作法

雙面膠的用法參照P.40

解說提把的作法。以雙面膠暫時固定再車縫是重點。

四摺提把

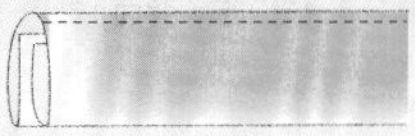

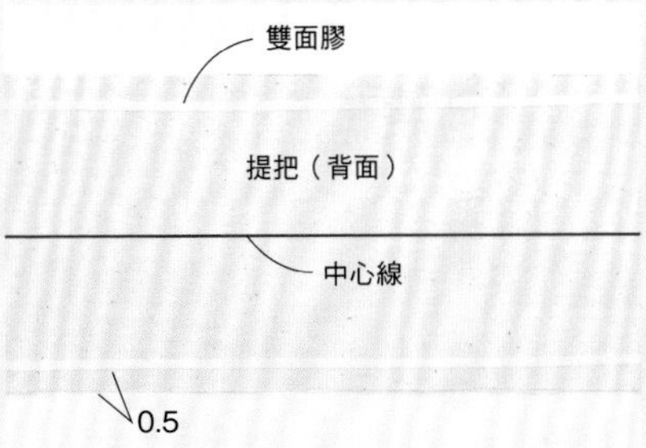

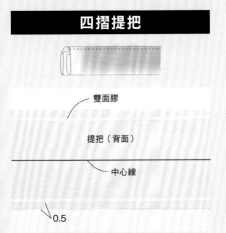

1 在提把寬度中心畫線。在距離邊緣0.5cm的位置黏貼雙面膠。

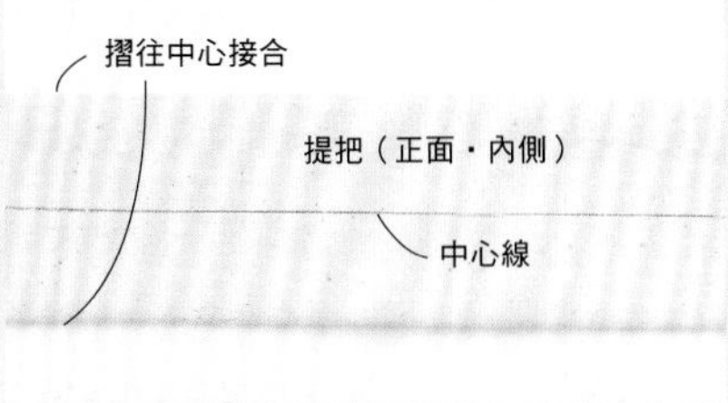

2 摺往中心線接合，以雙面膠黏貼。

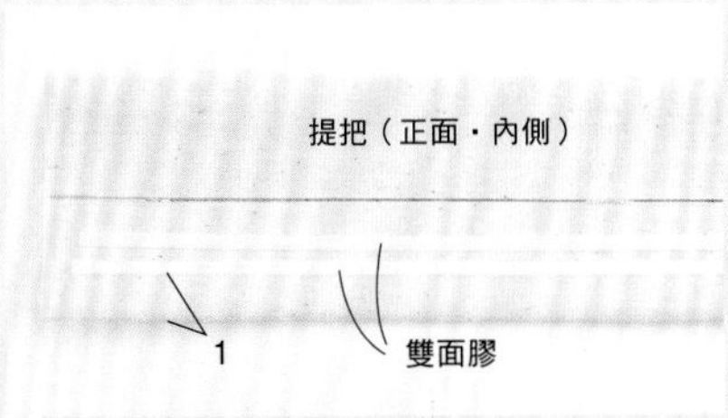

3 在單側黏貼2片雙面膠。

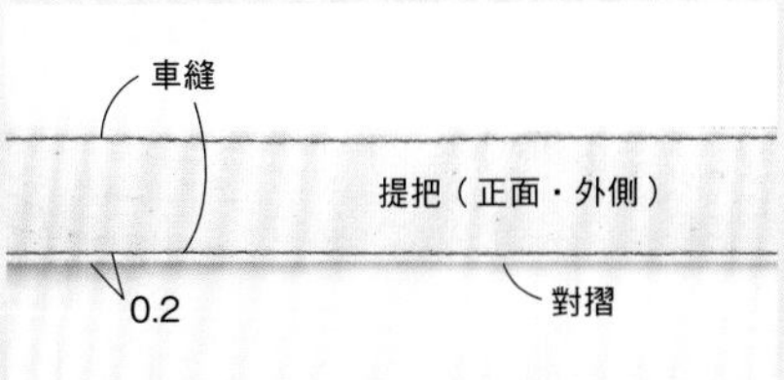

4 對摺，以雙面膠黏貼，並車縫兩端。

雙面提把

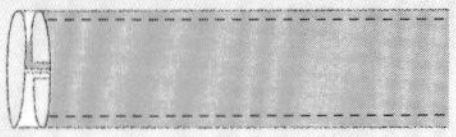

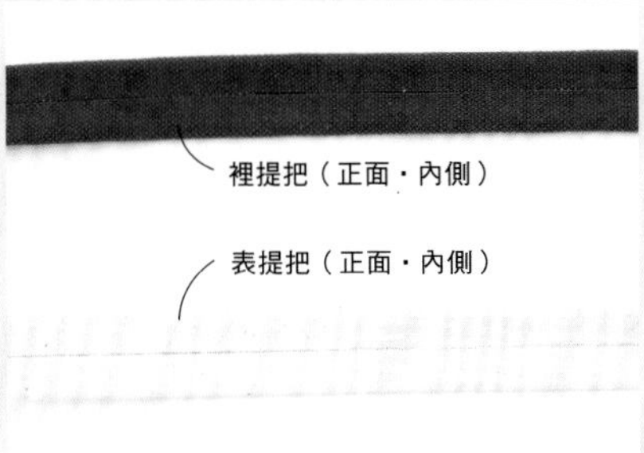

1 參照〈四摺提把〉1～2，分別將表提把與裡提把摺往中心接合。

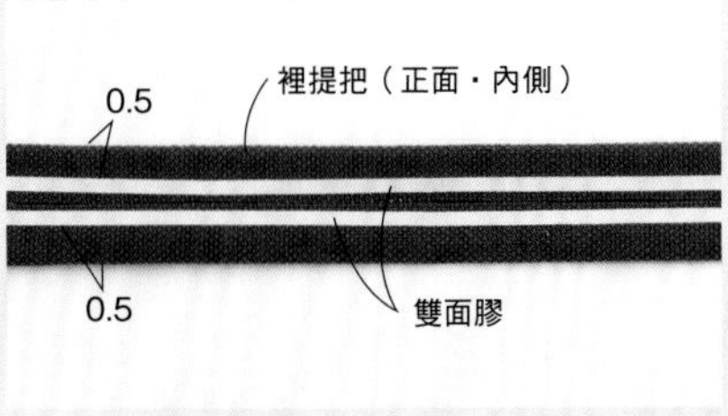

2 距離裡提把山摺線0.5cm的位置黏貼雙面膠。

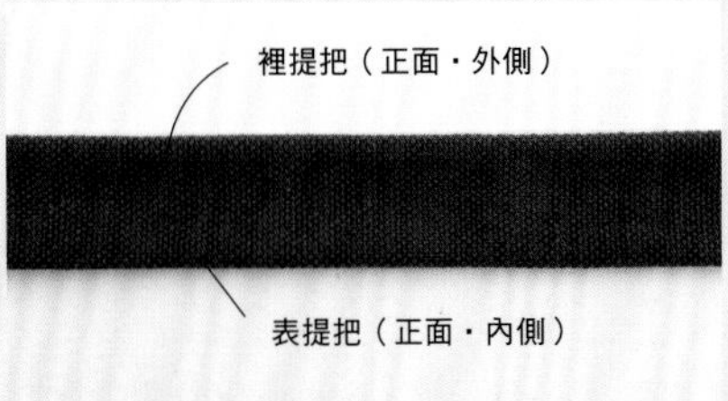

3 將表提把與裡提把正面相對疊合，以雙面膠黏貼。

4 車縫兩端。

內側織帶提把

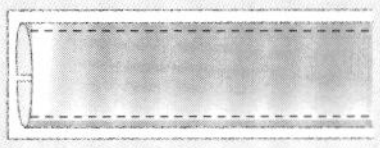

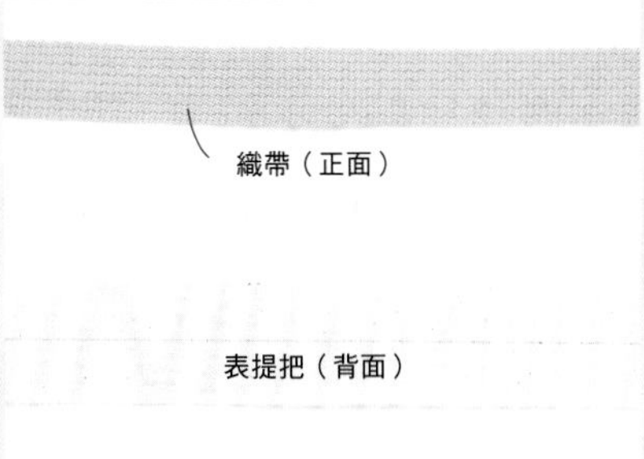

1 準備與表提把同長的提把織帶。將表提把依照〈雙面提把〉1～2摺疊。

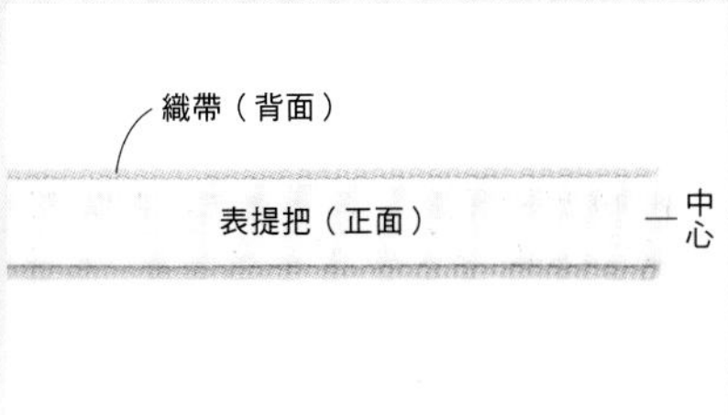

2 對齊表提把與織帶寬度中心正面相對疊合，以雙面膠黏貼。

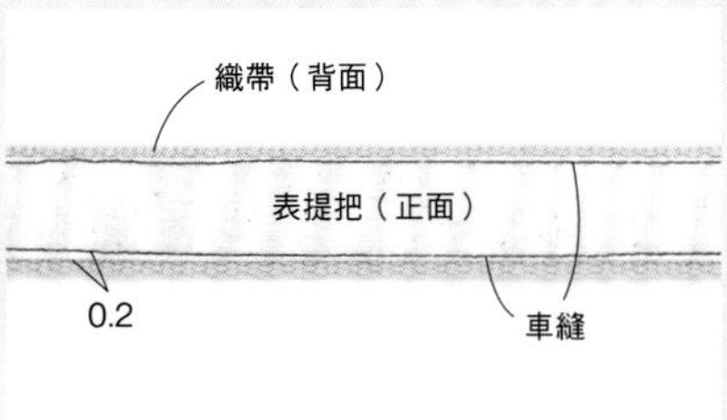

3 車縫兩端。

本書的用法

本書依照冨山老師作包時的流程與技巧進行解說。
或許會有與大家平時所熟悉的製包方式有稍微不一樣的步驟，
但若習慣了冨山流車縫方法，一定能夠製作出"縫製精巧的布包與波奇包"。
一邊參照從P.60開始的作品製作方式〈作法頁〉，一邊立刻製作書中作品吧!

1 以完成線製作紙型

→P.35、P.34

本書除了P.109～P.112的3張<隨剪隨用的原寸紙型>之外，沒有附其他紙型。請見<裁布圖>標示數字，製作符合完成線的紙型。裁片當中有圓角（曲線）的類型會在裁片名稱與圓角位置以■標示。參照<圓角的畫法>，以附錄的<圓弧尺>繪製圓角（曲線）。

2 畫上縫份線與合印

→P.36

將紙型配置於裁剪好的布料上，在布料上畫出完成線。●內的數字為縫份寬度。依此數字在布料上畫縫份線。這時，也別忘記加入中心、合印等記號。

3 裁剪

沿著縫份線剪開布料。

4 貼襯

→P.36～P.38

需要貼襯的情況，請見〈作法頁〉貼襯的方法，確認襯布的種類、黏貼位置、黏貼方式，進行黏貼。

5 車縫

依照〈作法頁〉的順序製作作品。

完成

確認作品編號、想要製作的作品。

準備使用材料。

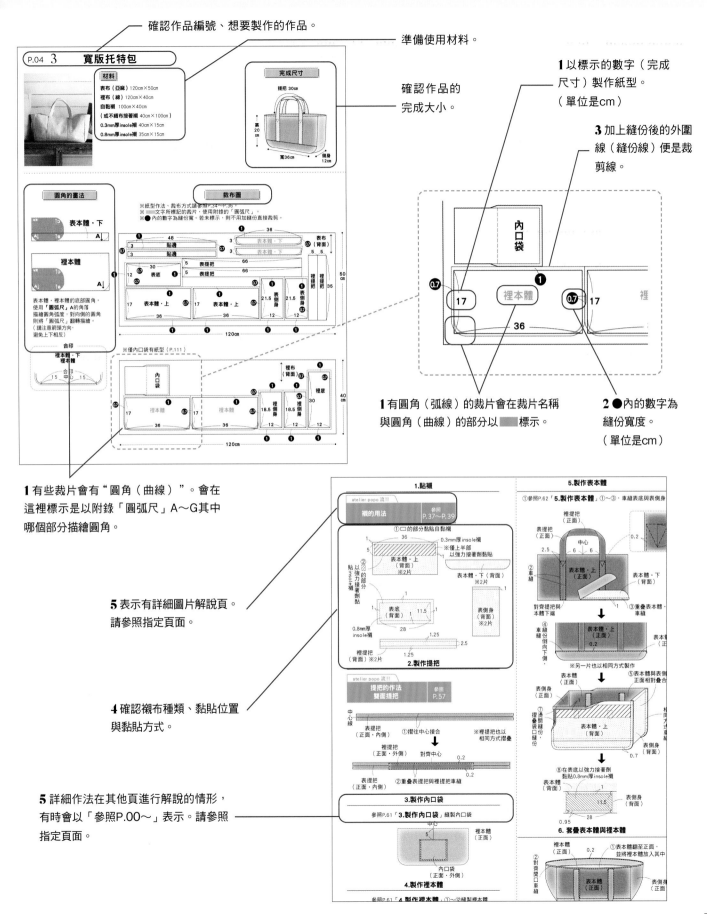

確認作品的
完成大小。

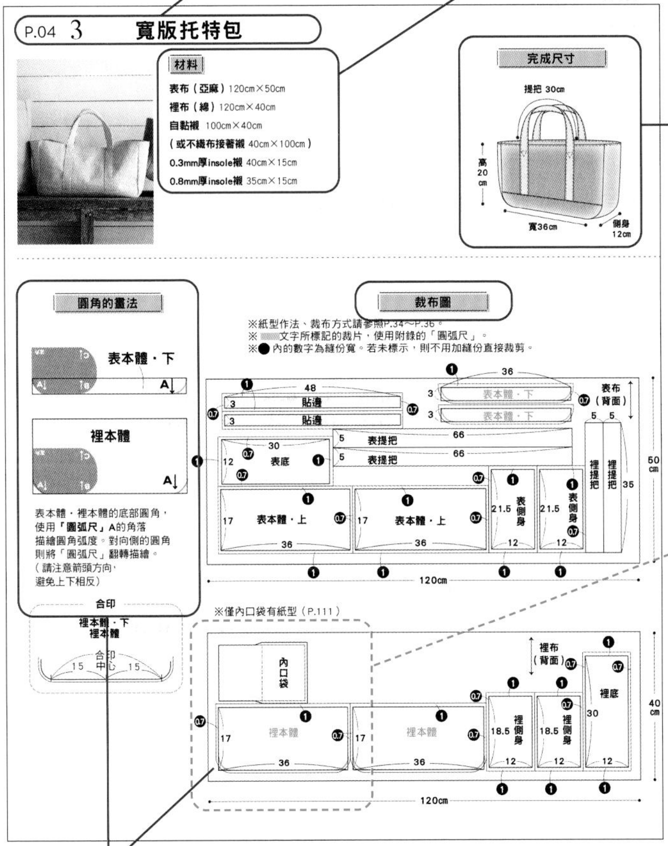
P.04 3 寬版托特包
材料
表布（亞麻）120cm×50cm
裡布（綿）120cm×40cm
自黏襯 100cm×40cm
（或不織布接著襯 40cm×100cm）
0.3mm厚insole襯 40cm×15cm
0.8mm厚insole襯 35cm×15cm
完成尺寸
提把 30cm
高20cm
寬36cm
側身12cm
圓角的畫法
表本體・下
裡本體
表本體・裡本體的底部圓角，使用「圓弧尺」A的角落描繪圓角弧度。對向側的圓角則將「圓弧尺」翻轉描繪。（請注意箭頭方向，避免上下相反）
合印
裡本體・下
裡本體
裁布圖
※紙型作法、裁布方式請參照P.34～P.36。
※●內的數字為縫份寬。若未標示，則不用加縫份直接裁剪。
表布（背面）
貼邊
表提把
表底
表本體・上
表側身
裡提把
120cm
50cm
※僅內口袋有紙型（P.111）
內口袋
裡布（背面）
裡本體
裡側身
裡底
120cm
40cm

1 以標示的數字（完成尺寸）製作紙型。（單位是cm）

3 加上縫份後的外圍線（縫份線）便是裁剪線。

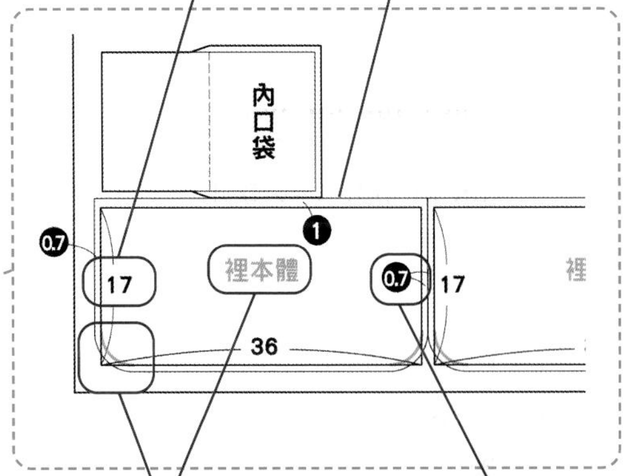
內口袋
裡本體
0.7
17
36

1 有圓角（弧線）的裁片會在裁片名稱與圓角（曲線）的部分以▇標示。

2 ●內的數字為縫份寬度。（單位是cm）

1 有些裁片會有"圓角（曲線）"。會在這裡標示是以附錄「圓弧尺」A～G其中哪個部分描繪圓角。

5 表示有詳細圖片解說頁。請參照指定頁面。

4 確認襯布種類、黏貼位置與黏貼方式。

5 詳細作法在其他頁進行解說的情形，有時會以「參照P.00～」表示。請參照指定頁面。

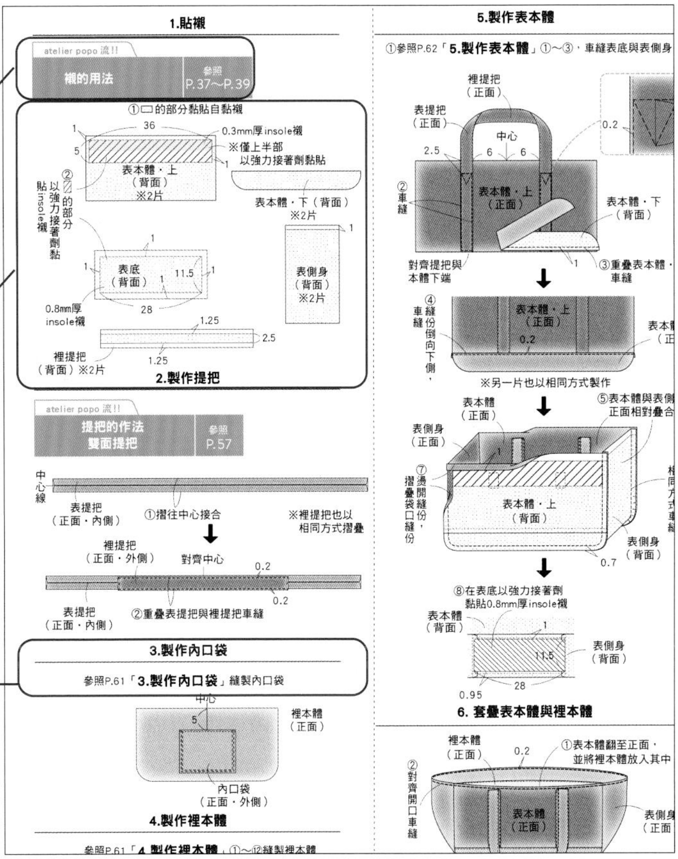
1.貼襯
atelier popo 流!!
襯的用法
參照 P.37～P.39
①□的部分黏貼自黏襯
0.3mm厚insole襯
※僅上半部以強力接著劑黏貼
表本體・上（背面）※2片
表本體・下（背面）※2片
②的部分以強力接著劑黏貼insole襯
表底（背面）
0.8mm厚insole襯
表側身（背面）※2片
裡提把（背面）※2片
2.製作提把
atelier popo 流!!
提把的作法 雙面提把
參照 P.57
①摺往中心接合
※裡提把也以相同方式摺疊
②重疊表提把與裡提把車縫
3.製作內口袋
參照P.61「3.製作內口袋」縫製內口袋
內口袋（正面・外側）
4.製作裡本體
參照P.61「4.製作裡本體」①～⑫縫製裡本體
5.製作表本體
①參照P.62「5.製作表本體」①～③，車縫表底與表側身
③重疊表本體，車縫
※另一片也以相同方式製作
⑤表本體與表側身正面相對疊合
⑧在表底以強力接著劑黏貼0.8mm厚insole襯
6.套疊表本體與裡本體
①表本體翻至正面，並將裡本體放入其中
②對齊開口車縫

P.4　3　方形托特包

材料

表布（亞麻）100cm×50cm
裡布（綿）100cm×40cm
不織布接著襯10cm×30cm
自黏襯100cm×40cm
（或不織布接著襯40cm×100cm）
0.3mm厚insole襯30cm×15cm
0.8mm厚insole襯 20cm×20cm

完成尺寸

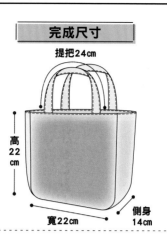

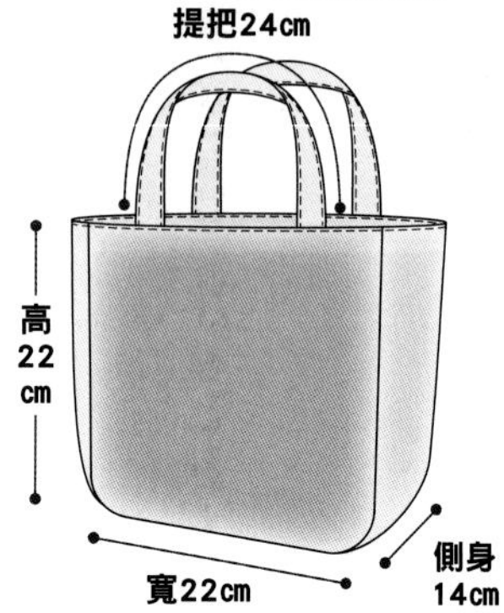

圓角的畫法

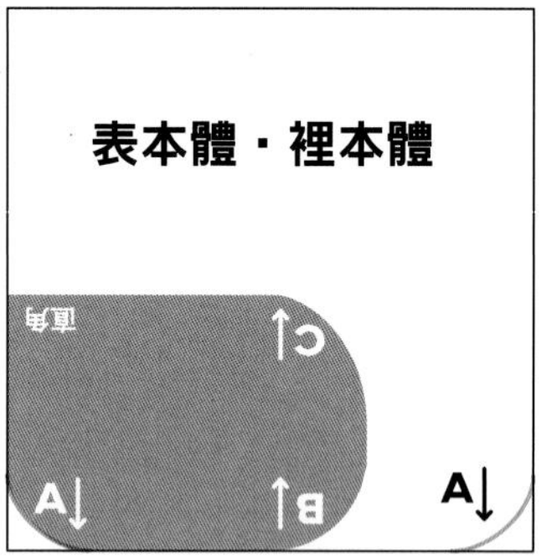

表本體・裡本體的底部圓角使用**「圓弧尺」**A的角落描繪圓角弧度。對向側的圓角則將「圓弧尺」翻轉描繪。
（請注意箭頭方向，避免上下相反）

裁布圖

※紙型作法、裁布方式請參照P.34～P.36。
※　文字所標記的裁片，使用附錄的「圓弧尺」。
※● 內的數字為縫份寬。若未標示，則不用加縫份直接裁剪。

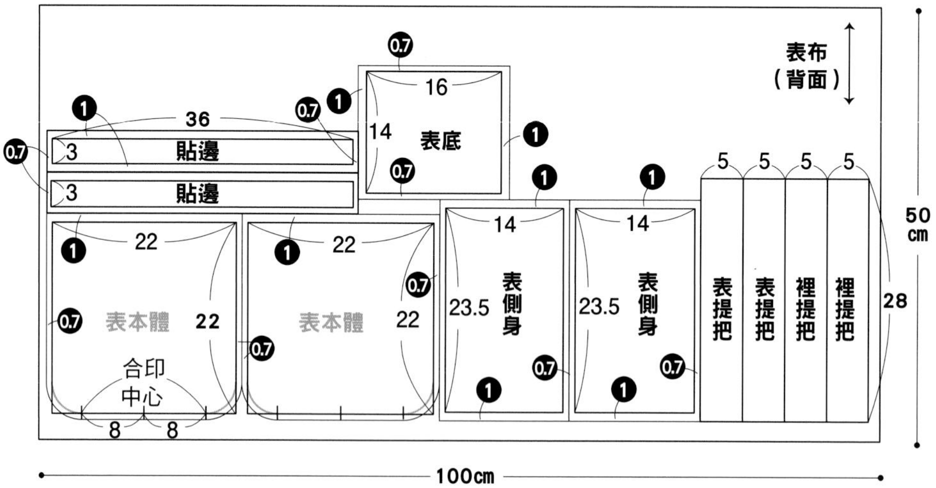

※僅內口袋有紙型（P.115）

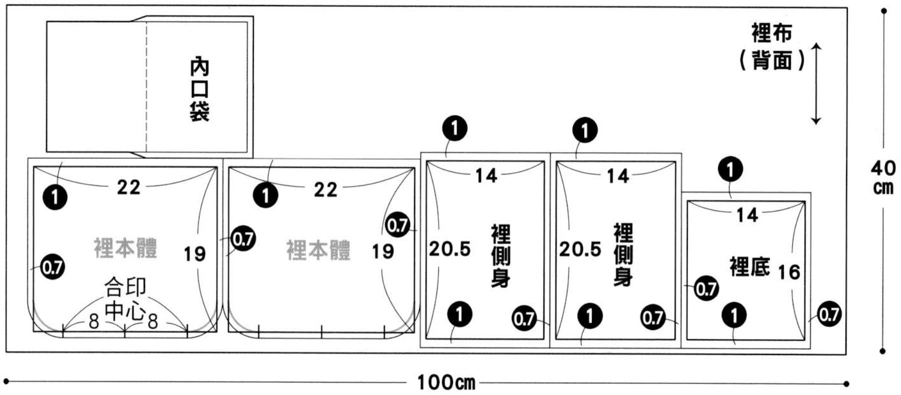

1.貼襯

atelierpopo 流!!

襯的用法

參照 P.37～P.39

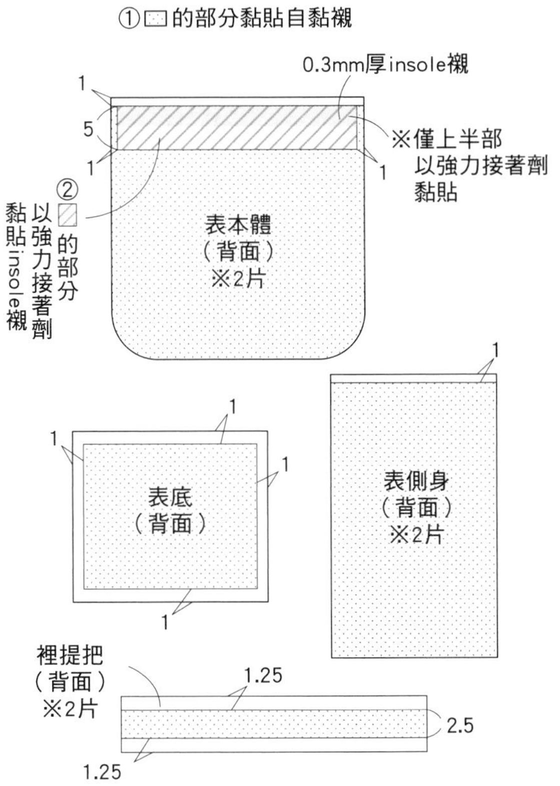

2.製作提把

atelier popo 流!!

提把的作法
雙面提把

參照 P.57

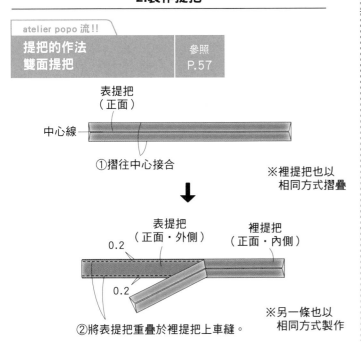

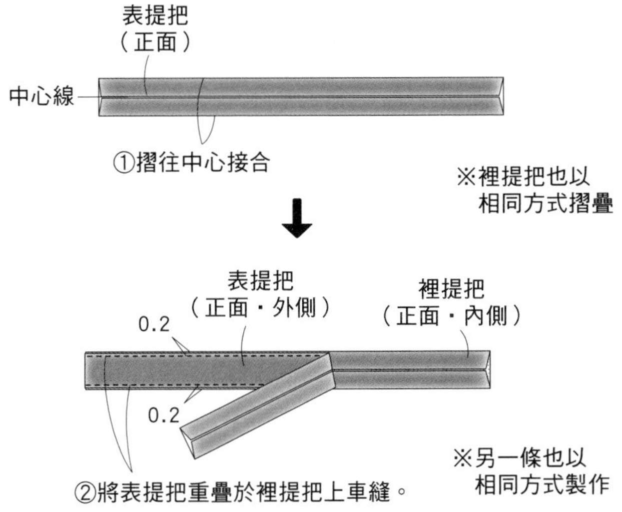

3.製作內口袋

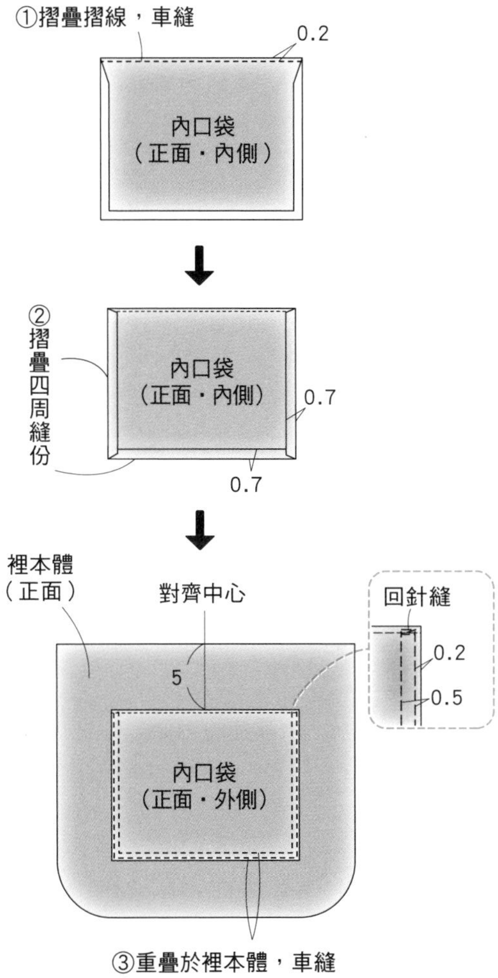

4.製作裡本體

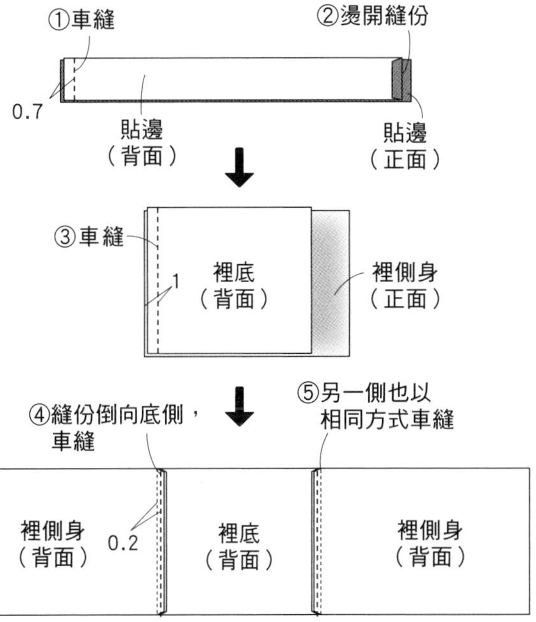

atelier popo 流!!
曲線與角落的車縫方法
直線與曲線的車縫方法
參照 P.45

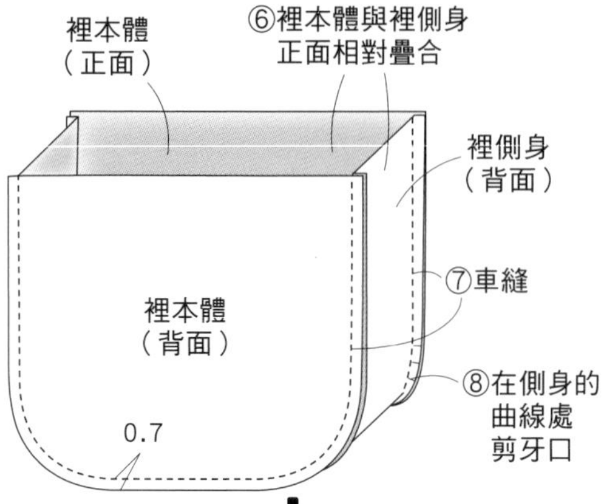

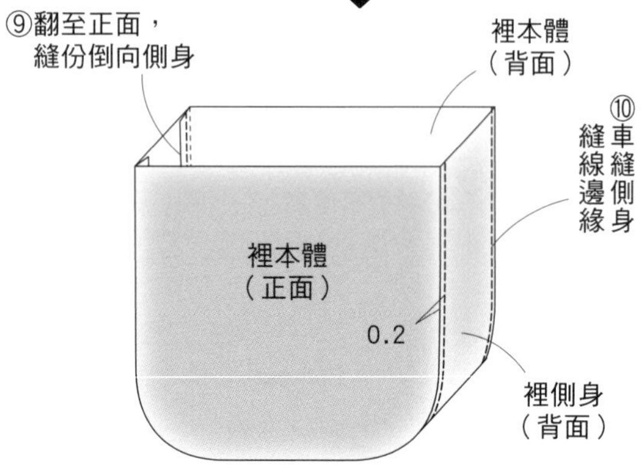

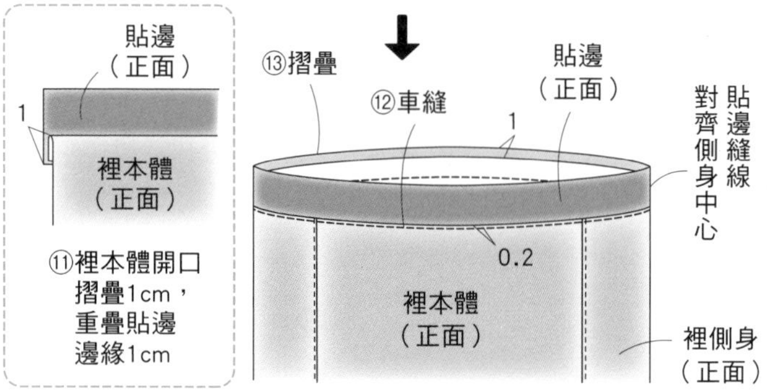

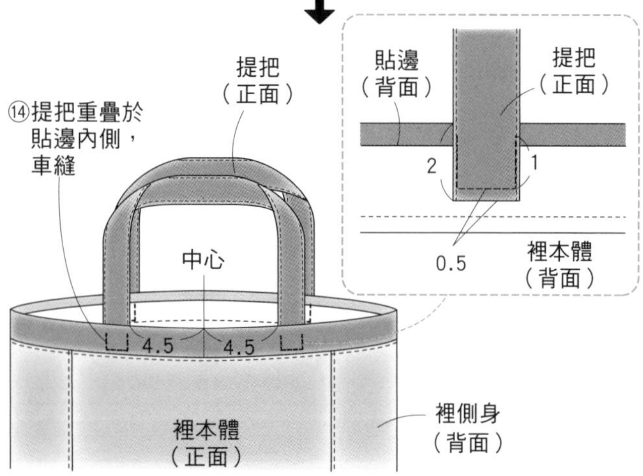

5.製作表本體

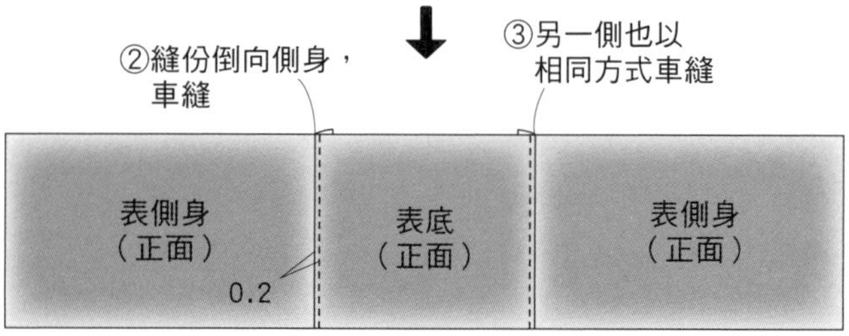

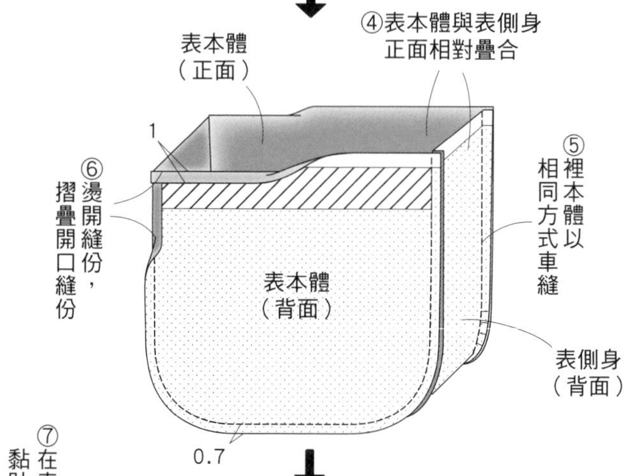

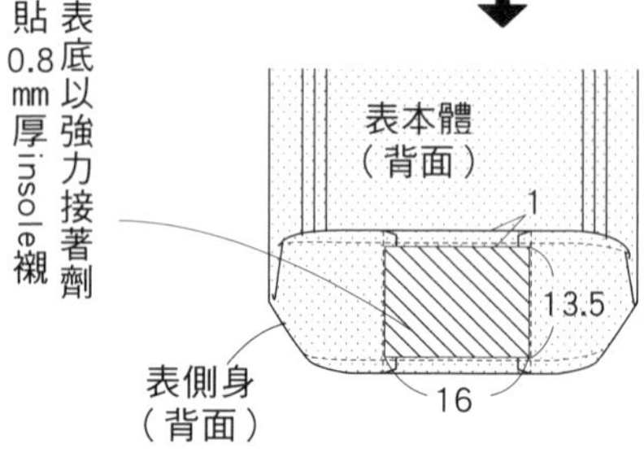

6. 套疊表本體與裡本體

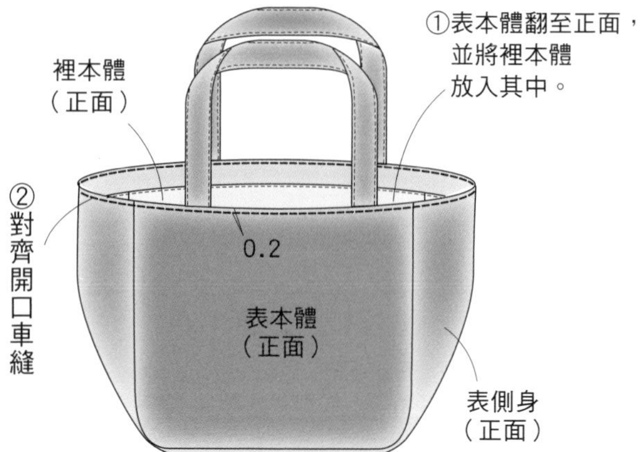

P.4 2 直式托特包

材料

表布（亞麻） 120cm×70cm

裡布（綿） 140cm×40cm

自黏襯 100cm×70cm

（或不織布接著襯 45cm×120cm**）**

0.3mm厚insole襯 35cm×15cm

0.8mm厚insole襯 25cm×15cm

完成尺寸

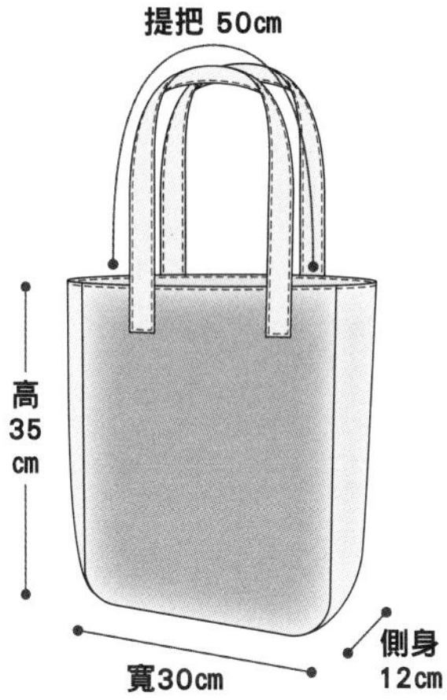

圓角的畫法

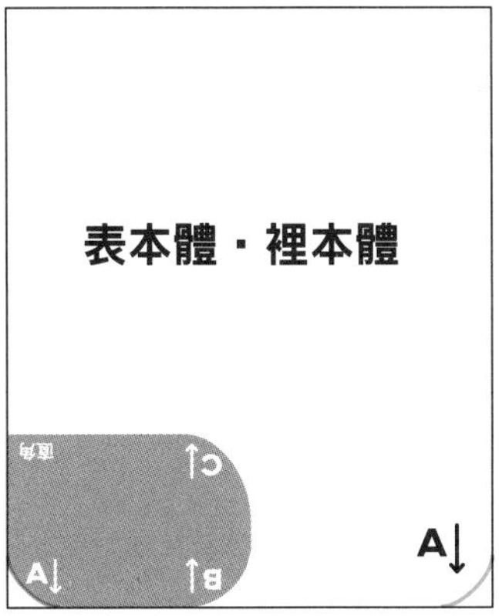

表本體・裡本體的底部圓角，
使用**「圓弧尺」**A的角落描繪
圓角弧度。
對向側的圓角則將「圓弧尺」
翻轉描繪。
（請注意箭頭方向，避免上下相反）

裁布圖

※紙型作法、裁布方式請參照P.34～P.36。
※ ▒ 文字所標記的裁片，使用附錄的「圓弧尺」。
※● 內的數字為縫份寬。若未標示，則不用加縫份直接裁剪。

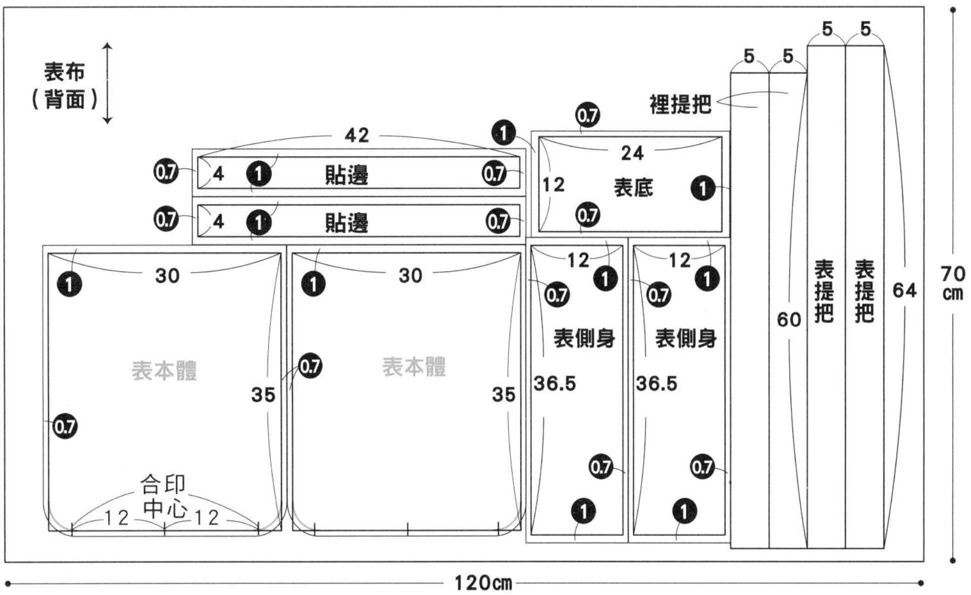

※僅內口袋有紙型（P.115）

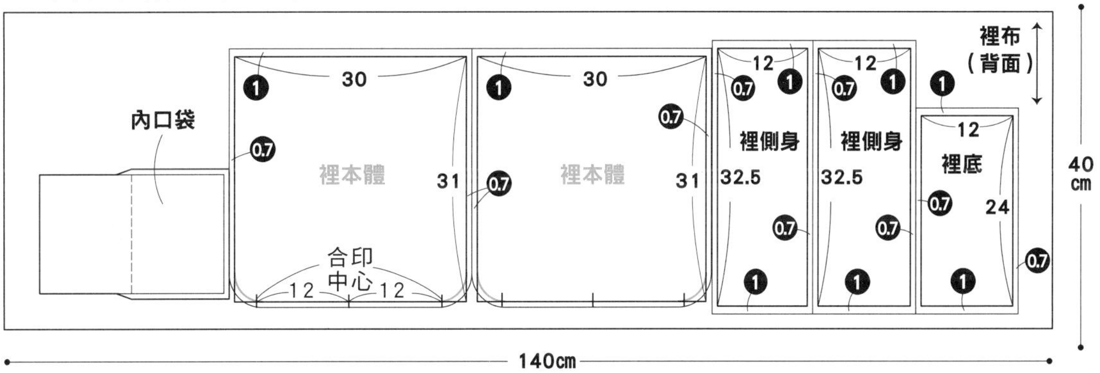

1.貼襯

參照P.61「**1.貼襯**」黏貼襯布。

2.製作提把

atelier popo流!!

提把的作法
雙面提把
參照 P.57

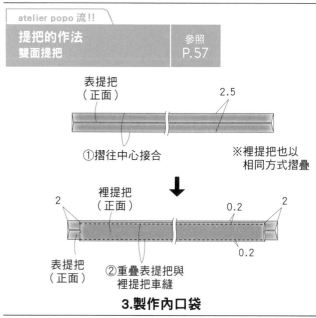

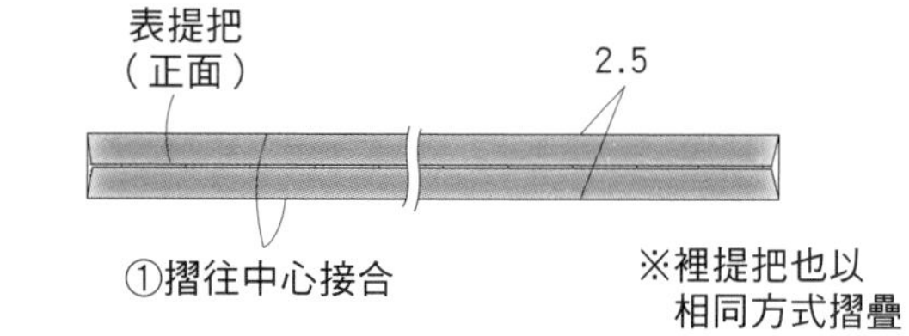

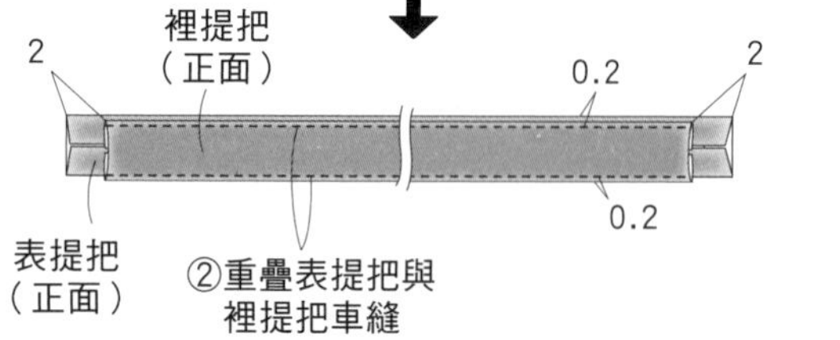

3.製作內口袋

①參照P.61「**3.製作內口袋**」
縫製內口袋

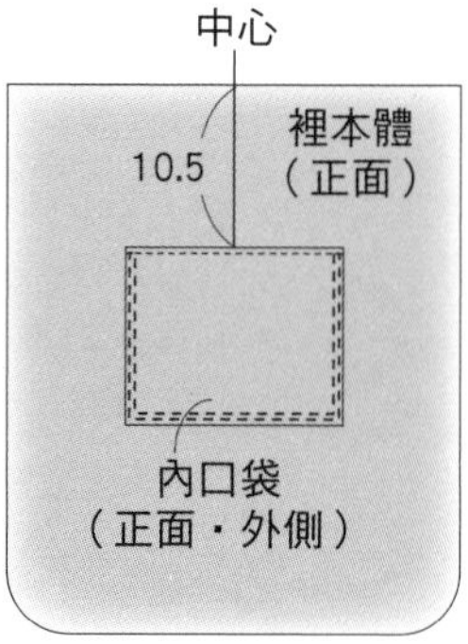

4.製作裡本體

參照P.61「**4.製作裡本體**」①～⑫縫製裡本體

5.製作表本體

①參照P.62「**5.製作表本體**」①～③，

車縫表底與表側身

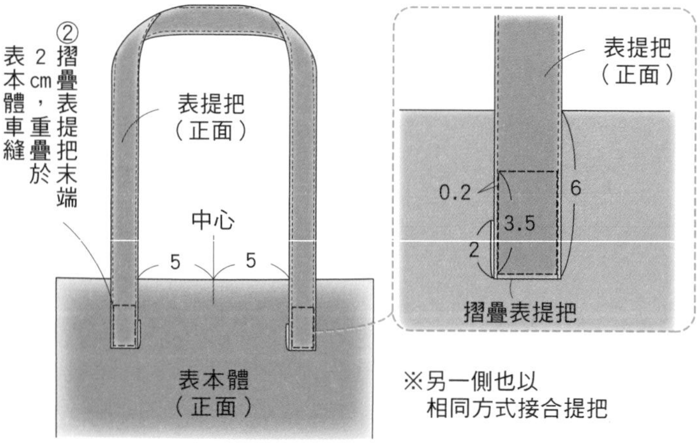

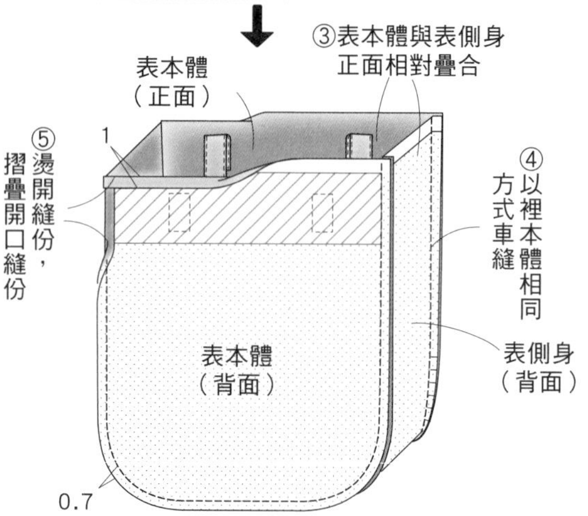

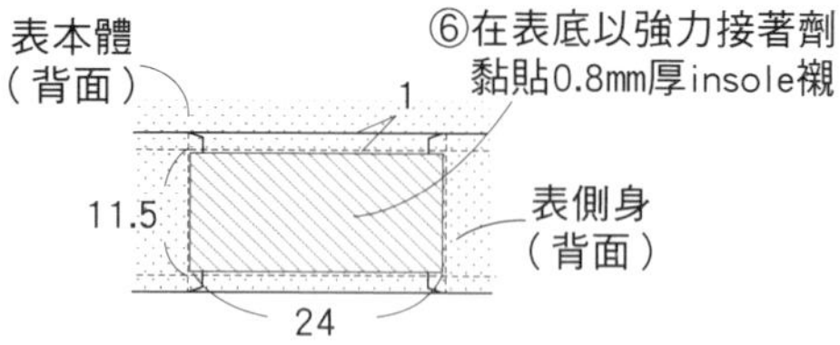

6. 套疊表本體與裡本體

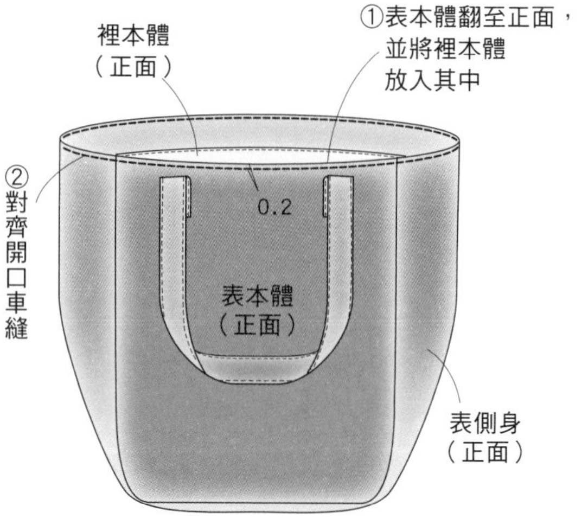

P.04 3 寬版托特包

材料

表布（亞麻） 120cm×50cm
裡布（綿） 120cm×40cm
自黏襯 100cm×40cm
（或不織布接著襯 40cm×100cm**）**
0.3mm厚insole襯 40cm×15cm
0.8mm厚insole襯 35cm×15cm

完成尺寸

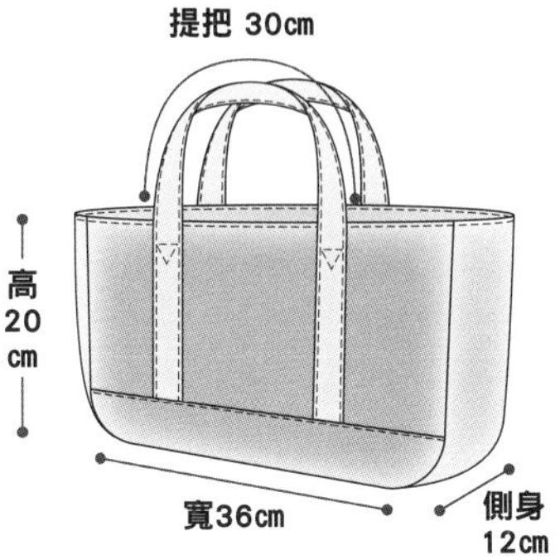

圓角的畫法

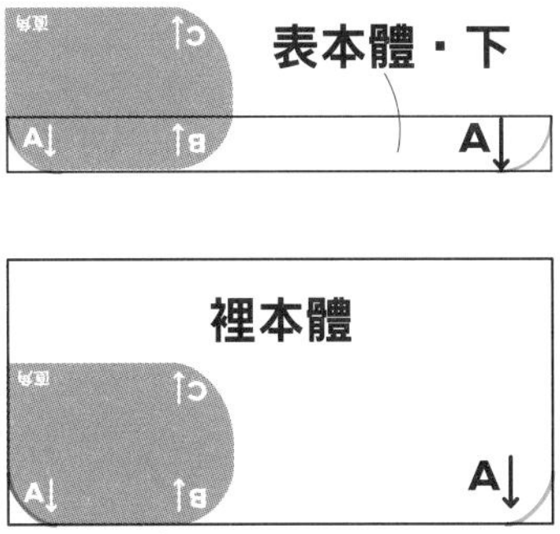

表本體・裡本體的底部圓角，使用**「圓弧尺」**A的角落描繪圓角弧度。對向側的圓角則將「圓弧尺」翻轉描繪。（請注意箭頭方向，避免上下相反）

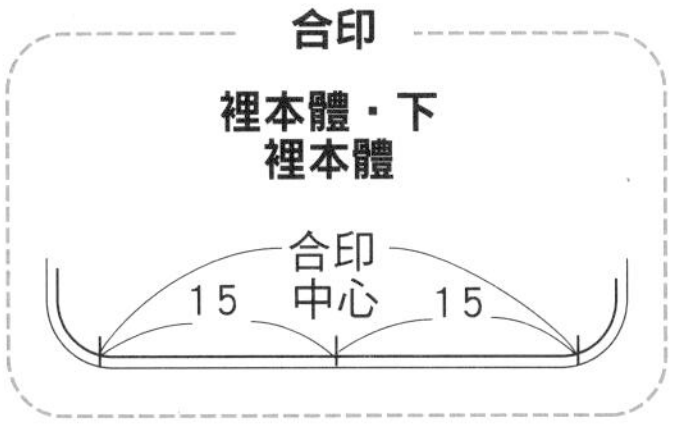

裁布圖

※紙型作法、裁布方式請參照P.34～P.36。
※ 文字所標記的裁片，使用附錄的「圓弧尺」。
※● 內的數字為縫份寬。若未標示，則不用加縫份直接裁剪。

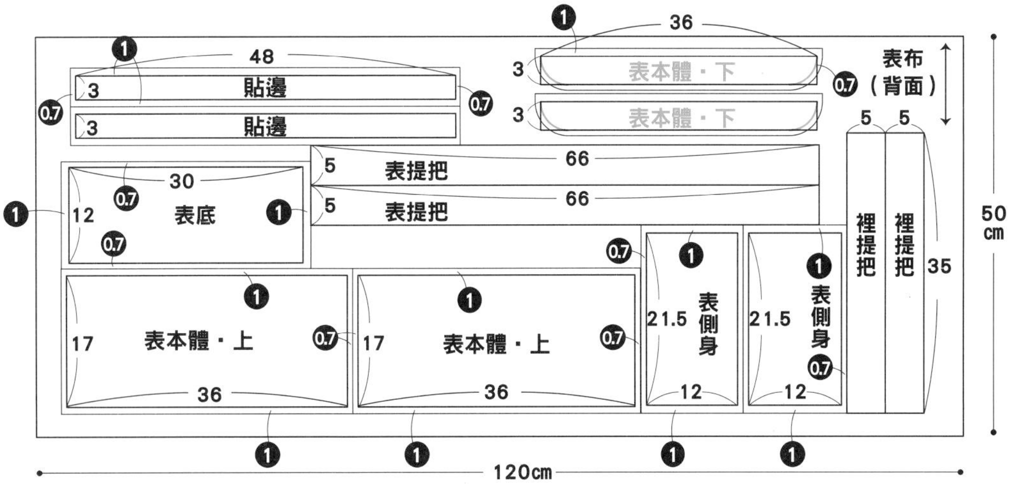

※僅內口袋有紙型（P.115）

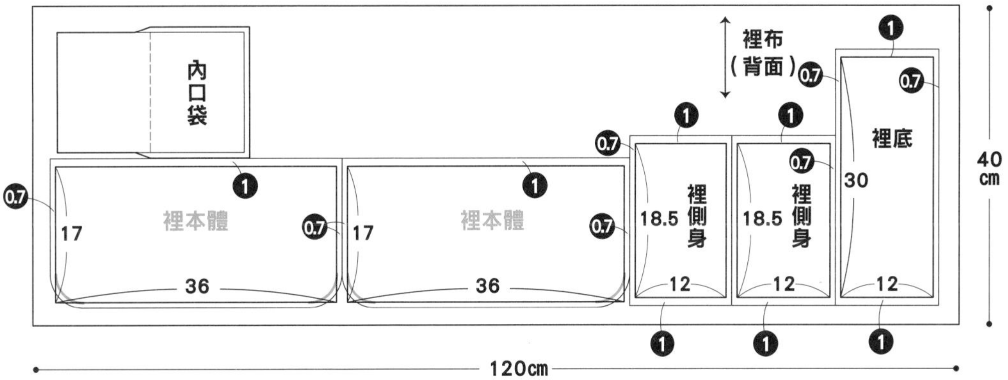

1.貼襯

atelier popo 流!!

襯的用法	參照 P.37〜P.39

①▭的部分黏貼自黏襯

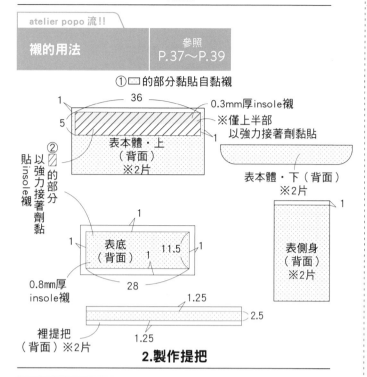

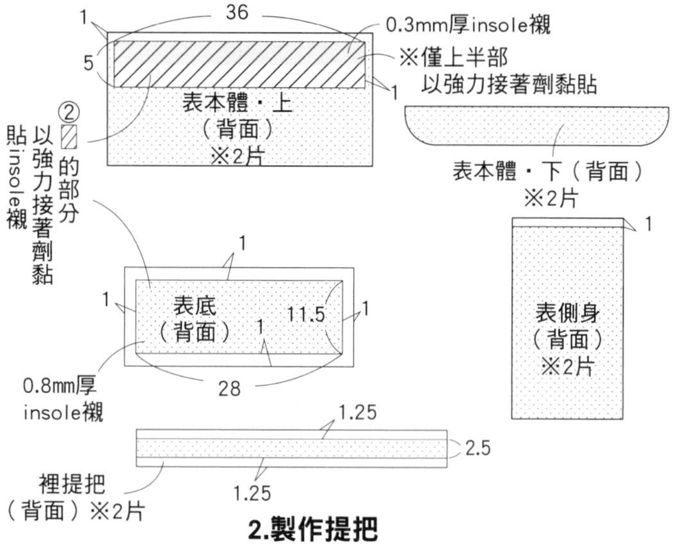

2.製作提把

atelier popo 流!!

提把的作法 雙面提把	參照 P.57

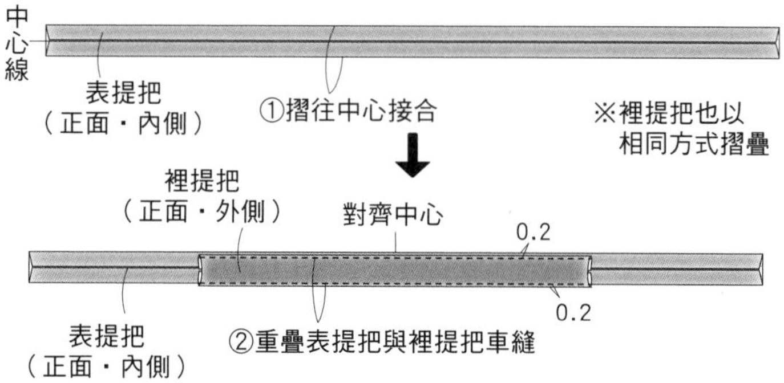

3.製作內口袋

參照P.61「**3.製作內口袋**」縫製內口袋

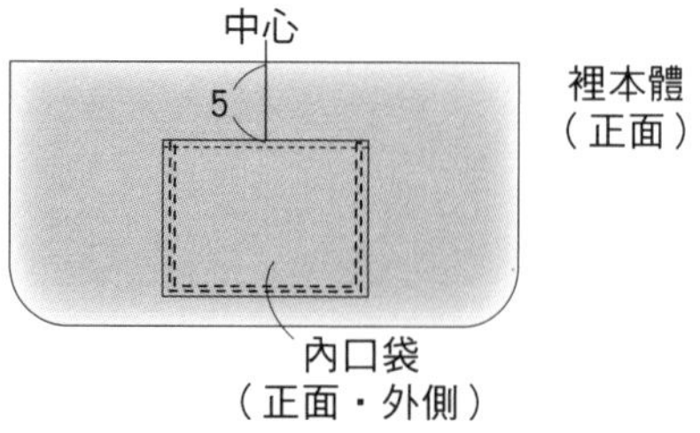

4.製作裡本體

參照P.61「**4.製作裡本體**」①〜⑫縫製裡本體

5.製作表本體

①參照P.62「**5.製作表本體**」①〜③，車縫表底與表側身

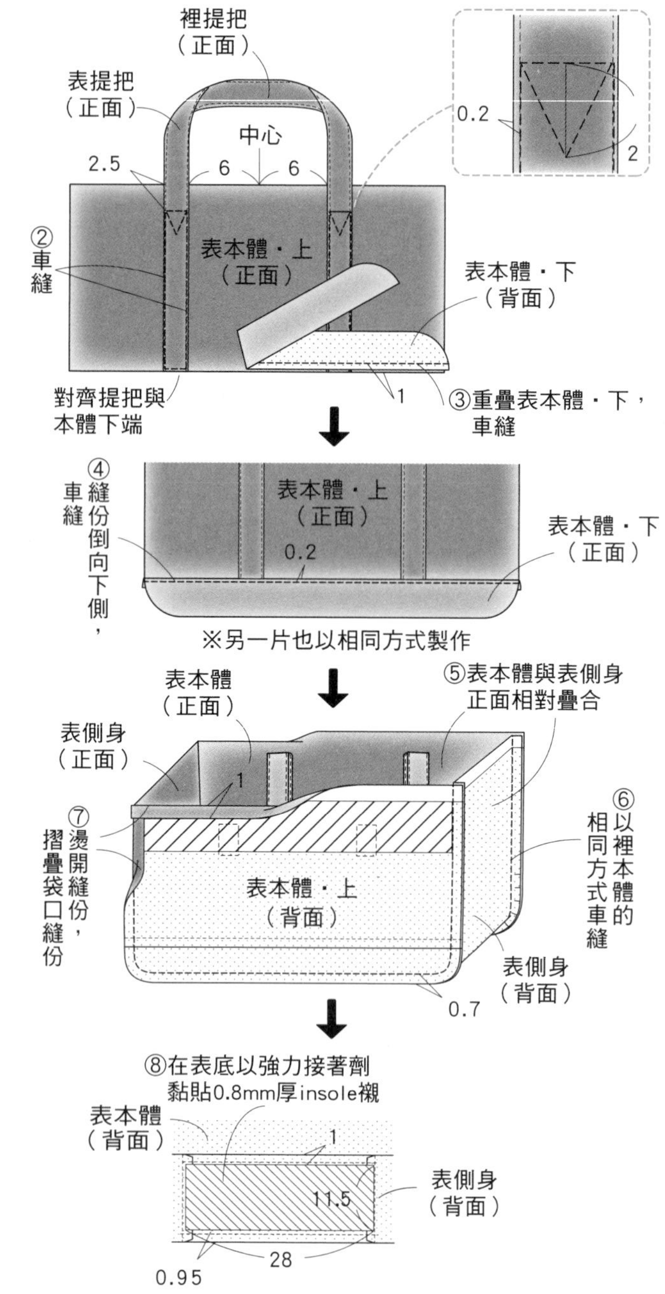

6. 套疊表本體與裡本體

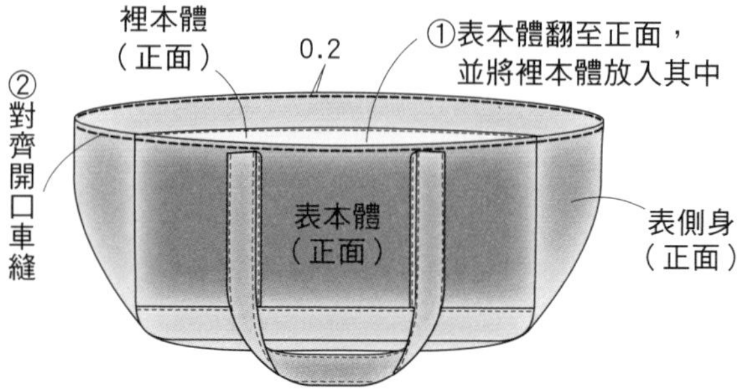

P.7 4

真皮提把托特包

材料

表布（亞麻） 100cm×50cm

裡布（棉厚織79號） 112cm×70cm

皮布 10cm×40cm

自黏襯 100cm×50cm

（或不織布接著襯 45cm×100cm**）**

0.3mm厚insole襯 35cm×15cm

鉚釘提把 長40cm 1組

拉鍊20cm 1條

四合釦12.5mm 1組

底板 15cm×30cm

完成尺寸

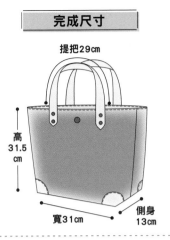

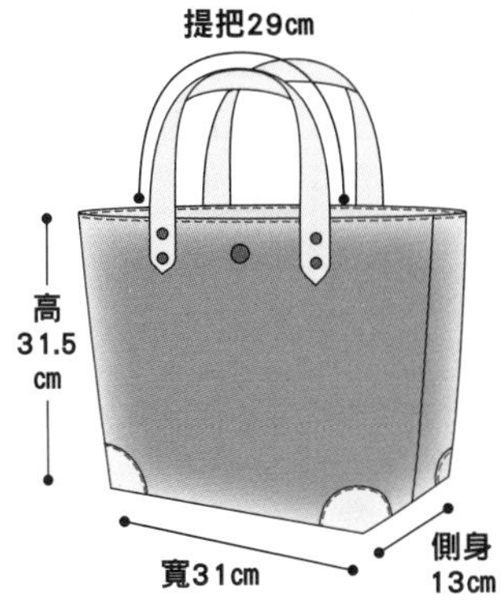

裁布圖

※紙型作法、裁布方式請參照P.35～P.36。

※● 內的數字為縫份寬。若未標示，則不用加縫份直接裁剪。

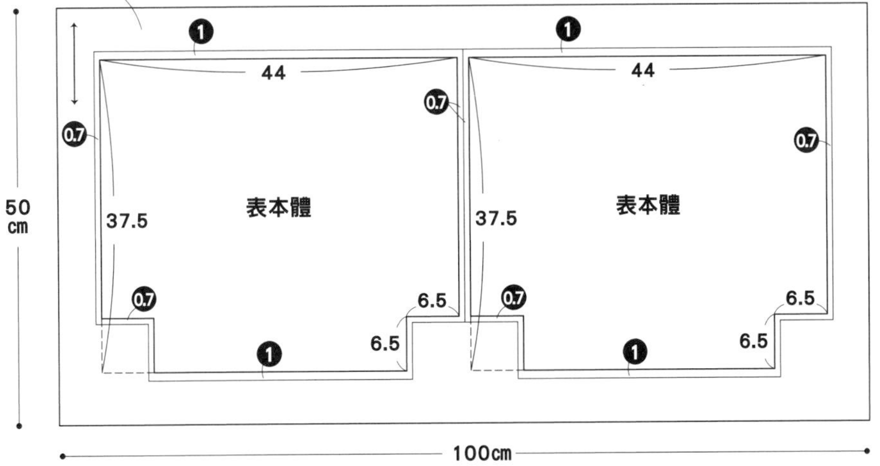

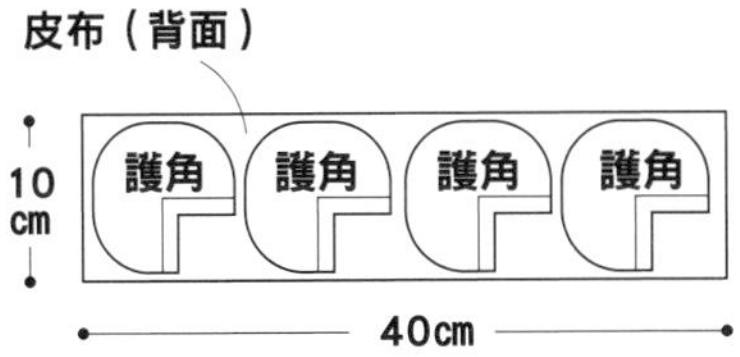

※僅護角（P.113）
內口袋（P.115）有紙型

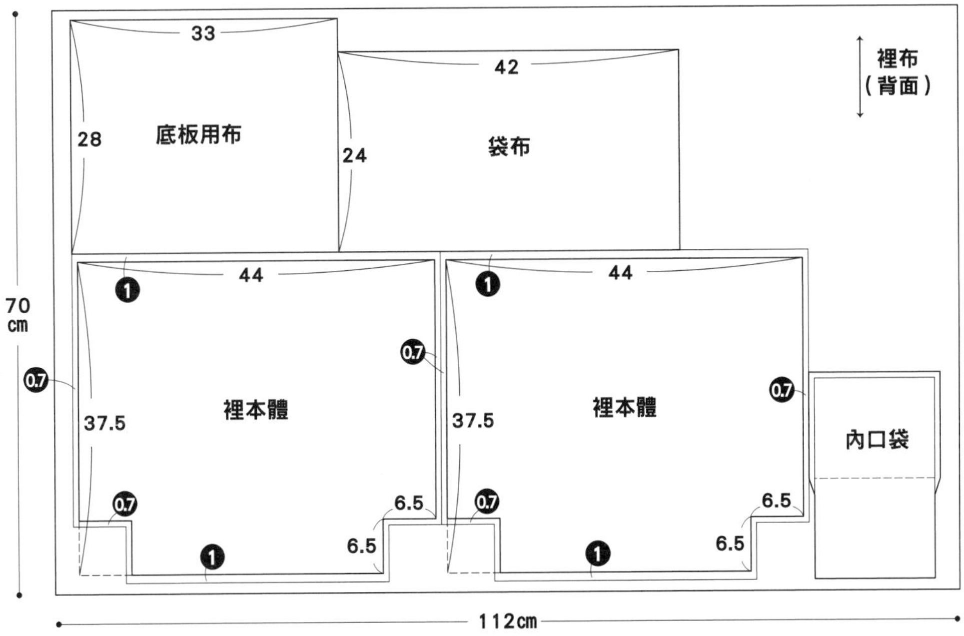

1.貼襯

atelier popo 流!!

襯的用法 參照 P.37～P.39

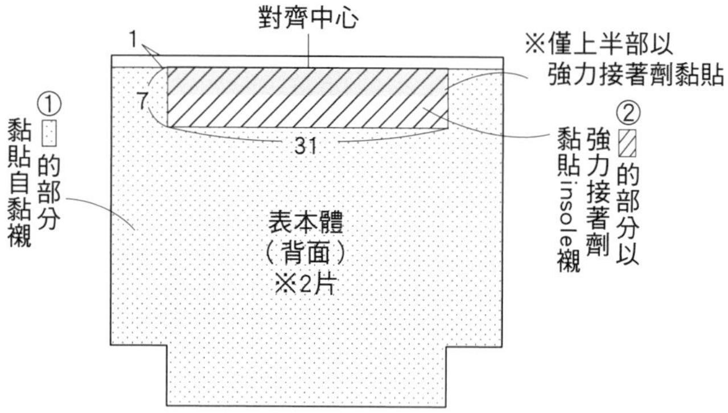

2.製作拉鍊口袋

atelier popo 流!!

一字拉鍊口袋的作法 參照 P.55

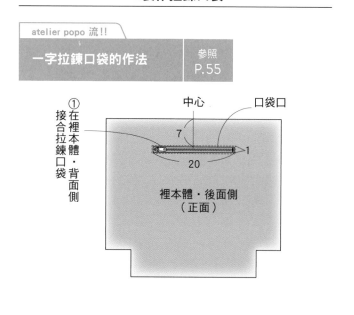

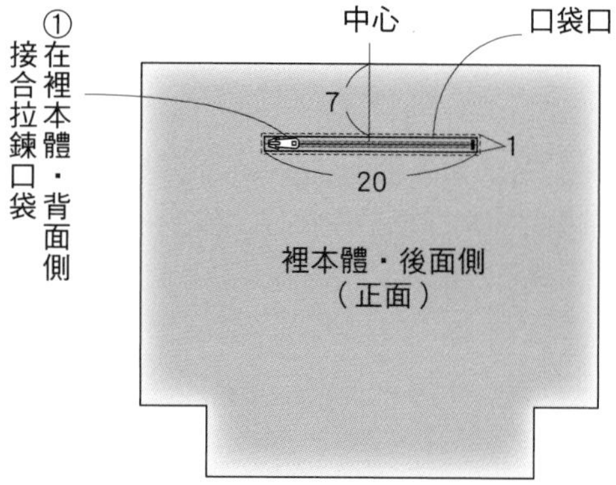

3.製作內口袋

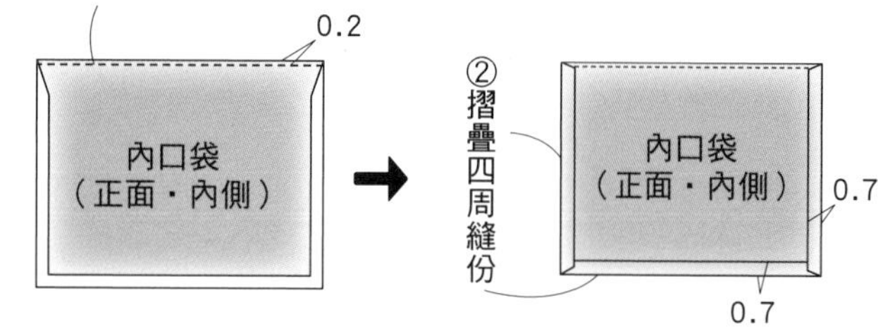

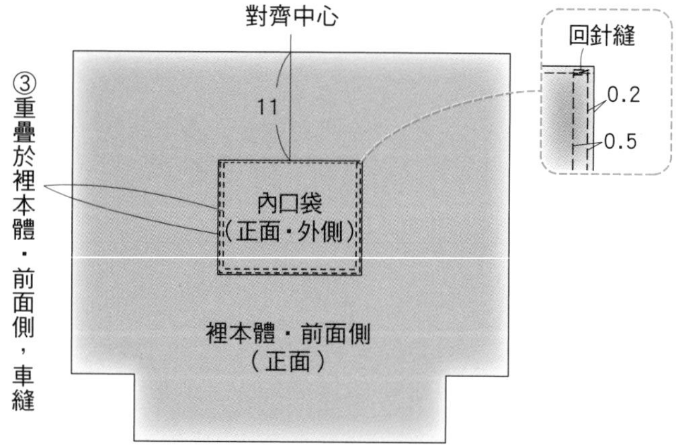

4.製作裡本體

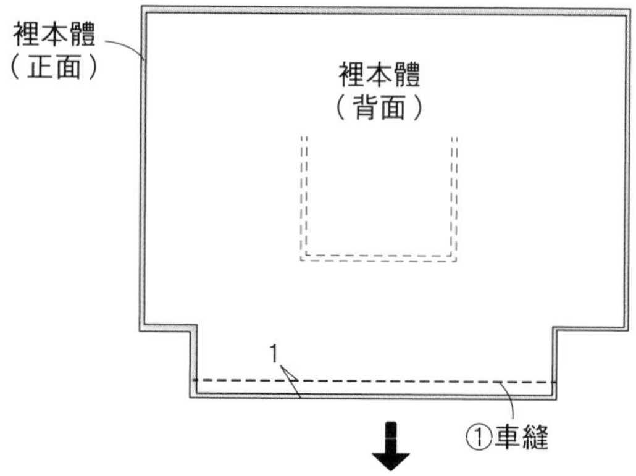

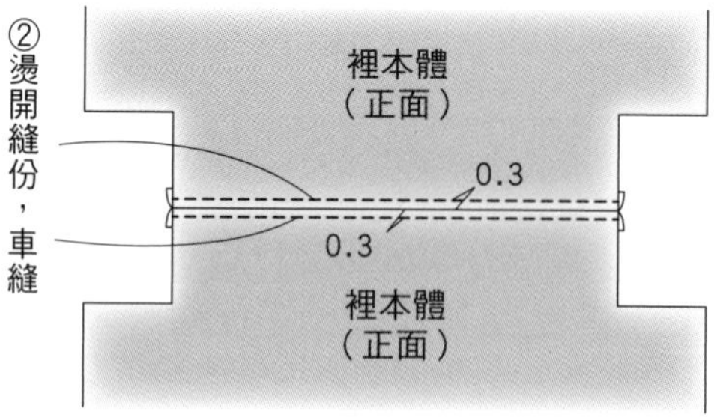

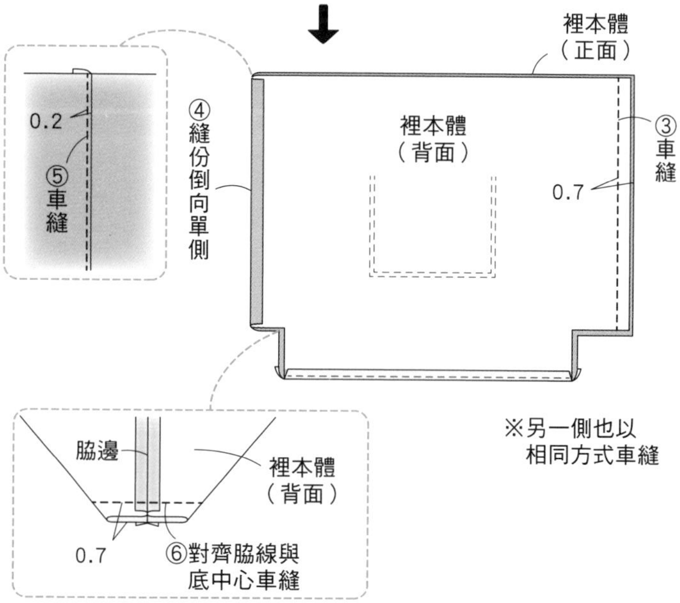

※另一側也以相同方式車縫

5.製作表本體

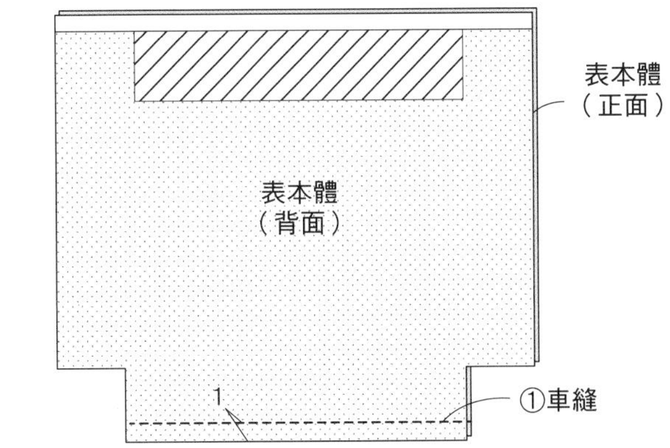

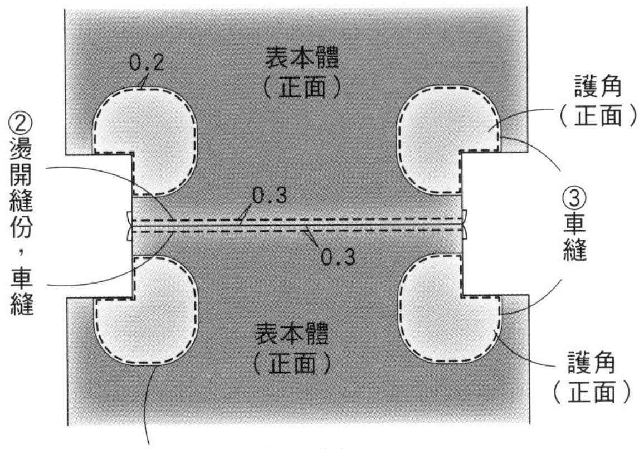

※另一側也以相同方式接合護角

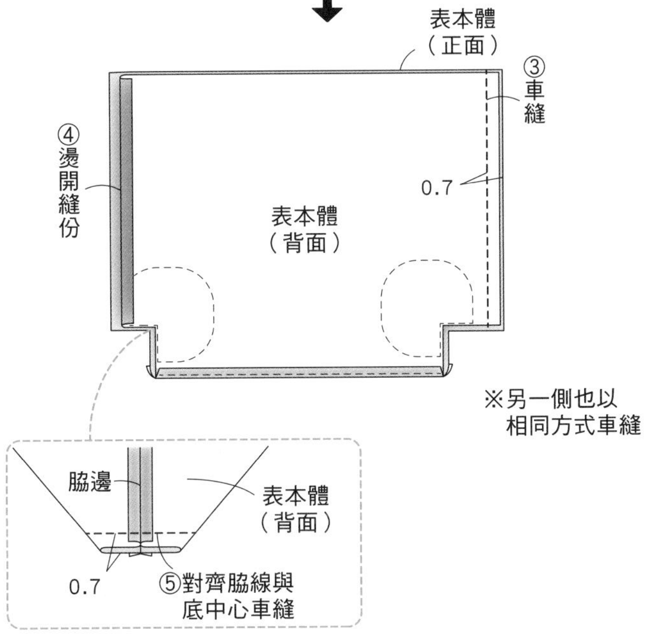

6. 套疊表本體與裡本體

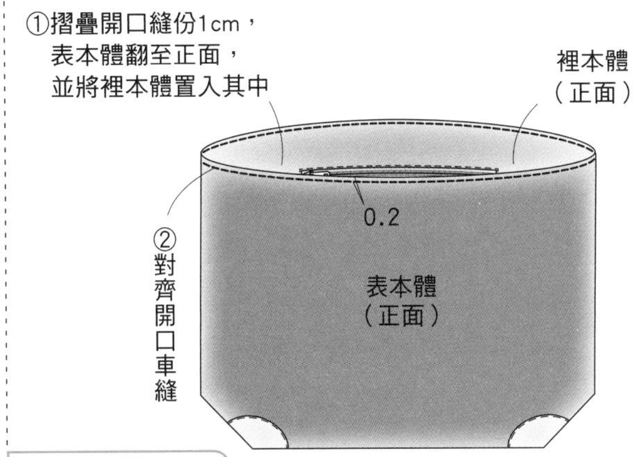

atelier popo 流!!

四合釦的安裝方法 參照 P.48

鉚釘的安裝方法 參照 P.50

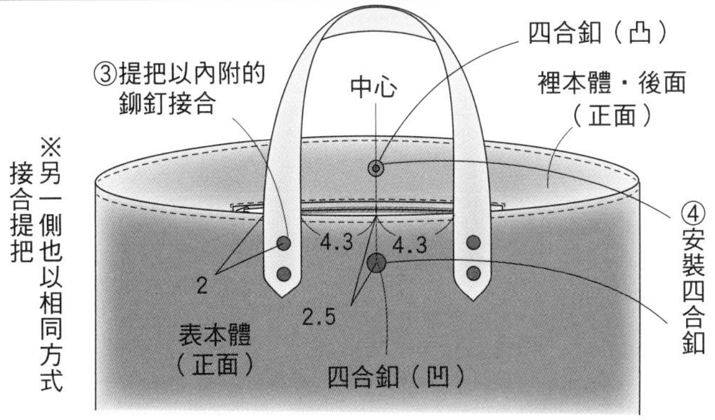

7. 製作底板

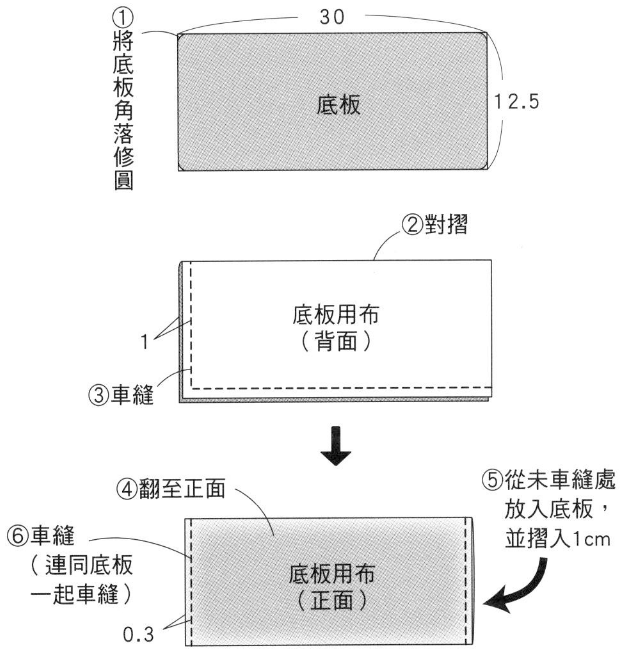

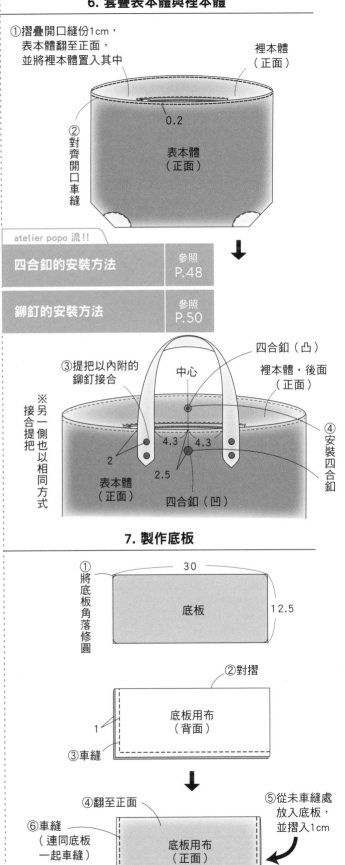

P.9 5 掀蓋肩背包

材料

表布（亞麻） 120cm×50cm
裡布（棉厚織79號） 90cm×40cm
皮布 30cm×30cm
自黏襯 90cm×40cm
（或不織布接著襯 40cm×90cm**）**
0.3mm厚insole襯 25cm×15cm
0.8mm厚insole襯 20cm×10cm
人字織帶4cm寬 120cm
磁釦18mm 1組

完成尺寸

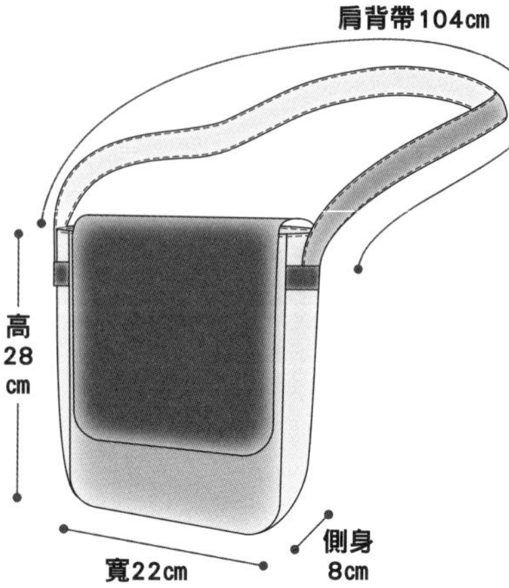

圓角的畫法

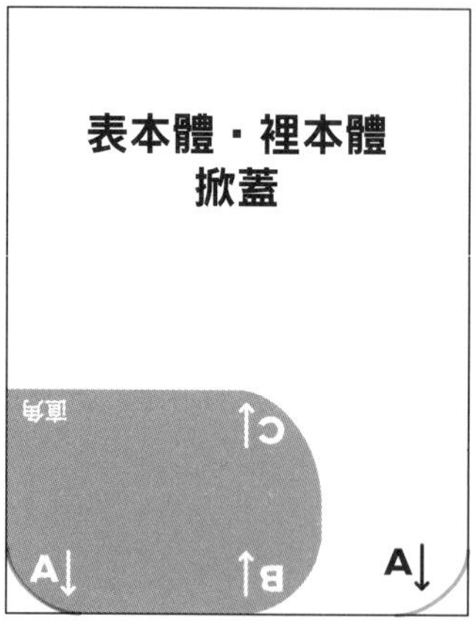

表本體・裡本體的底部、
掀蓋圓角，使用**「圓弧尺」**A的
角落描繪圓角弧度。
對向側的圓角則將「圓弧尺」
翻轉描繪。
（請注意箭頭方向，避免上下相反）

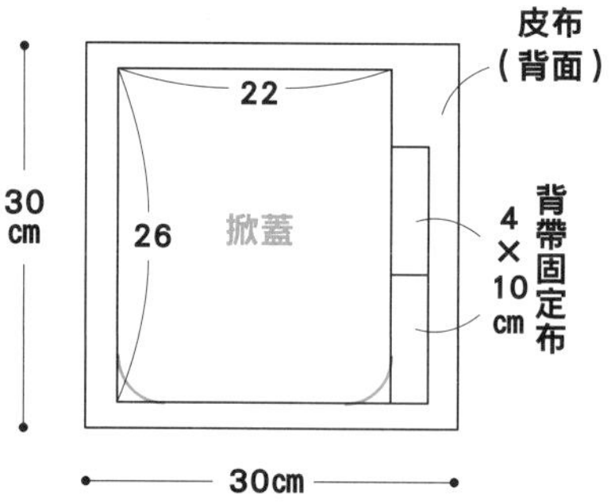

裁布圖

※紙型作法、裁布方式請參照P.34～P.36。
※▭文字所標記的裁片，使用附錄的「圓弧尺」。
※● 內的數字為縫份寬。若未標示，則不用加縫份直接裁剪。

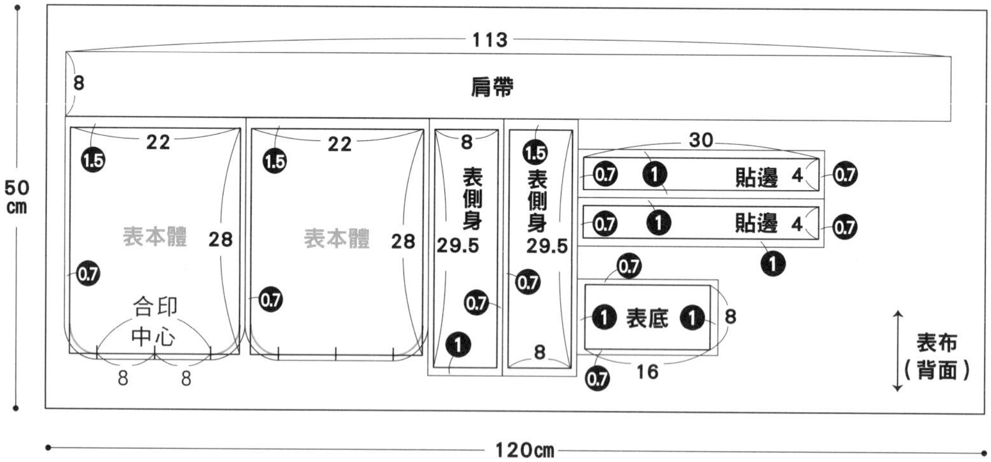

※僅內口袋有紙型（P.115）

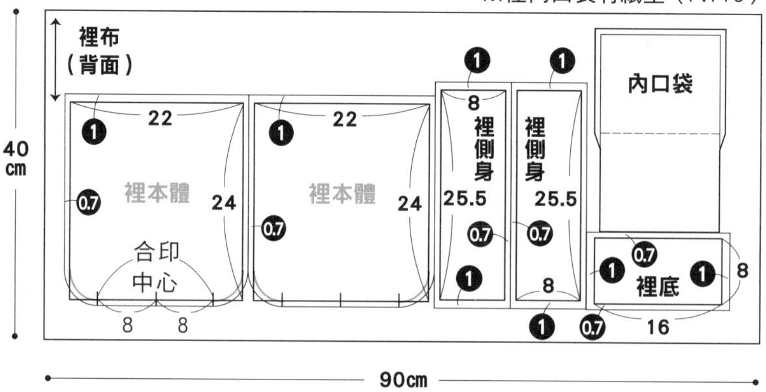

1.貼襯

atelier popo 流!!

襯的用法 參照 P.37～P.39

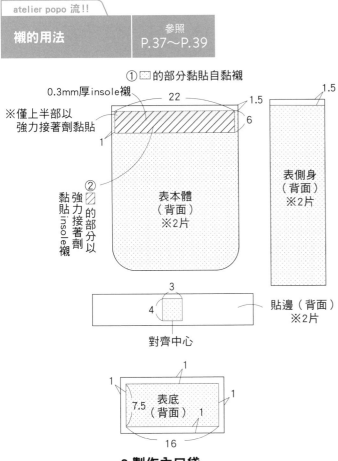

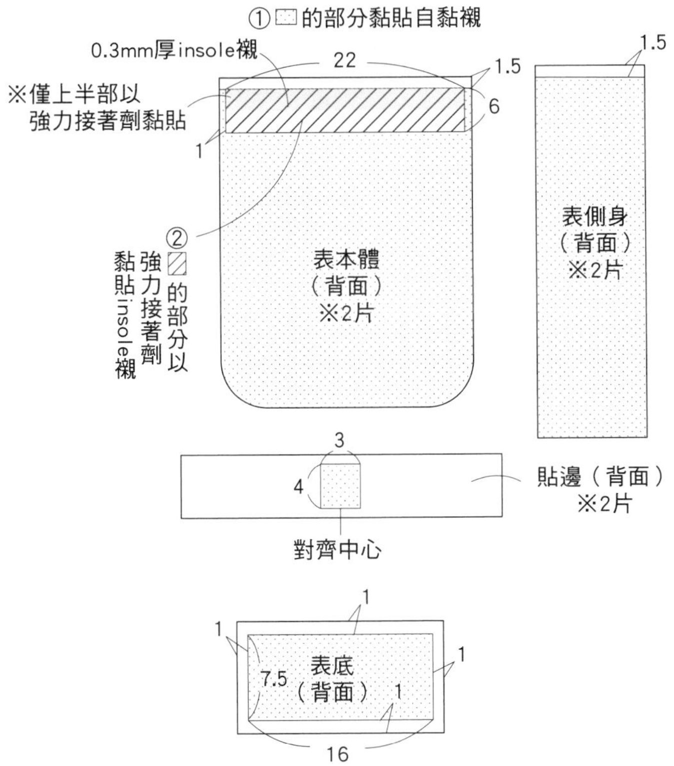

2.製作內口袋

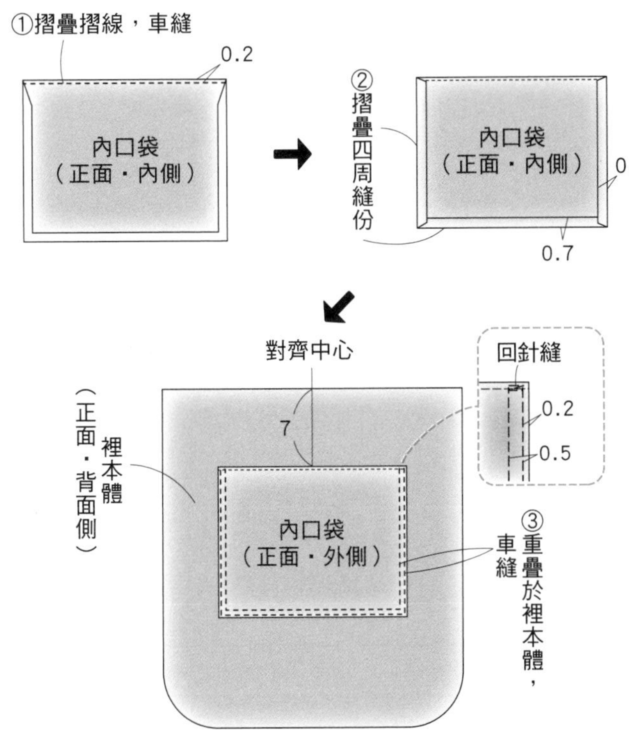

3.製作裡本體

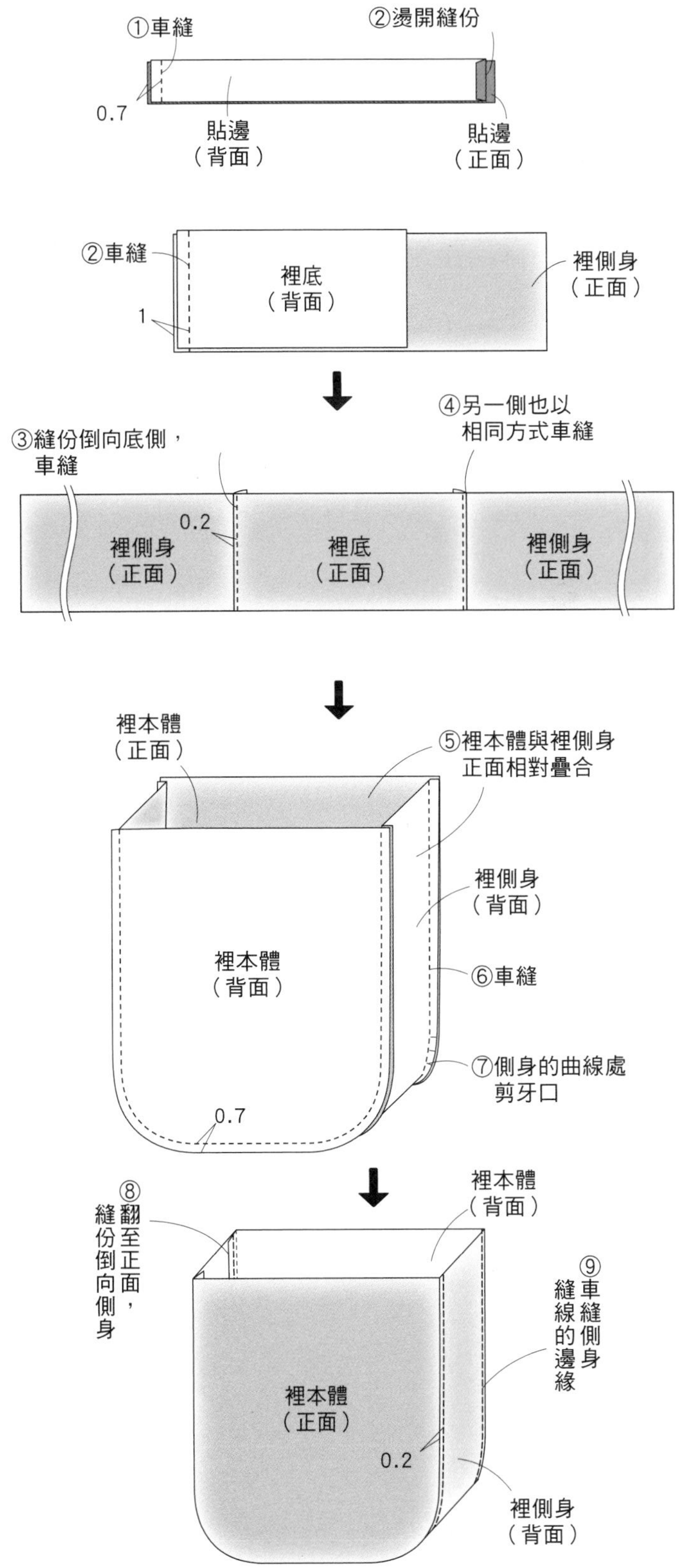

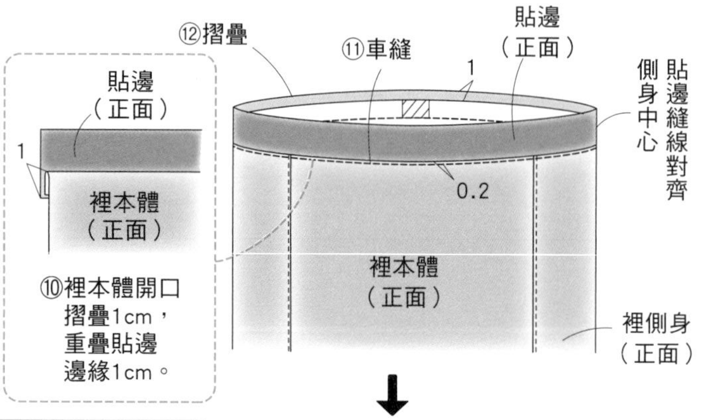

atelier popo 流!!

磁釦的安裝方法	參照 P.51

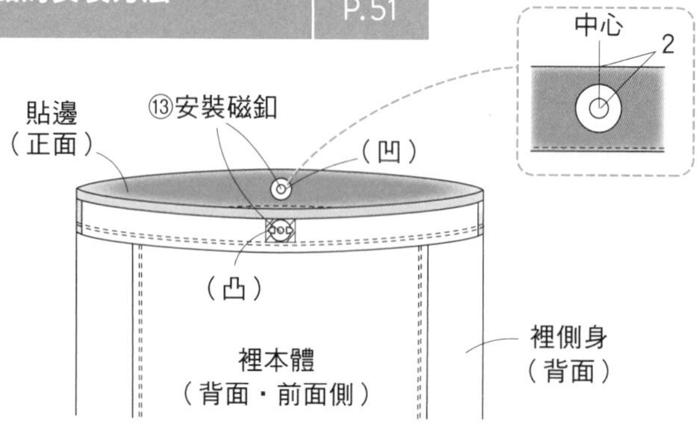

4.製作肩帶

atelier popo 流!!

提把的作法 內側織帶提把	參照 P.57

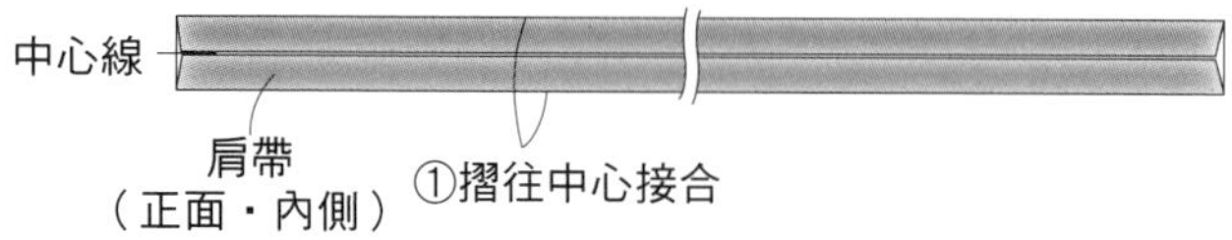

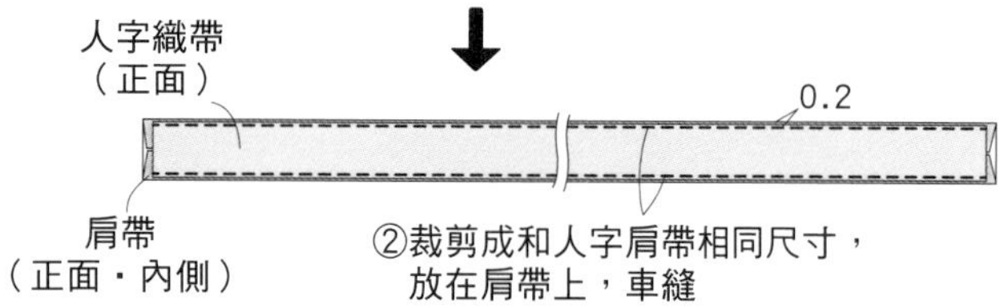

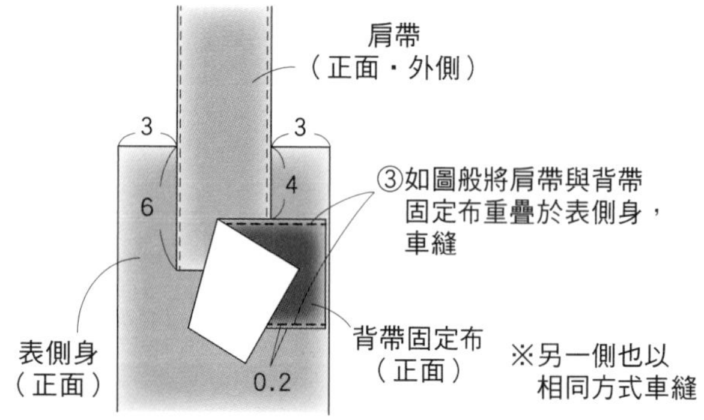

5.製作表本體

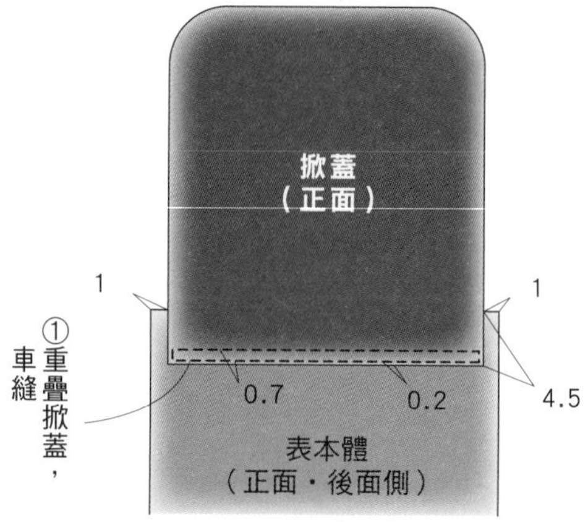

②參照P.71「**4.製作裡本體**」②～④，
車縫表本體與表側身

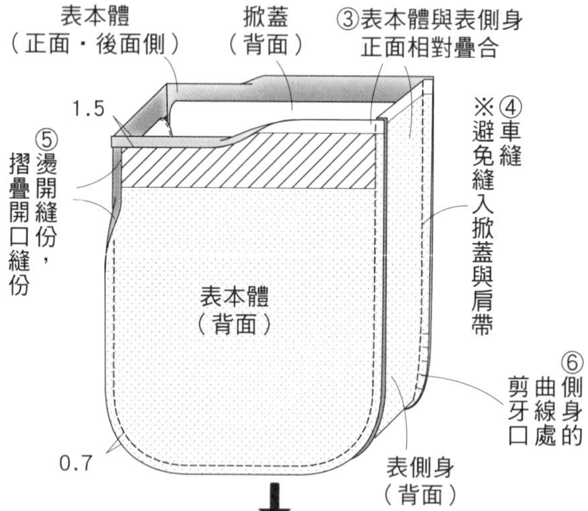

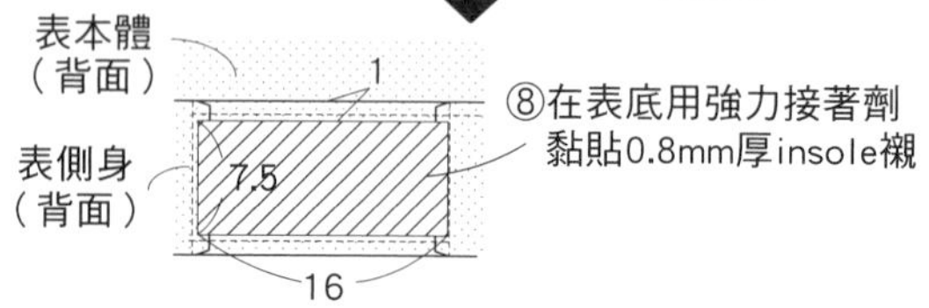

6. 套疊表本體與裡本體

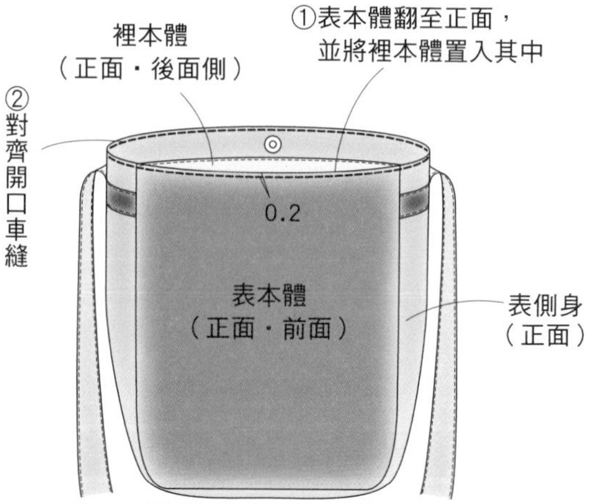

P.23 16 單把肩背包

材料

表布（亞麻） 130cm×40cm
裡布（棉厚織79號） 110cm×70cm
皮布 50cm×40cm
自黏襯 80cm×60cm
（或不織布接著襯 40cm×80cm**）**
0.3mm厚insole襯 70cm×20cm
金屬拉鍊 15cm 1條
磁釦 18mm 1組

完成尺寸

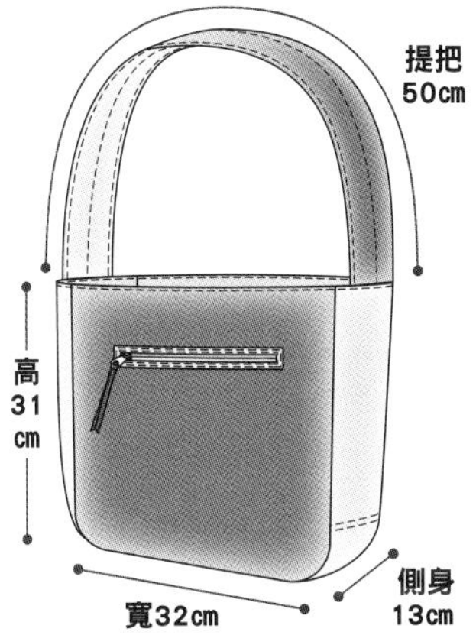

製圖與圓角的畫法

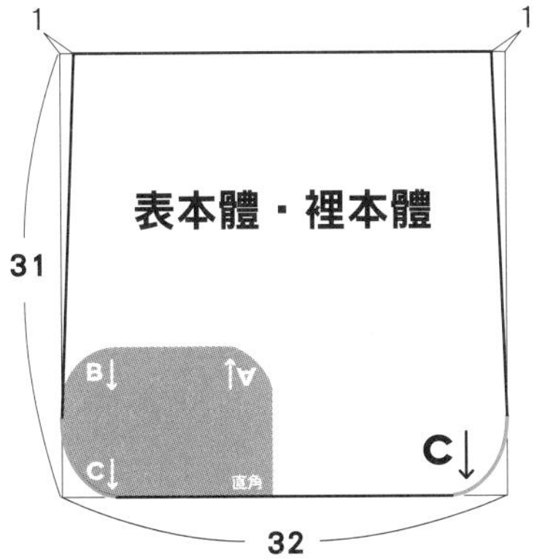

表本體・裡本體的底部圓角，
使用**「圓弧尺」**C的角落
描繪圓角弧度。
對向側的圓角則將「圓弧尺」
翻轉描繪。
（請注意箭頭方向，避免上下相反）

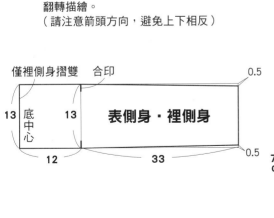

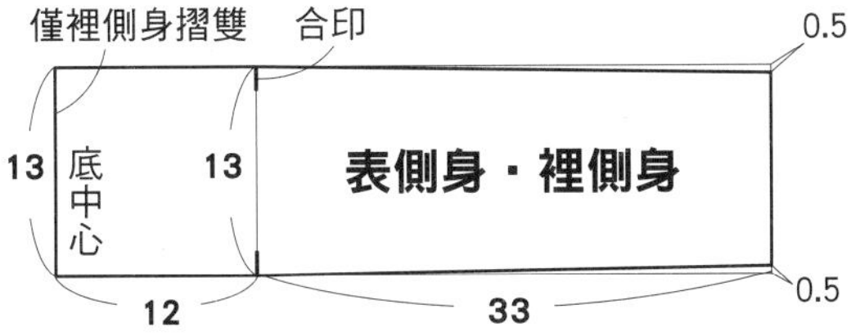

裁布圖

※紙型作法、裁布方式請參照P.34～P.36。
※ 文字所標記的裁片，使用附錄的「圓弧尺」。
※●內的數字為縫份寬。若未標示，則不需加縫份直接裁剪。

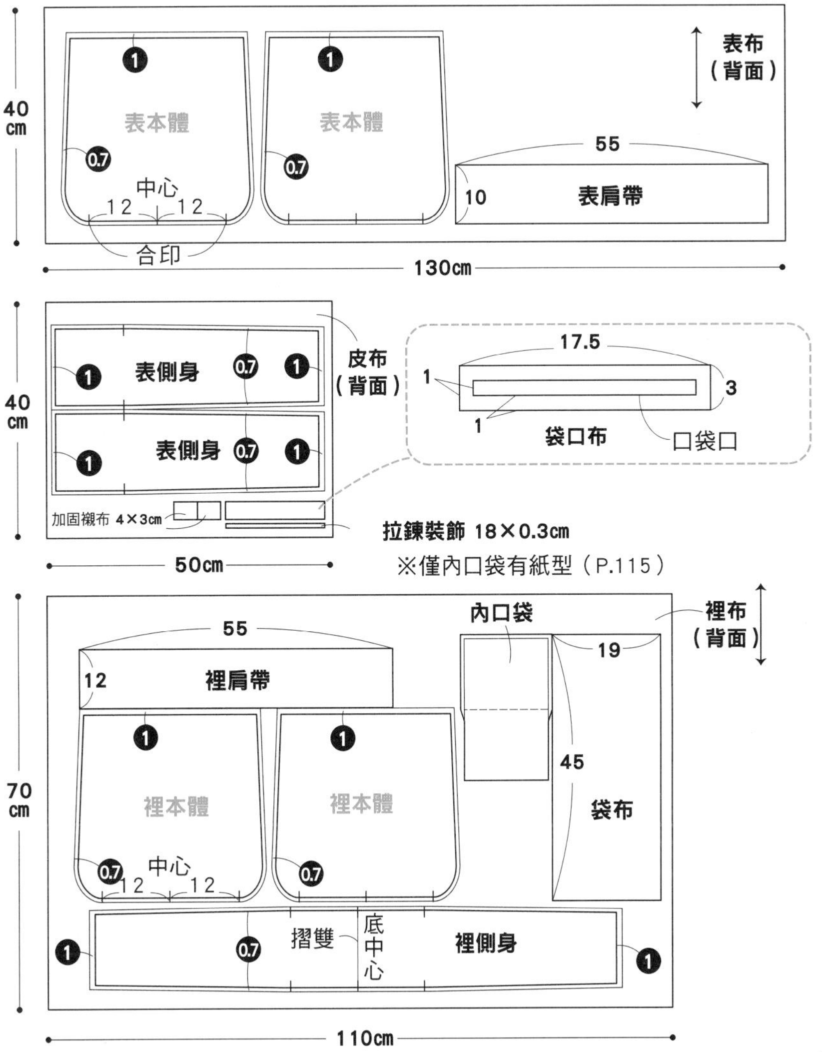

1.貼襯

atelier popo 流!!

襯的用法 參照 P.37～P.39

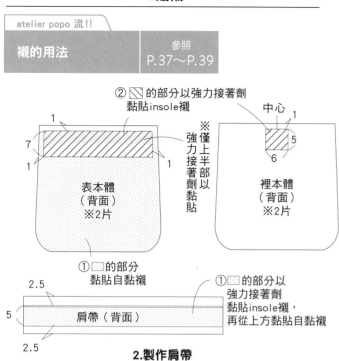

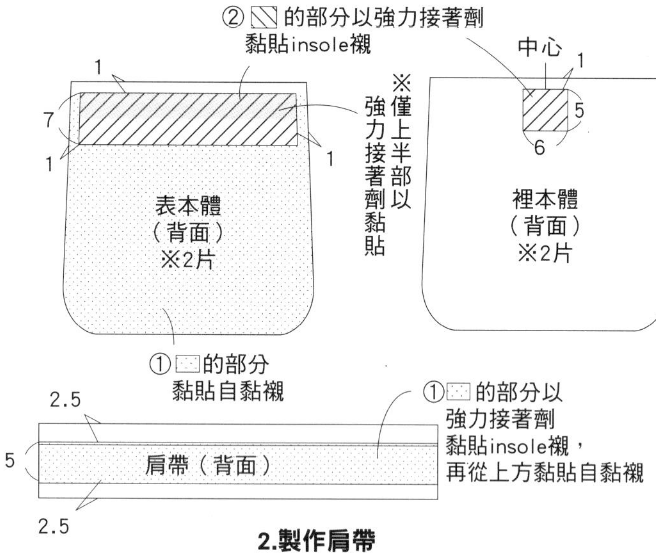

2.製作肩帶

atelier popo 流!!

提把的作法
雙面提把 參照 P.57

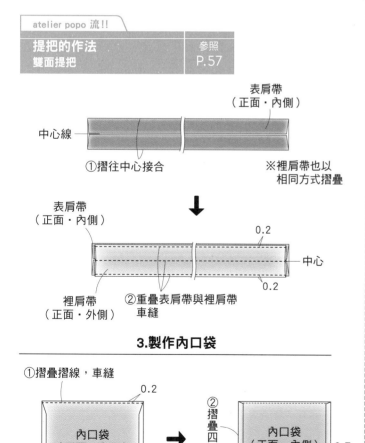

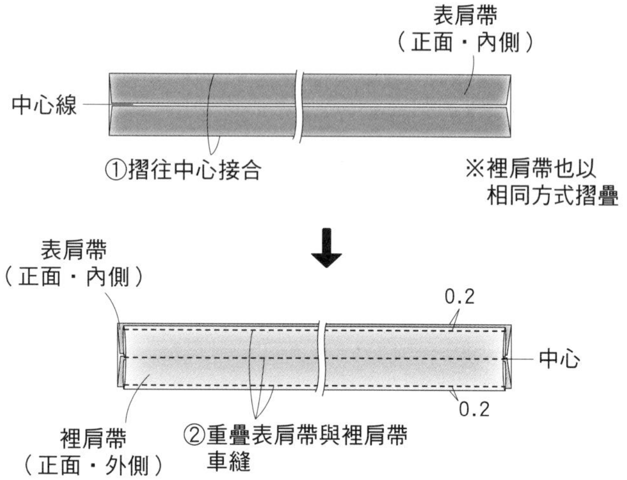

3.製作內口袋

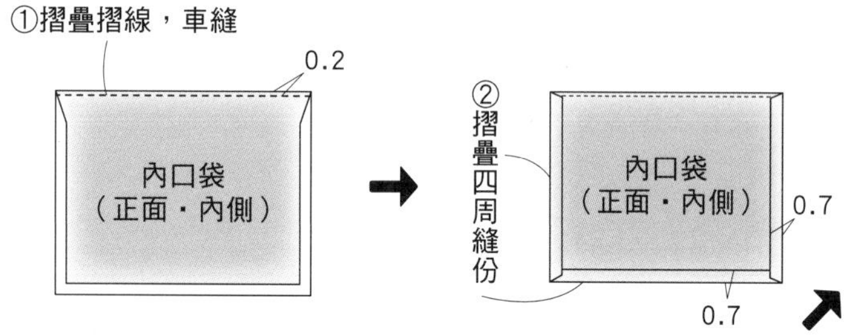

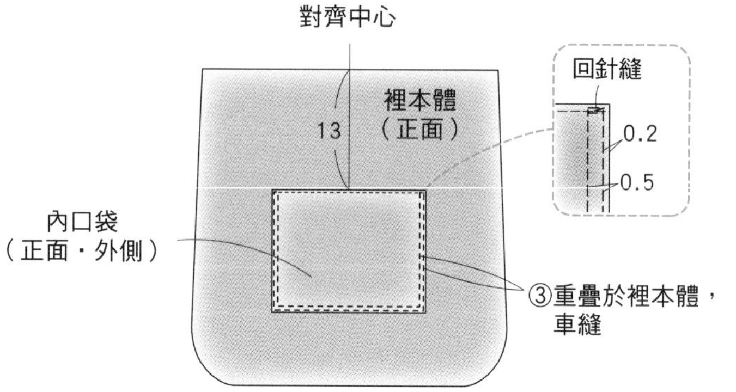

4.製作裡本體

atelier popo 流!!

磁釦的安裝方法 參照 P.51

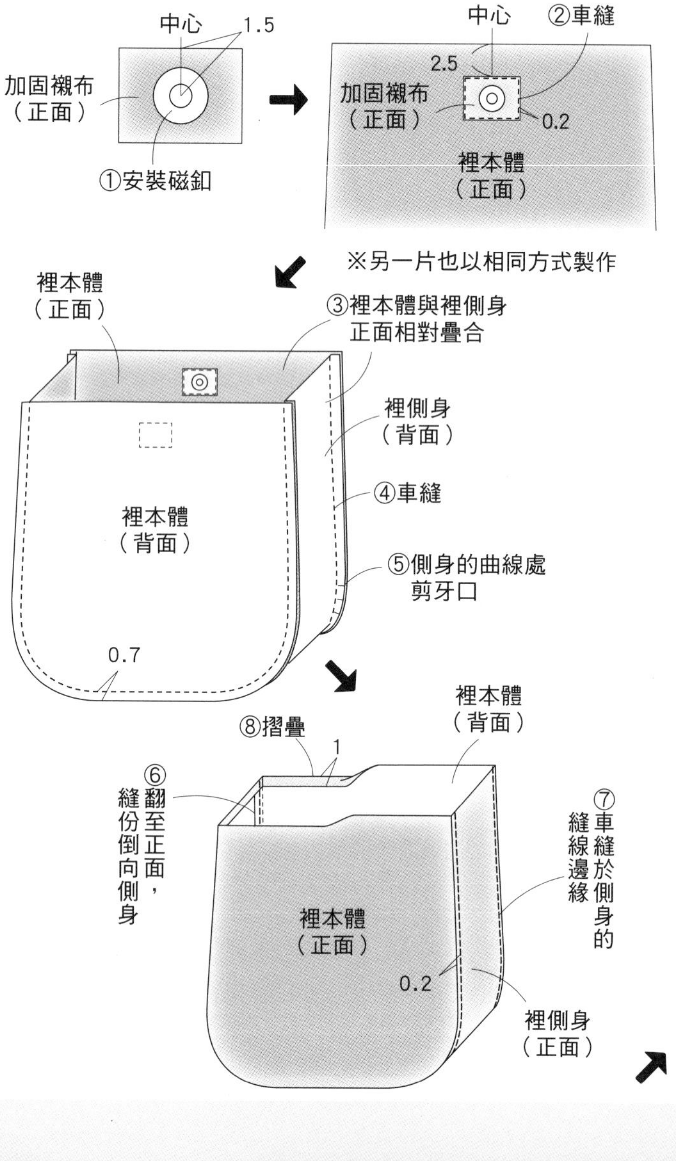

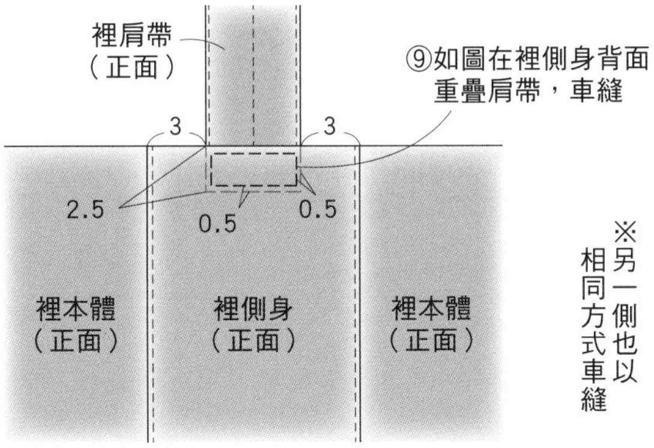

※另一側也以相同方式車縫

5.製作表本體

atelier popo 流!!

立式拉鍊口袋的作法 參照P.56

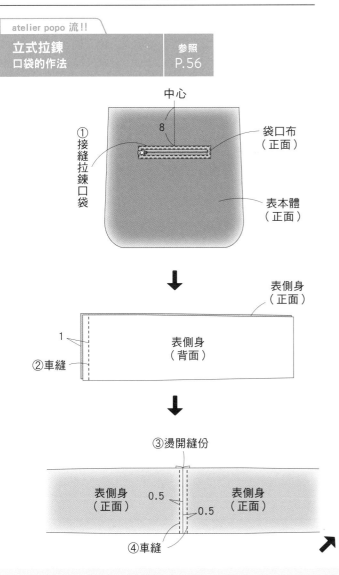

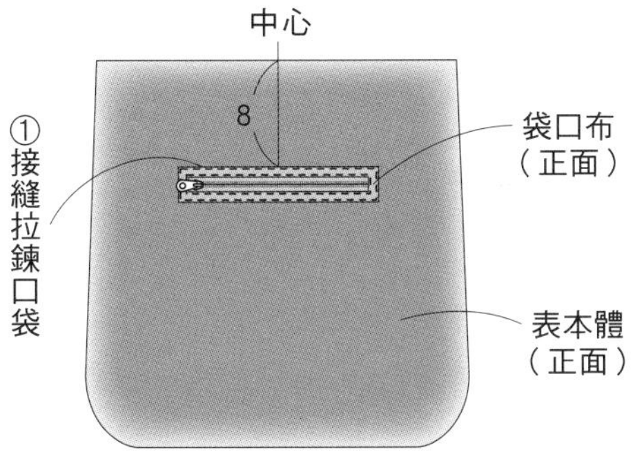

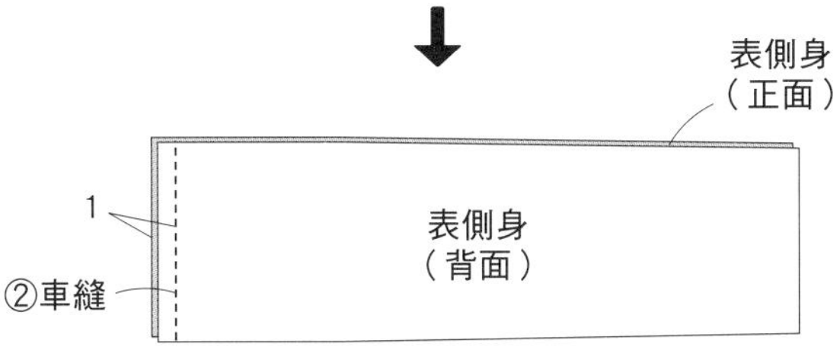

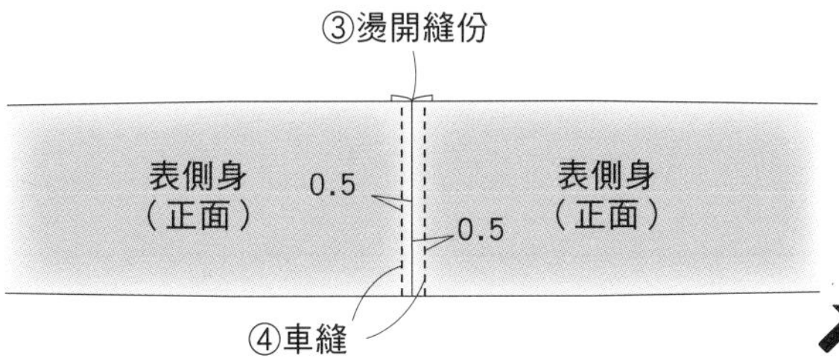

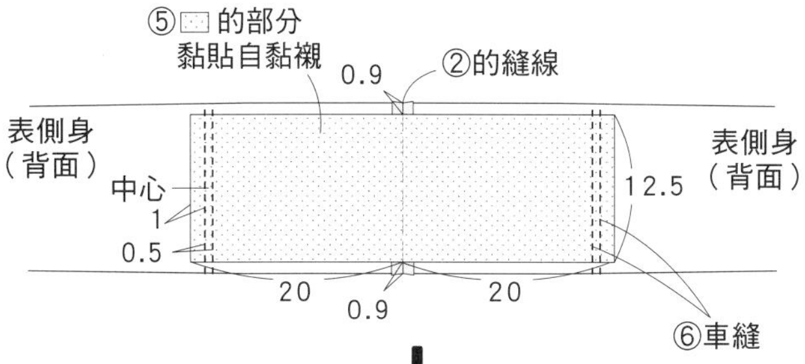

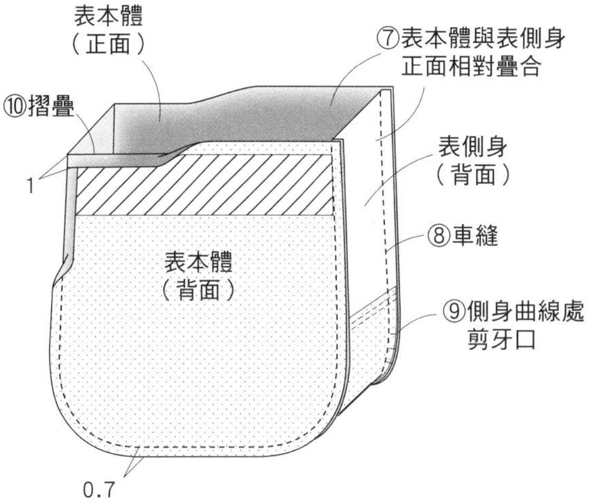

6. 套疊表本體與裡本體

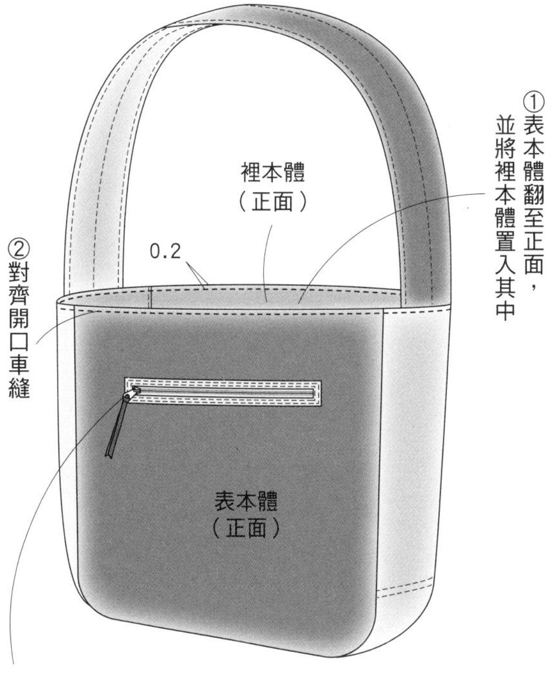

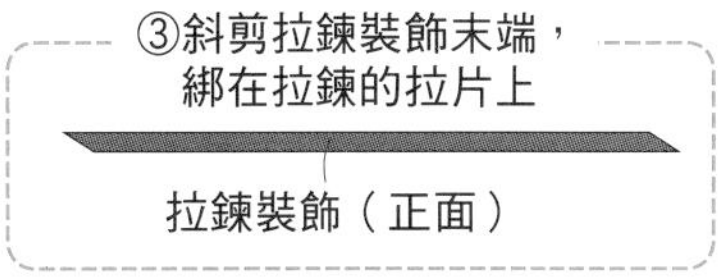

P.12 7 有口袋托特包L SIZE　P.13 8 有口袋托特包S SIZE

材料

表布（亞麻／棉） L：100cm×100cm／S：70cm×60cm

人字織帶2cm寬 80cm

羅紋織帶2cm寬 L：270cm／S：150cm

皮標 5cm×1.5cm 1枚

鉚釘直徑5mm 2組

※僅L SIZE 四合釦直徑13mm 1組

底板厚13mm 40cm×20cm

完成尺寸

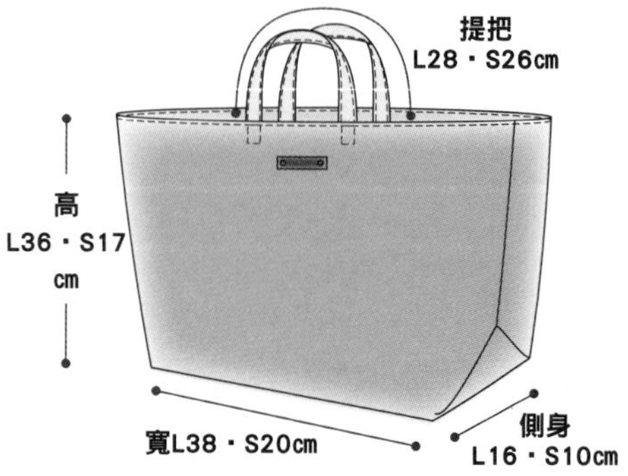

裁布圖

※標示數字已含縫份。無需添加縫份，依照標示數字裁剪。

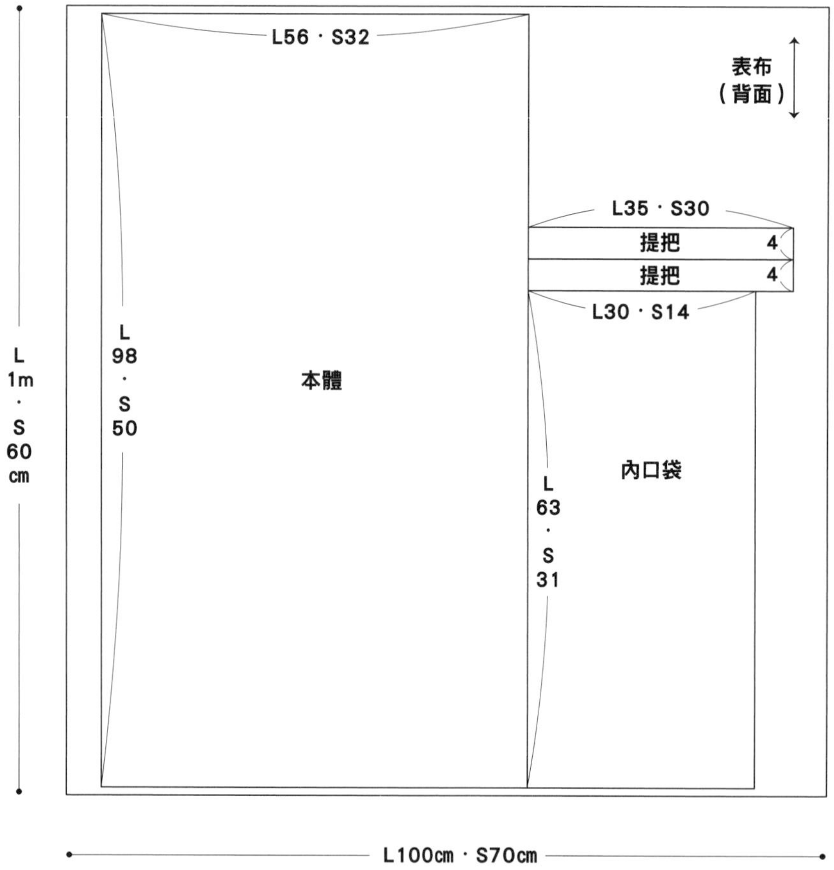

1.製作提把

atelier popo 流!!

提把的作法
內側織帶提把
參照 P.57

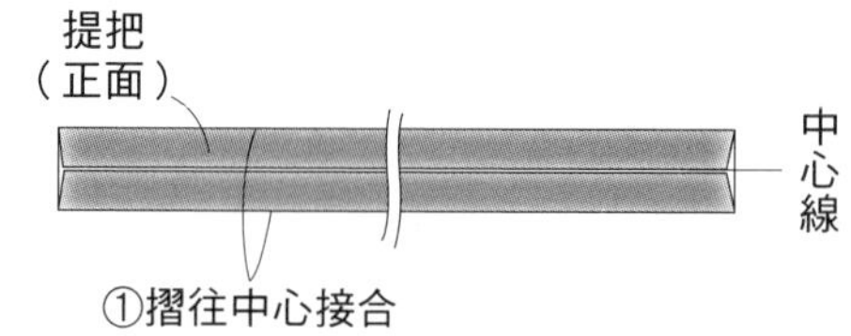

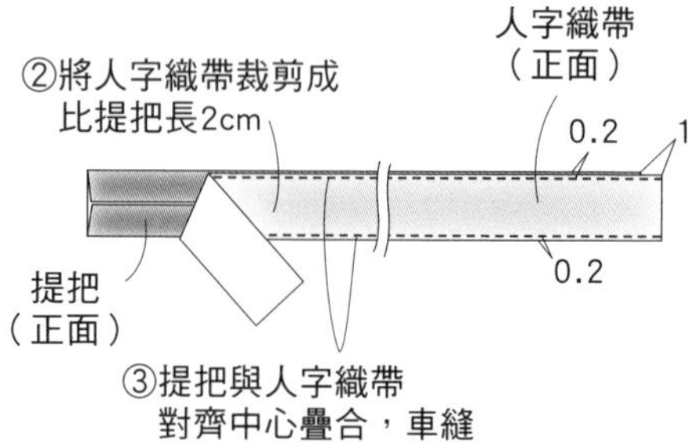

※另一條也以相同方式製作

2.製作內口袋

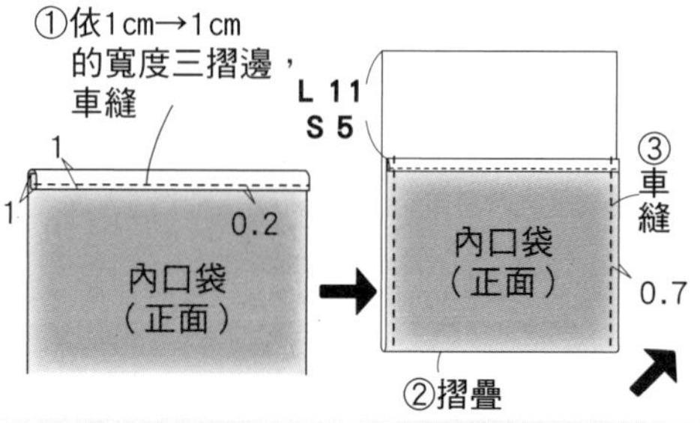

atelier popo 流!!

包捲縫份的方法	參照 P.43
四合釦的安裝方法	參照 P.48

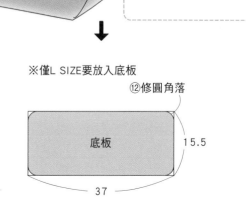

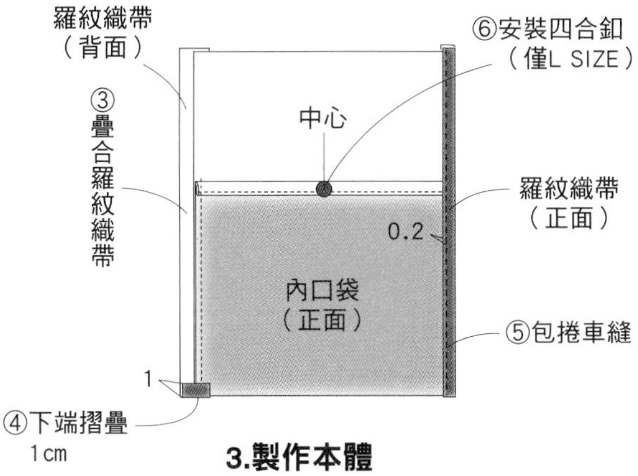

3.製作本體

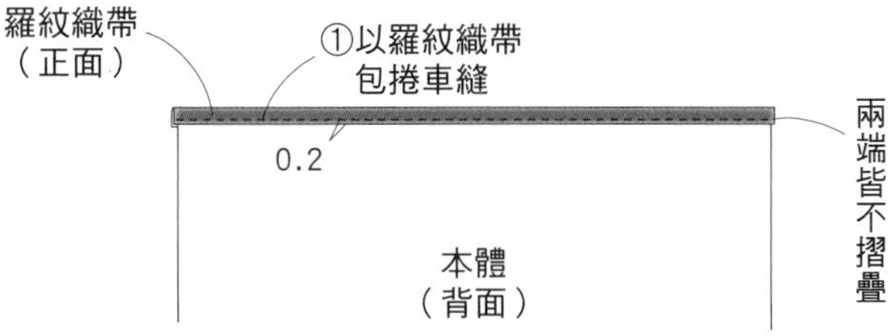

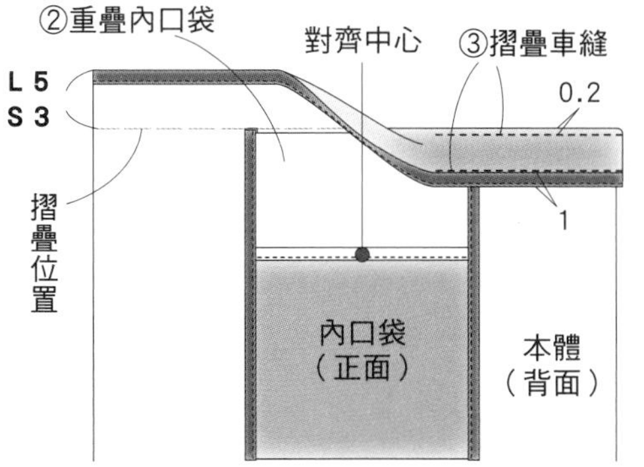

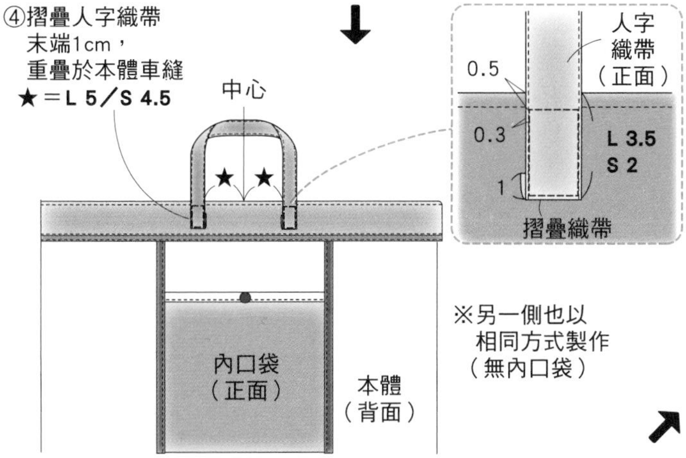

※另一側也以
相同方式製作
（無內口袋）

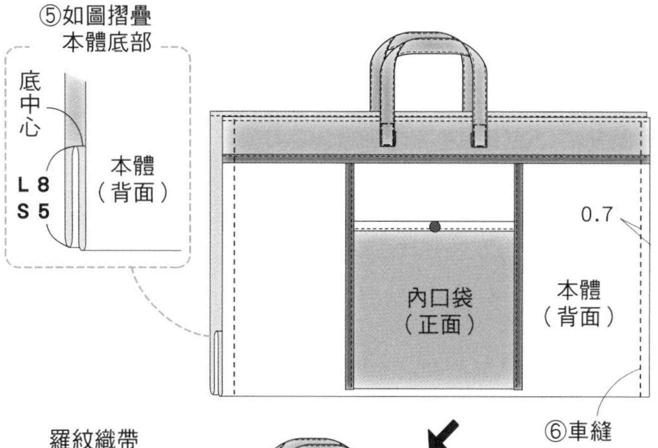

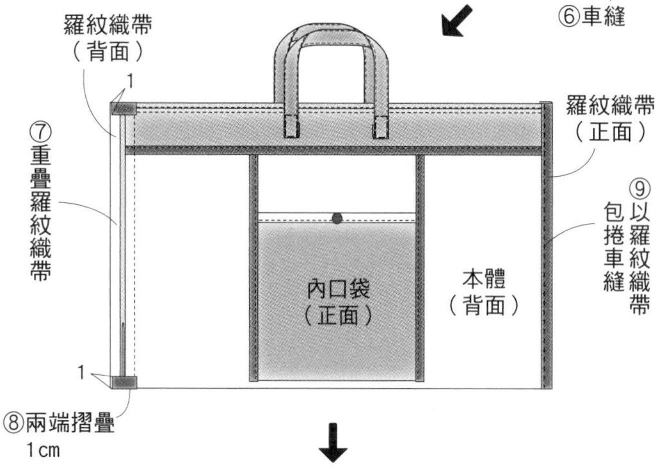

atelier popo 流!!

鉚釘的安裝方法	參照 P.50

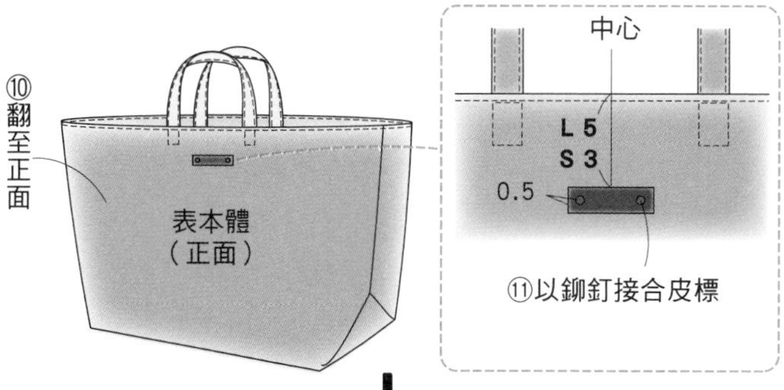

※僅L SIZE要放入底板

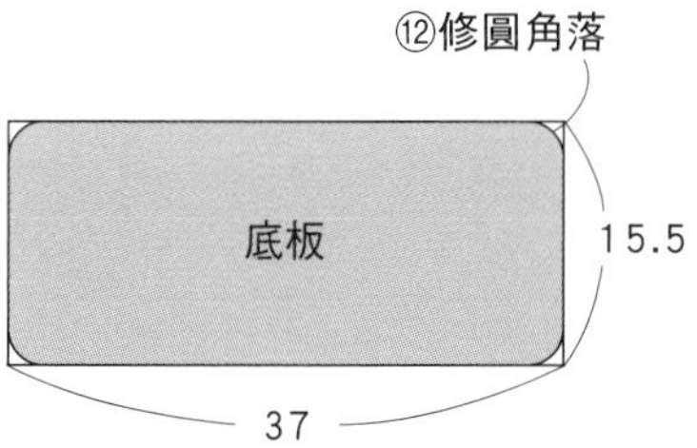

P.14 9

摺疊環保包

材料

表布（亞麻） 90cm×100cm

羅紋織帶2cm寬 80cm

完成尺寸

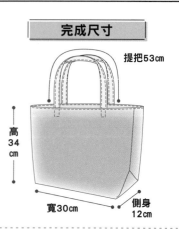

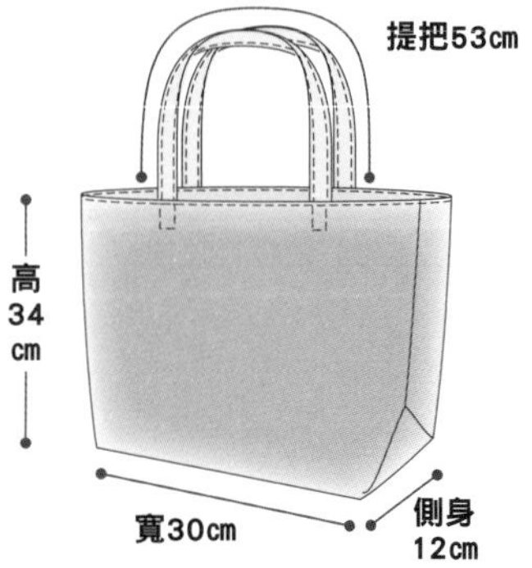

裁布圖

※標示數字已含縫份。無需添加縫份，依照標示數字裁剪。

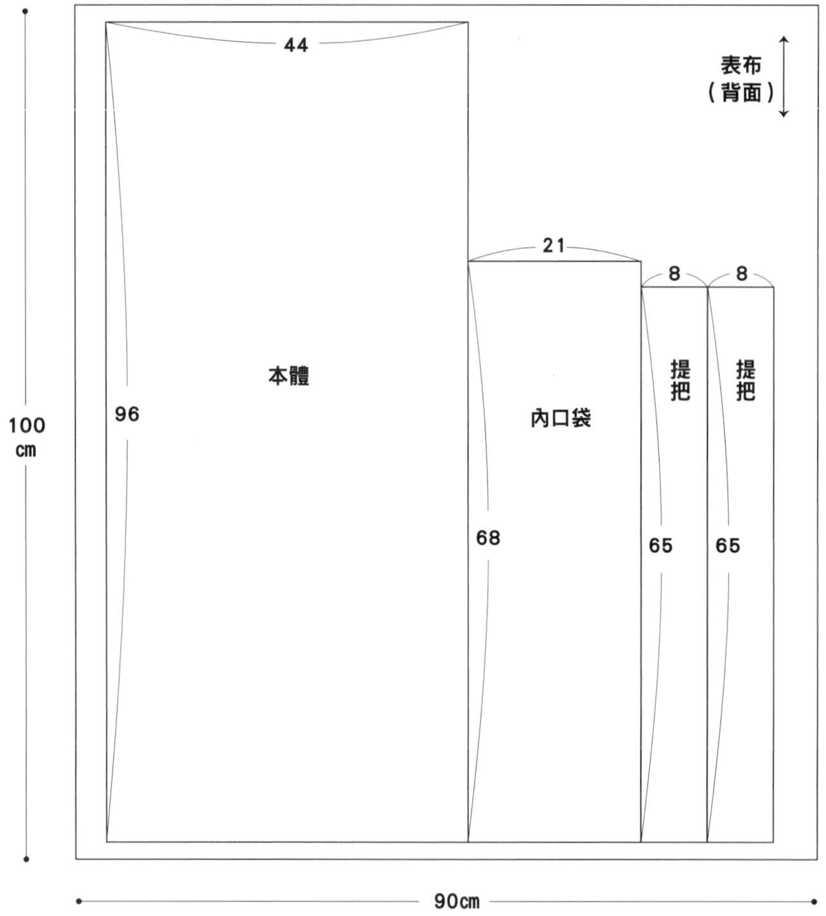

1.製作提把

atelier popo 流!!

提把的作法 四摺提把 參照P.57

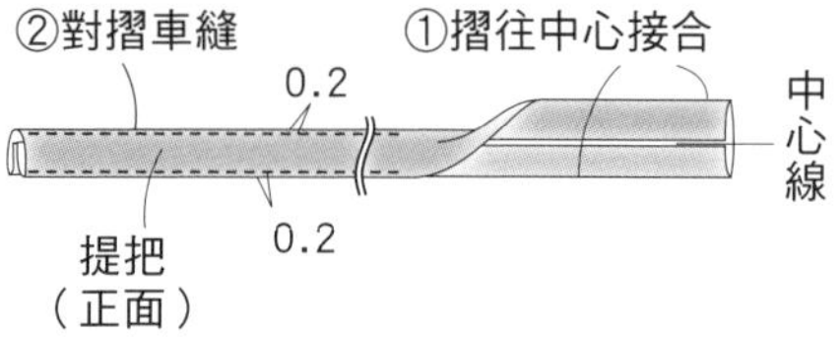

※另一片也以相同方式製作

2.製作內口袋

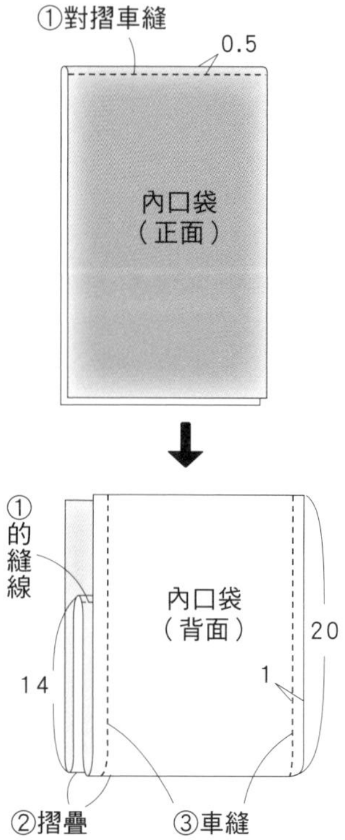

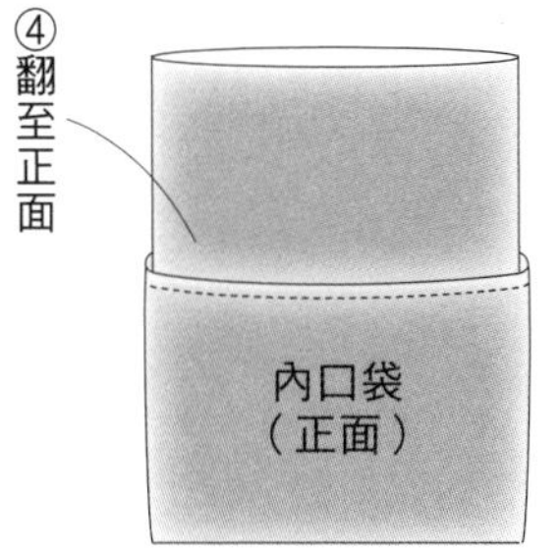

3.製作本體

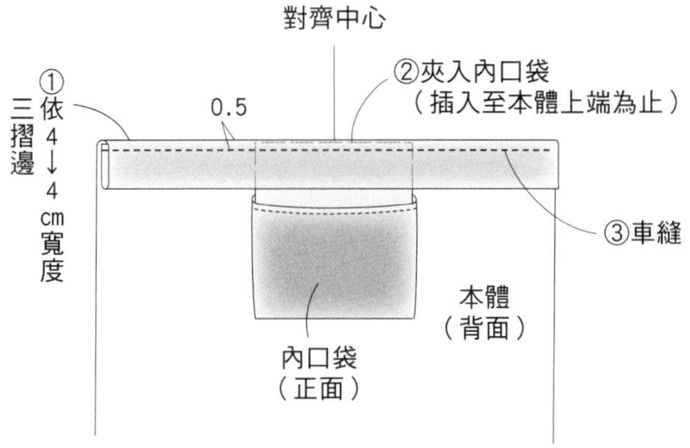

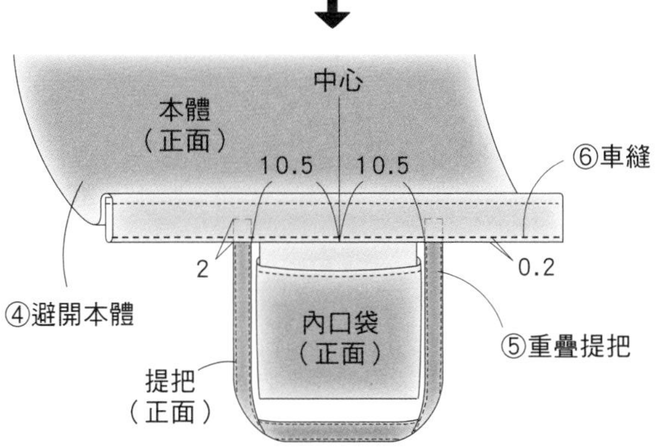

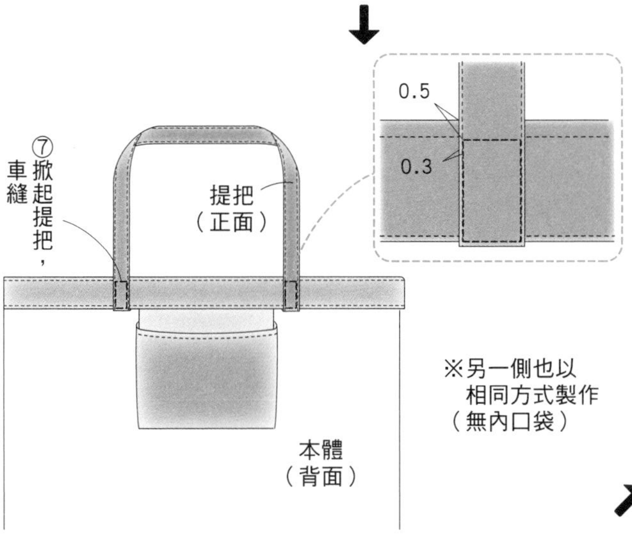

※另一側也以
相同方式製作
（無內口袋）

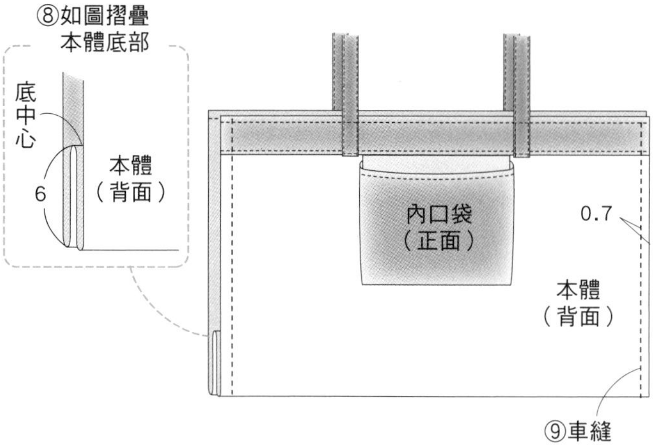

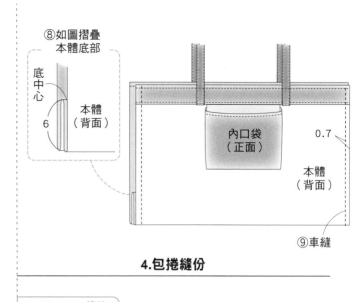

4.包捲縫份

atelier popo 流!!

包捲縫份的方法

參照
P.43

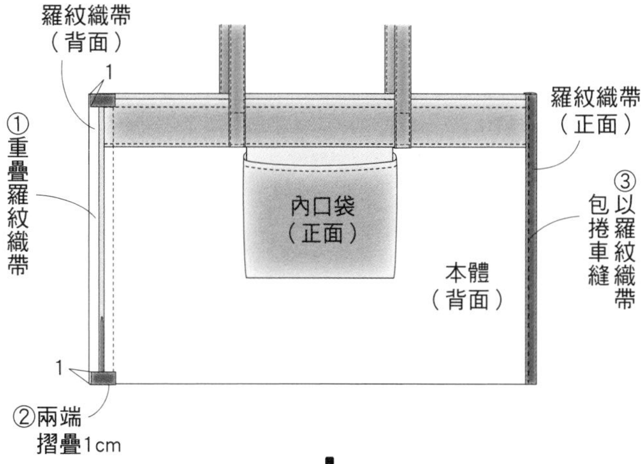

P.16 10 有底波奇包

材料

表布（綿） 50cm×20cm
裡布（棉厚織79號） 60cm×30cm
皮布 25cm×10cm
自黏襯 50cm×20cm
（或不織布接著襯 40cm×30cm**）**
0.3mm厚insole襯 25cm×5cm
金屬拉鍊 20cm 1條

完成尺寸

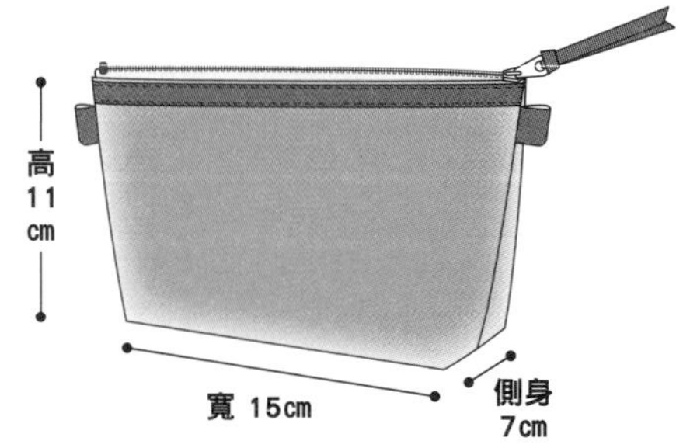

裁布圖

※紙型作法、裁布方式請參照P.35～P.36。
※●內的數字為縫份寬。
若未標示，則不用加縫份直接裁剪。

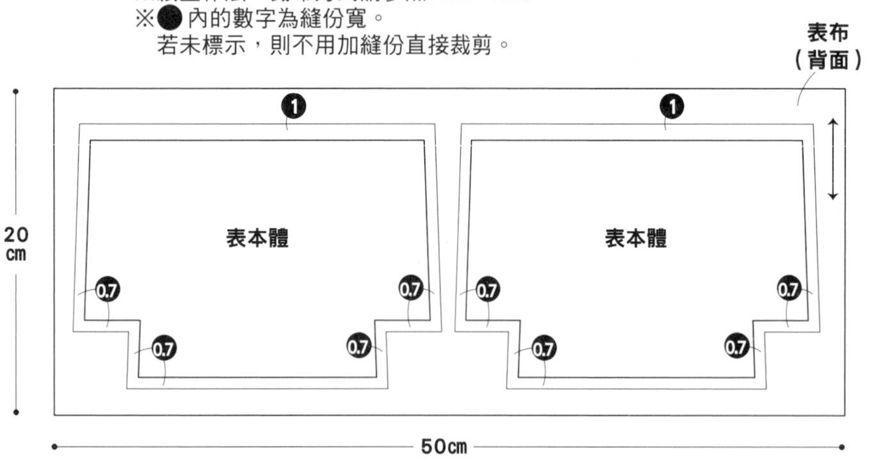

表・裡本體製圖

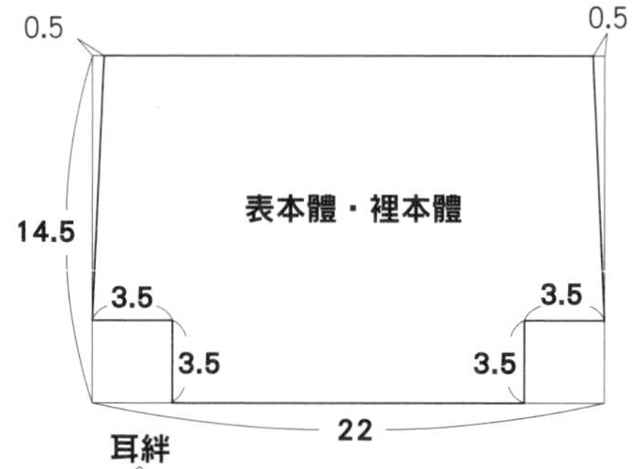

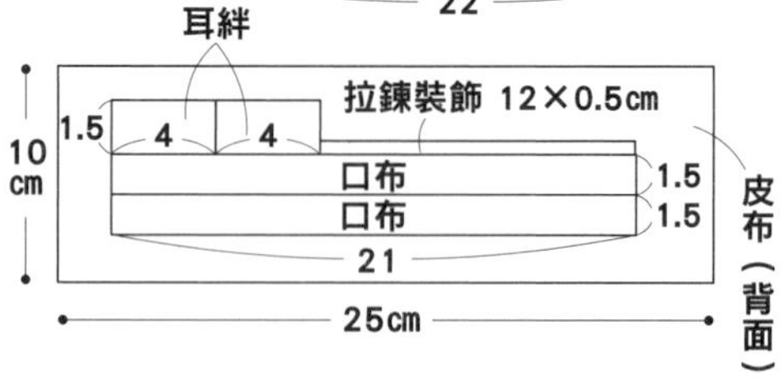

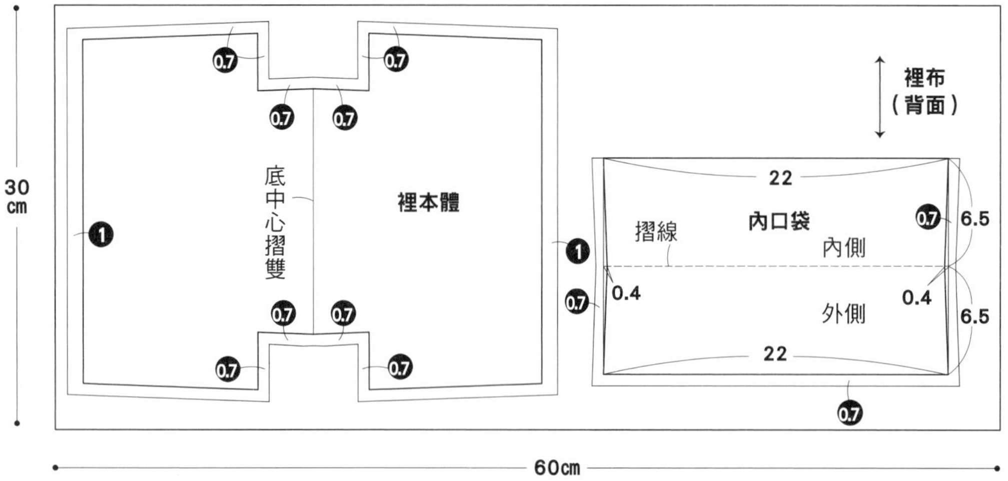

1.貼襯

atelier popo 流!!

襯的用法 參照 P.37～P.39

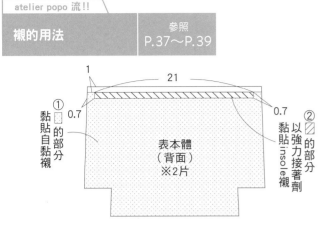

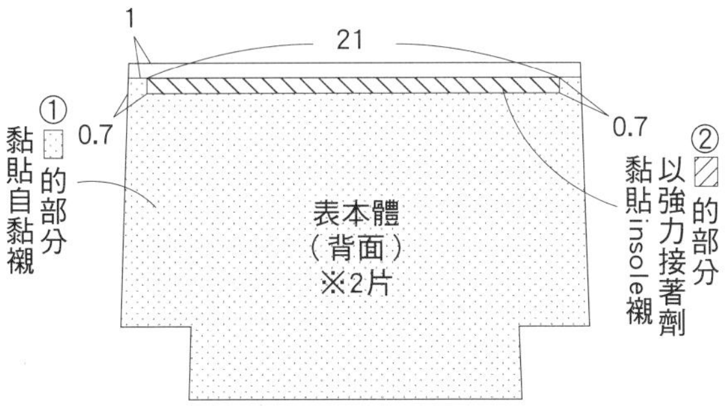

2.製作裡本體

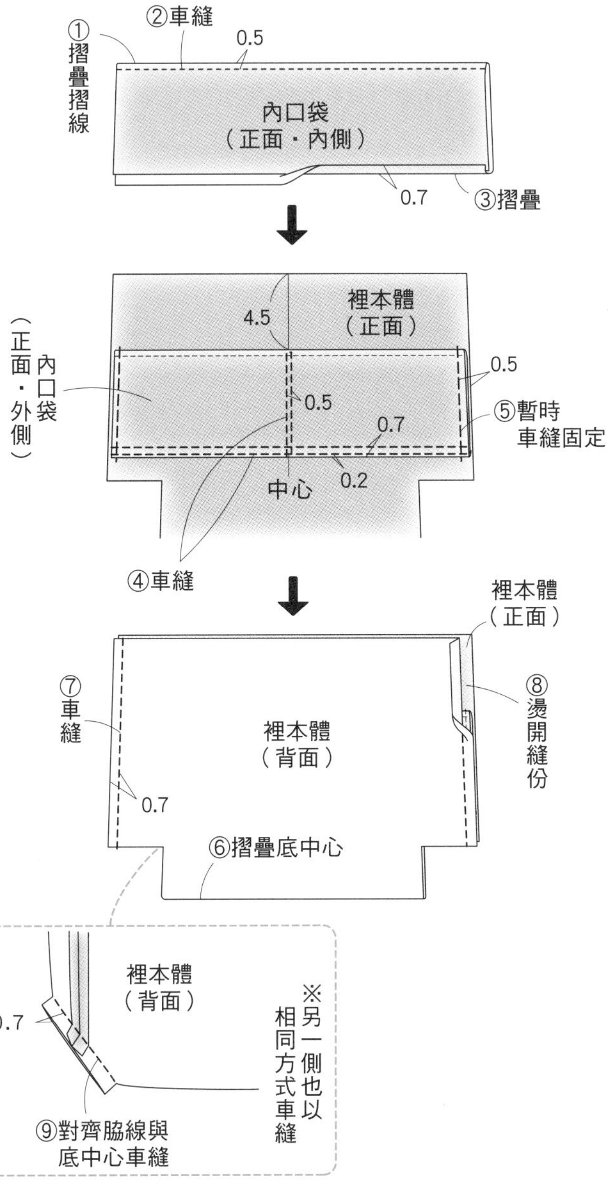

3.製作表本體

atelier popo 流!!

摺疊末端的拉鍊接縫法 參照 P.54

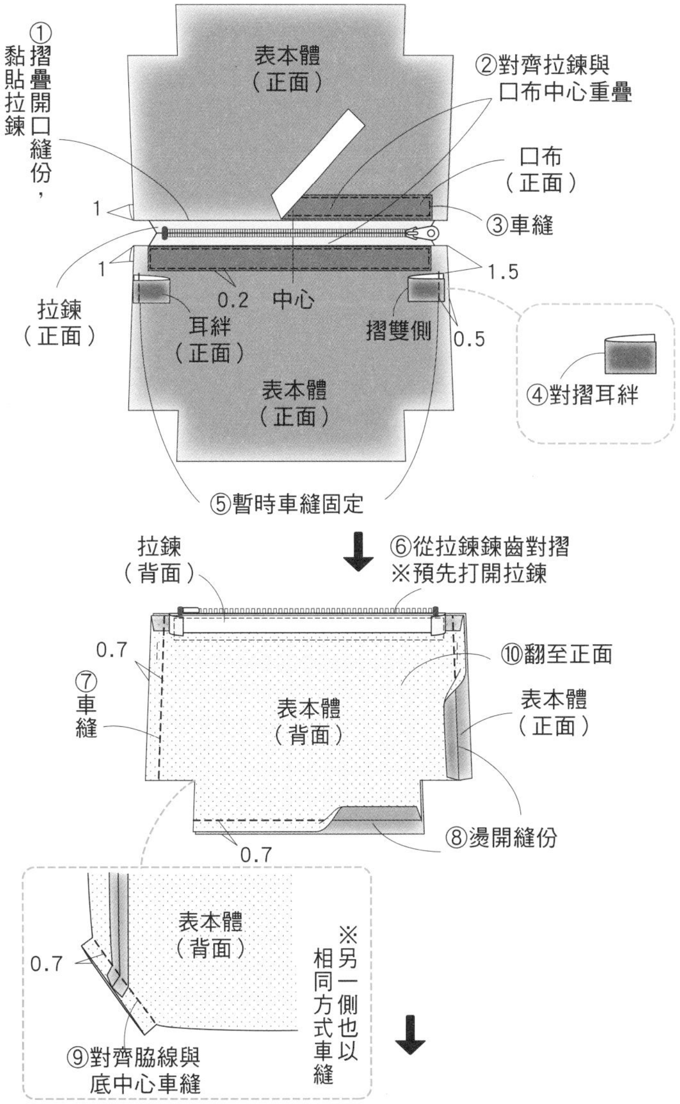

atelier popo 流!!

裡本體的接合方式 參照 P.54

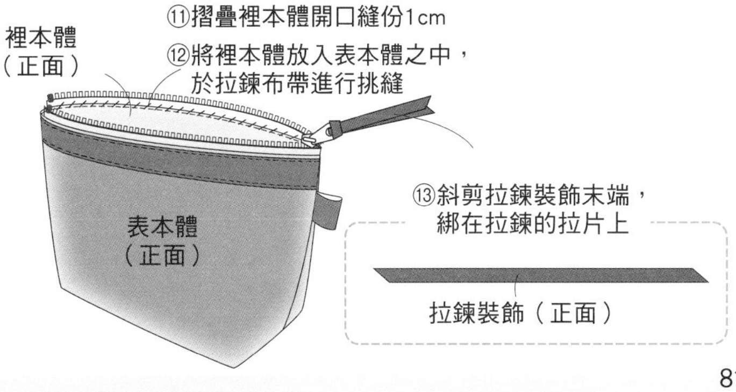

11 扁平波奇包

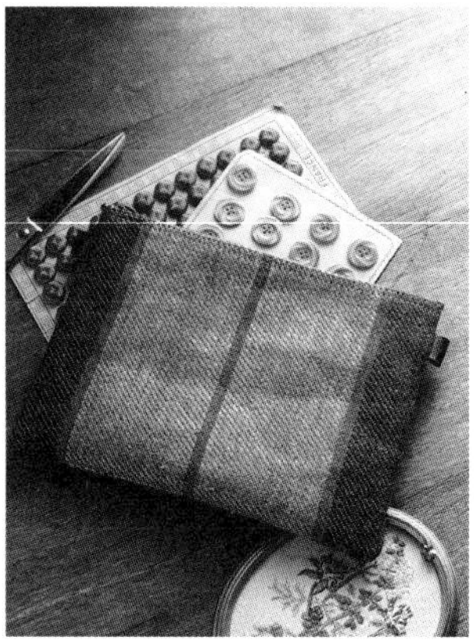

材料

表布（亞麻） 50cm×20cm

裡布（棉厚織79號） 30cm×40cm

皮布 10cm×5cm

自黏襯 50cm×20cm

（或不織布接著襯 40cm×30cm**）**

0.3mm厚insole襯 25cm×5cm

金屬拉鍊 20cm 1條

完成尺寸

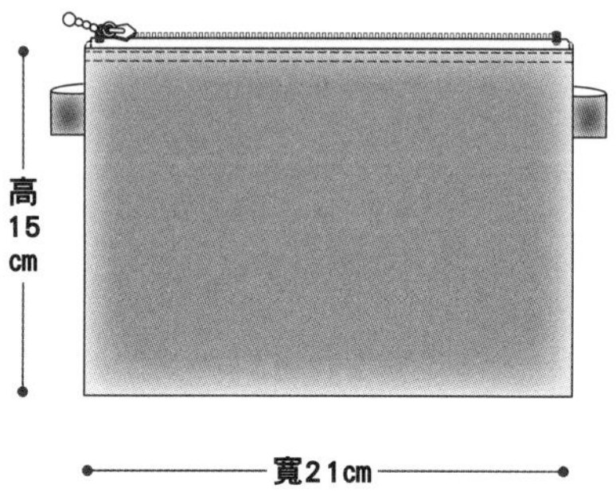

裁布圖

※紙型作法、裁布方式請參照P.35～P.36。
※●內的數字為縫份寬。若未標示，則不用加縫份直接裁剪。

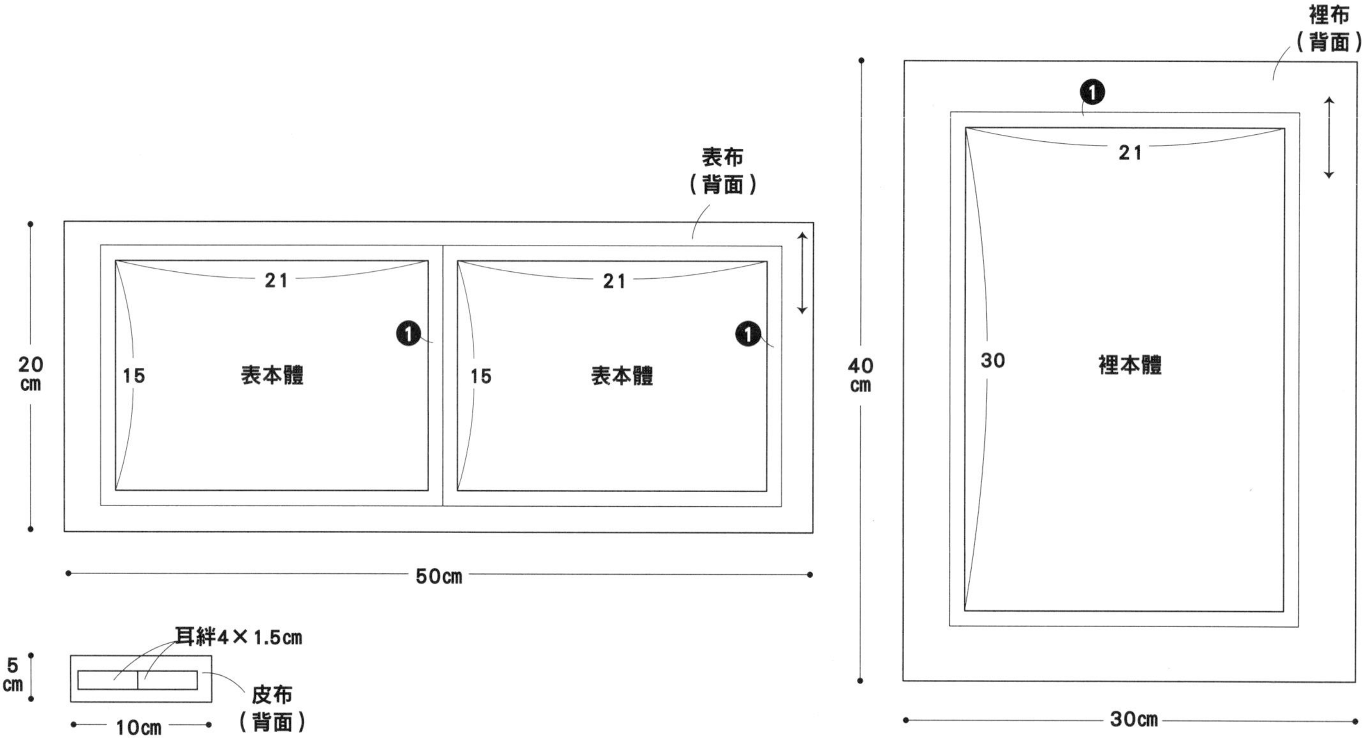

1.貼襯

atelier popo 流!!

襯的用法　參照 P.37～P.39

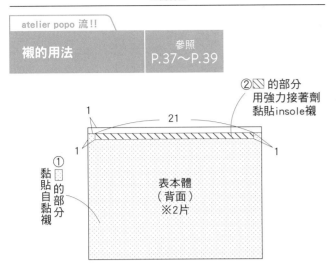

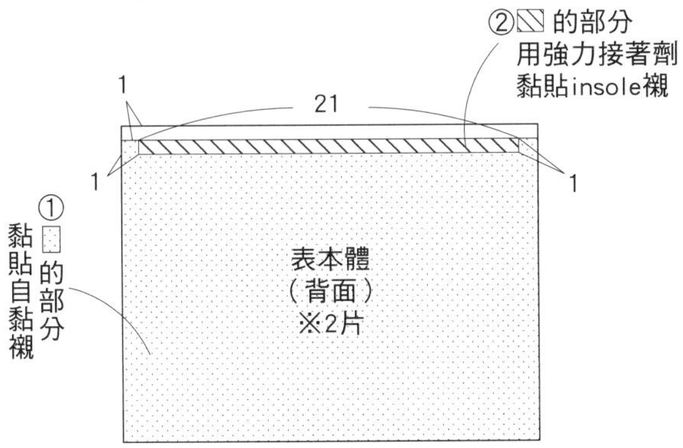

2.製作表本體

atelier popo 流!!

摺疊末端的拉鍊接縫方法　參照 P.54

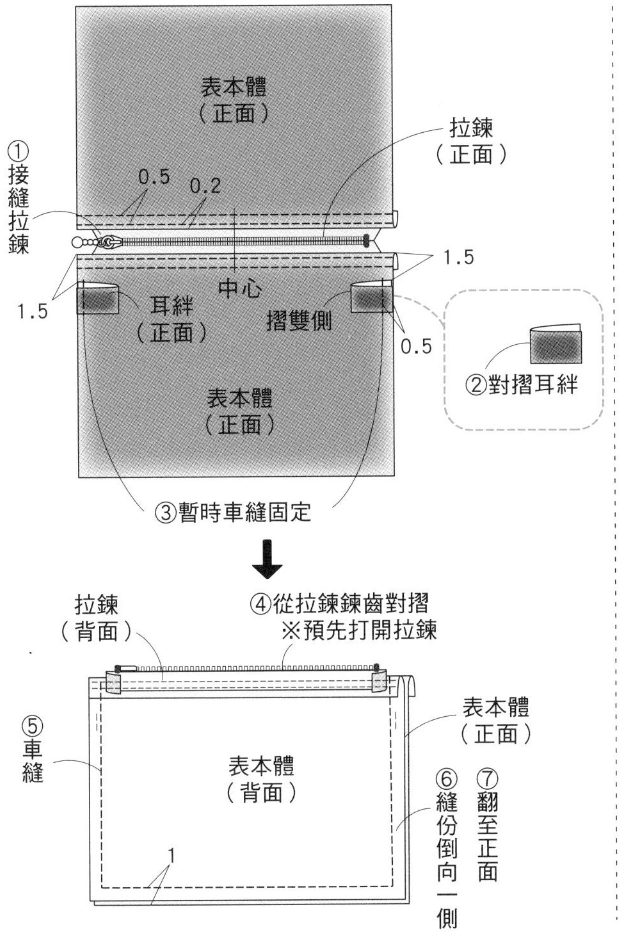

3.製作裡本體

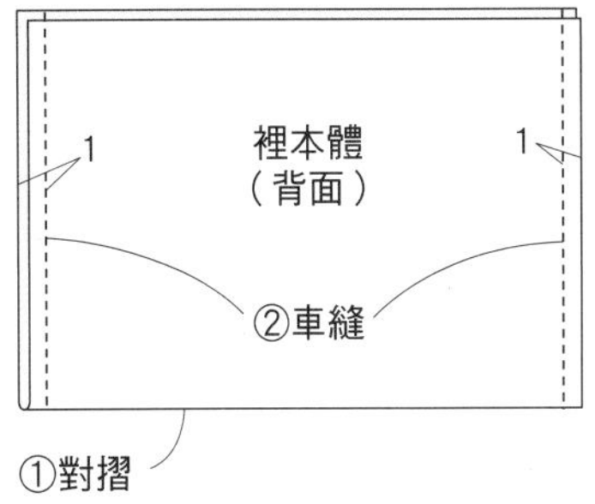

atelier popo 流!!

裡本體的接合方法　參照 P.54

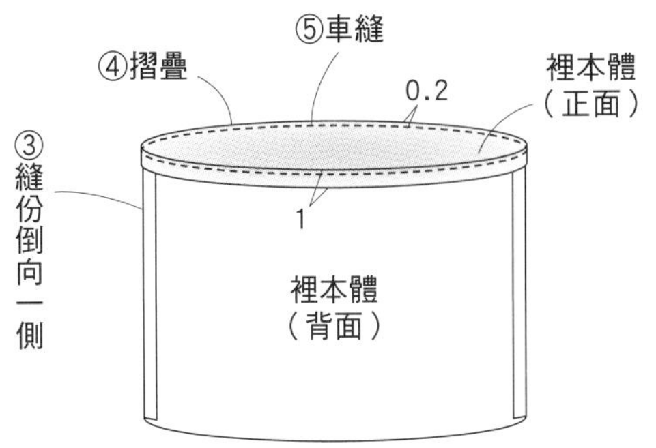

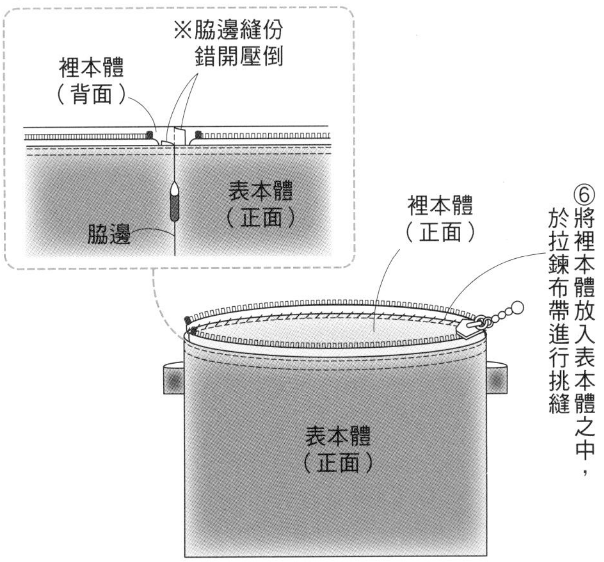

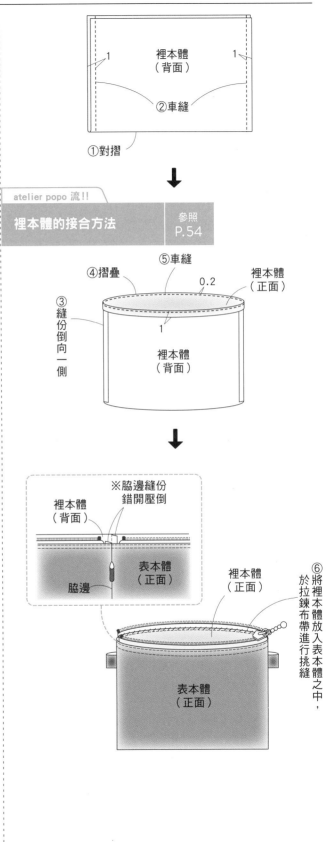

P.18 12

波士頓形波奇包

材料

表布（亞麻） 60cm×20cm
裡布（棉厚織79號） 60cm×20cm
皮布 25cm×10cm
自黏襯 60cm×20cm
（或不織布接著襯 40cm×30cm**）**
0.3mm厚insole襯 25cm×5cm
金屬拉鍊 20cm 1條

完成尺寸

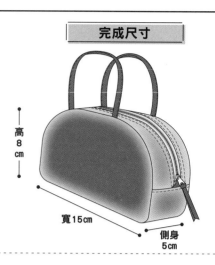

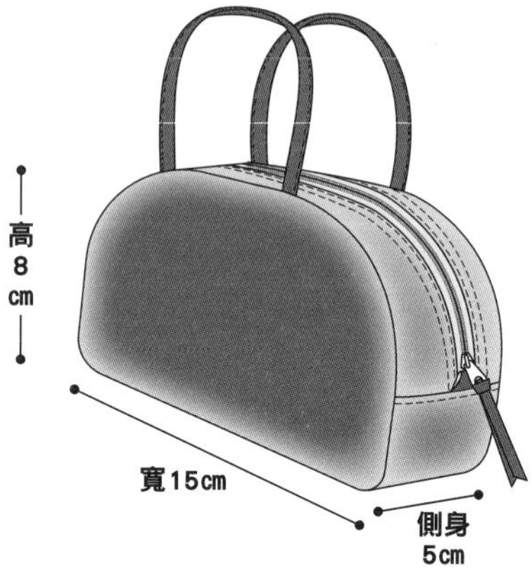

圓角的畫法

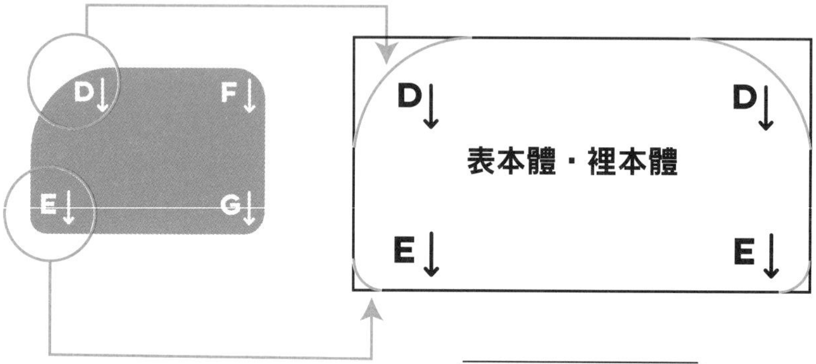

表本體・裡本體的上方圓角
使用**「圓弧尺」D**，底部圓角
則使用**「圓弧尺」E**的角落
描繪圓角弧度。
對向側的圓角則將「圓弧尺」
翻轉描繪。
（請注意箭頭方向，避免上下相反）

裁布圖

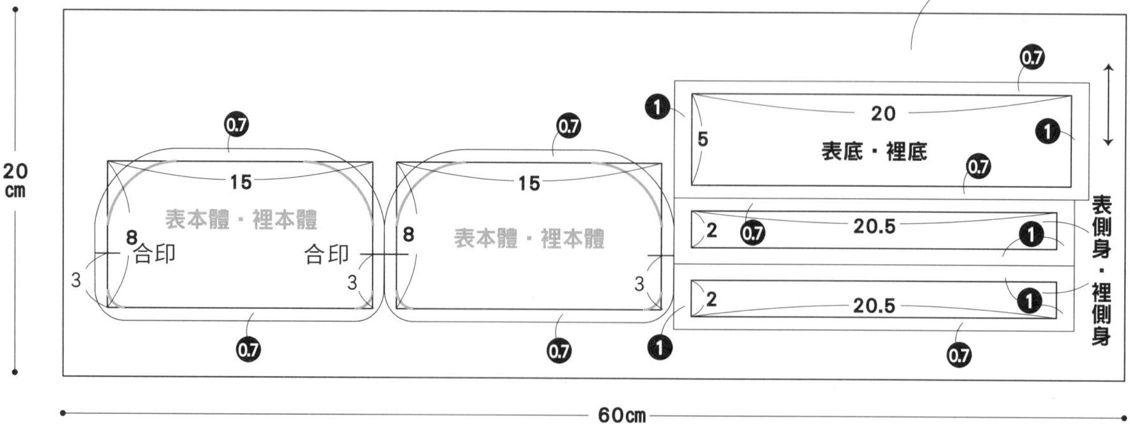

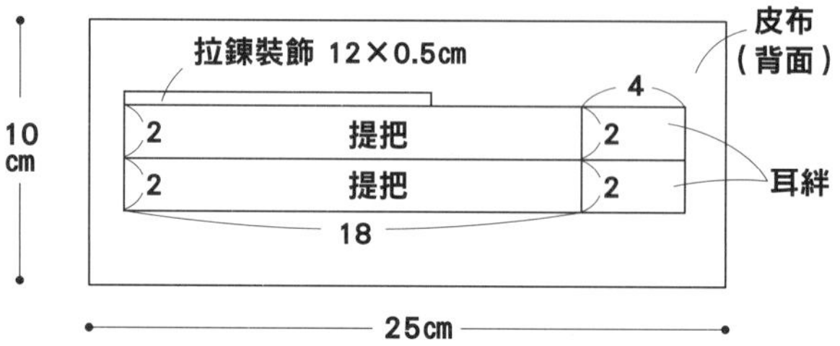

※紙型作法、裁布方式請參照P.34～P.36。
※ 文字所標記的裁片，
使用附錄的「圓弧尺」。
※●內的數字為縫份寬。
若未標示，則不用加縫份直接裁剪。

1.貼襯

atelier popo 流!!

襯的用法 參照 P.37～P.39

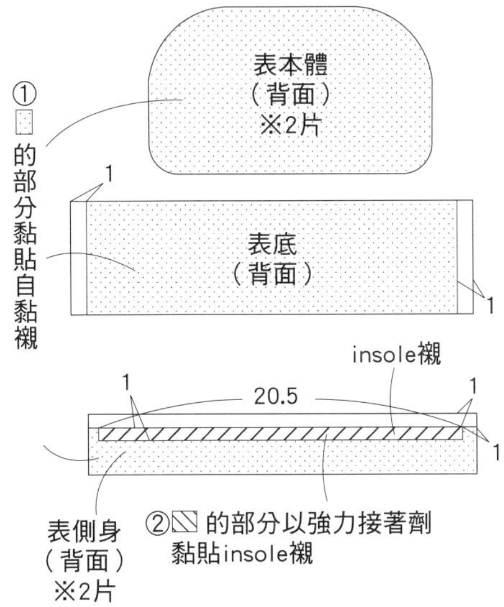

2.製作裡本體

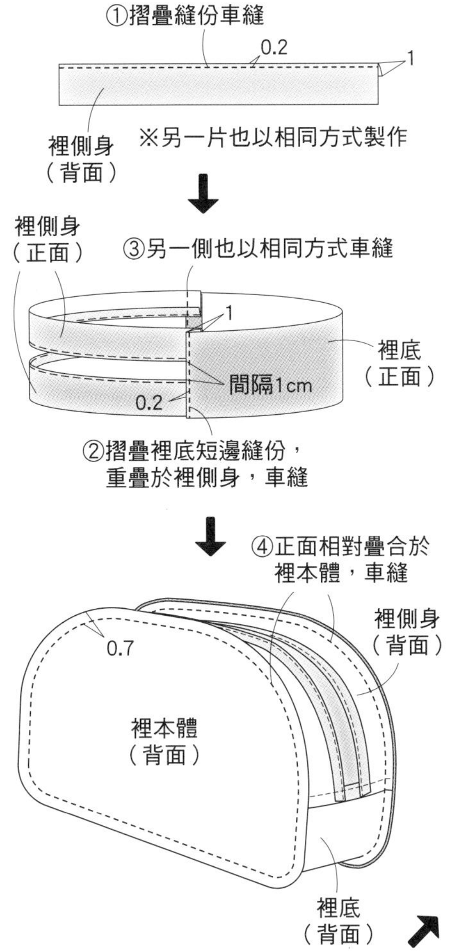

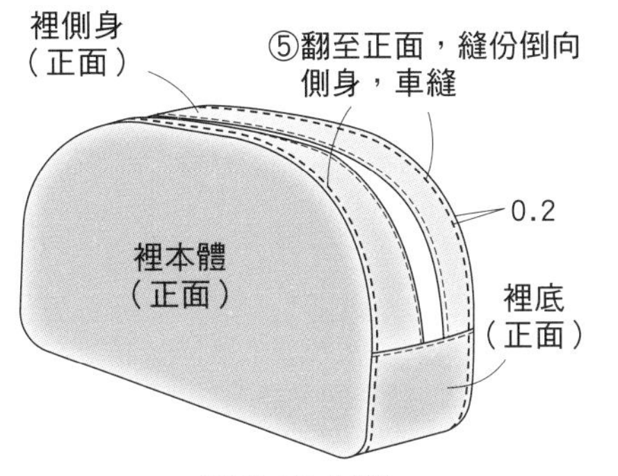

3.製作表本體

atelier popo 流!!

基礎的拉鍊接縫法 參照 P.53

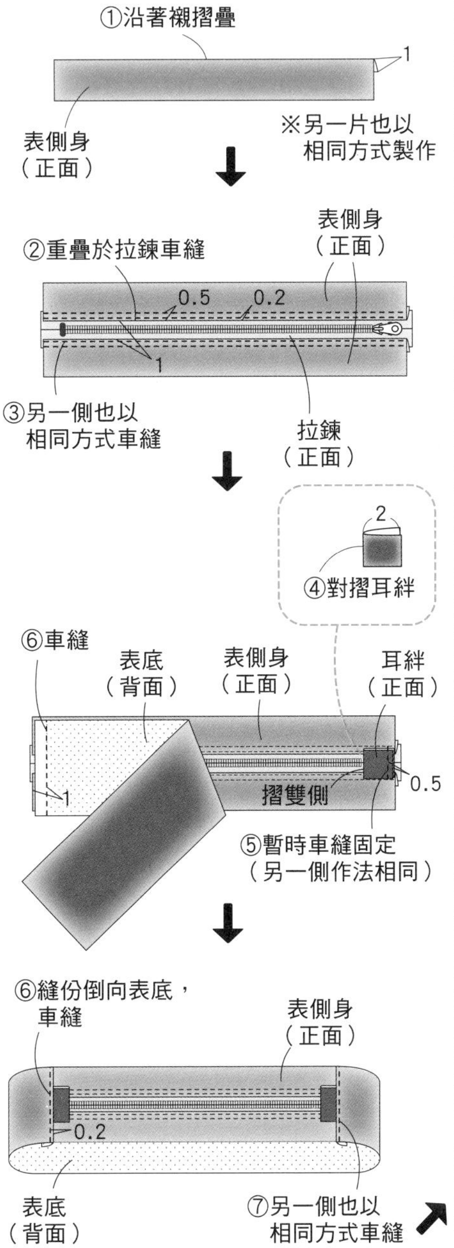

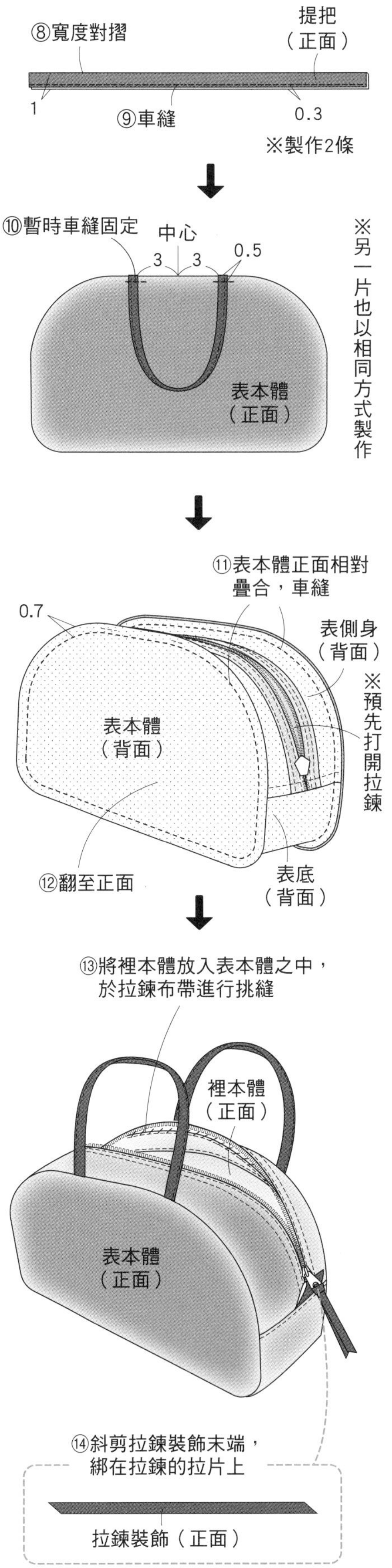

P.19 13

掀蓋式波奇包

材料

表布（亞麻／棉） 20cm×30cm
裡布（棉厚織79號） 20cm×30cm
皮布 15cm×10cm
自黏襯（或不織布接著襯） 30cm×20cm
0.3mm厚insole襯 10cm×10cm
原子釦 圓頭0.5cm 1組

完成尺寸

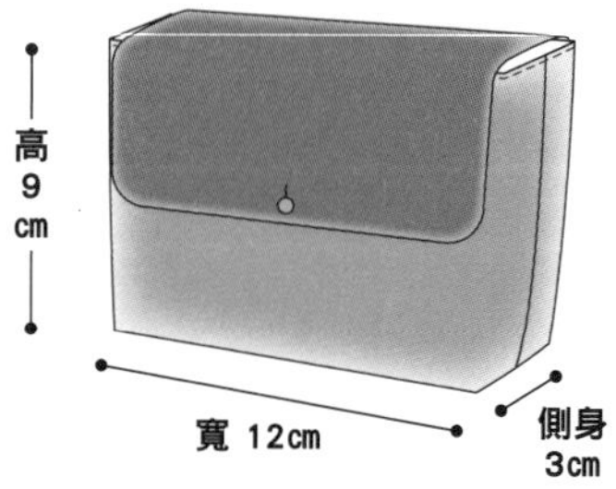

製圖與圓角的畫法

掀蓋下方圓角使用**「圓弧尺」E**
描出角落弧線。
對向側的圓角則將「圓弧尺」
翻轉描繪。
（請注意箭頭方向，避免上下相反）

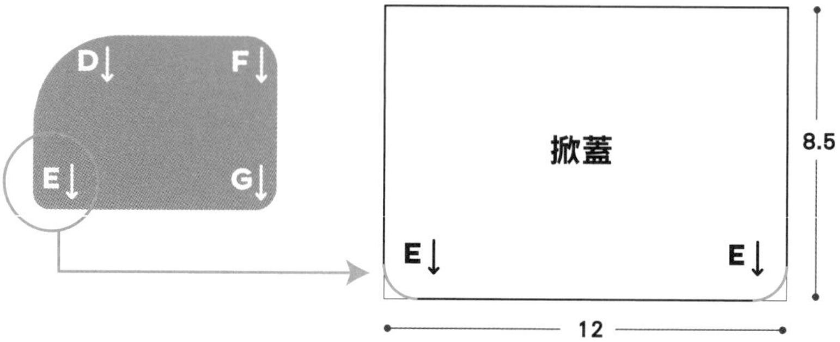

裁布圖

※紙型作法、裁布方式請參照P.34～P.36。
※ 　 文字所標記的裁片，使用附錄的「圓弧尺」。
※● 內的數字為縫份寬。若未標示，則不用加縫份直接裁剪。

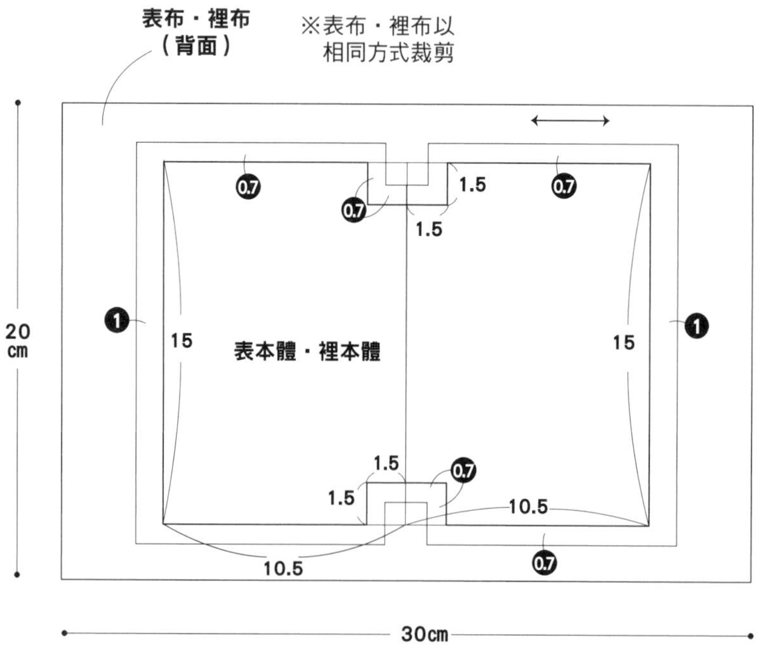

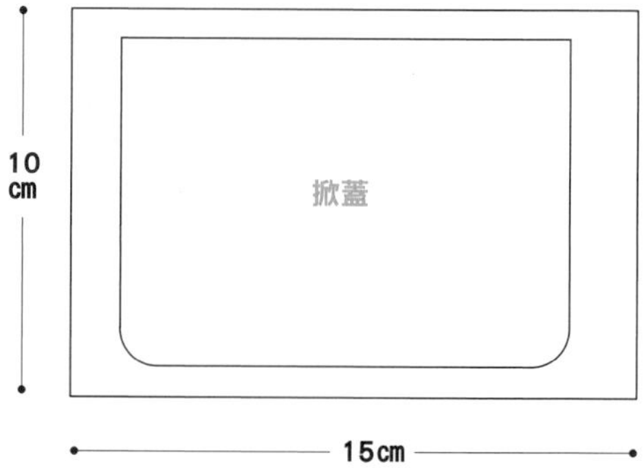

1.貼襯

atelier popo 流!!

襯的用法 參照 P.37～P.39

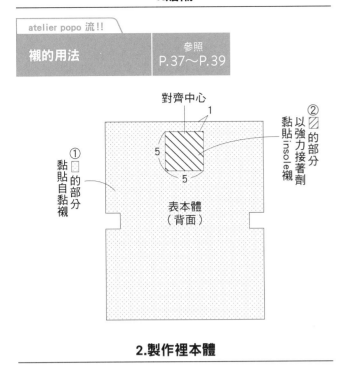

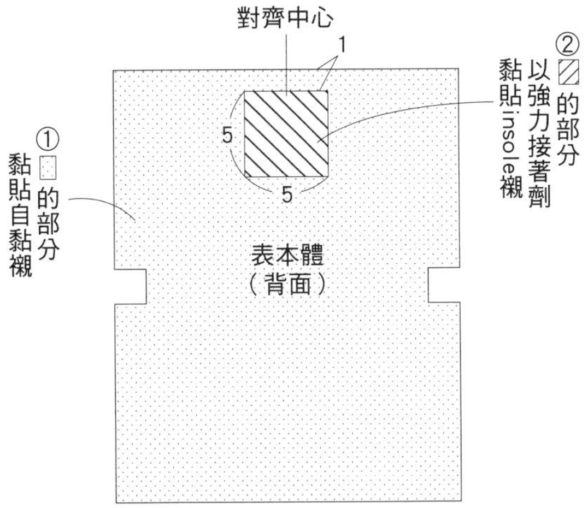

2.製作裡本體

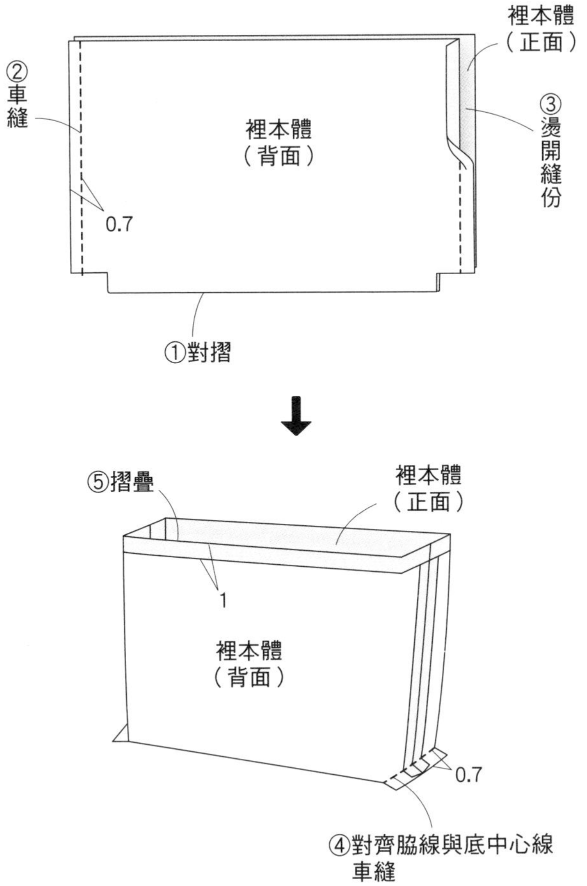

3.製作表本體

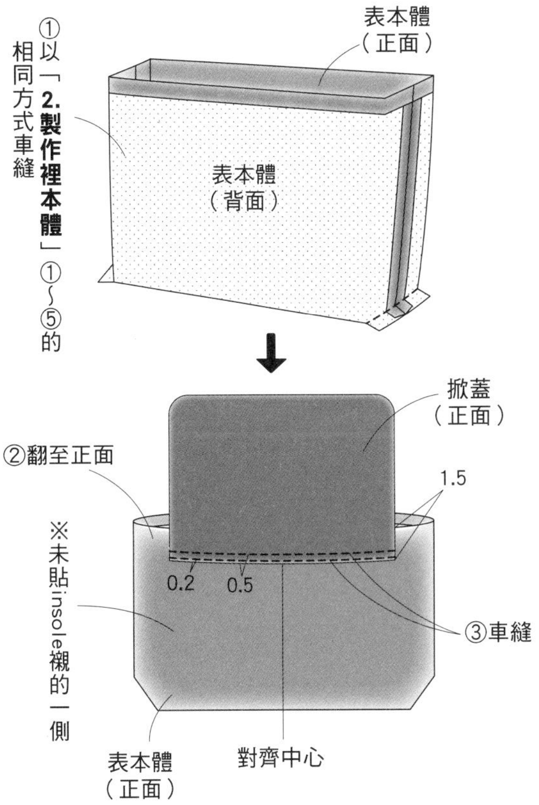

atelier popo 流!!

原子釦的安裝方法 參照 P.52

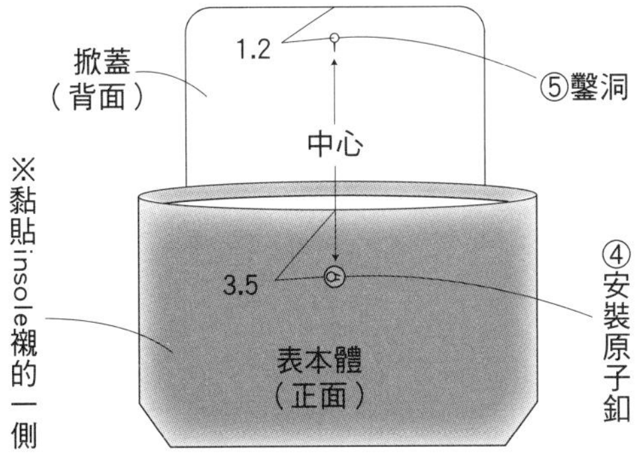

4.套疊表本體與裡本體

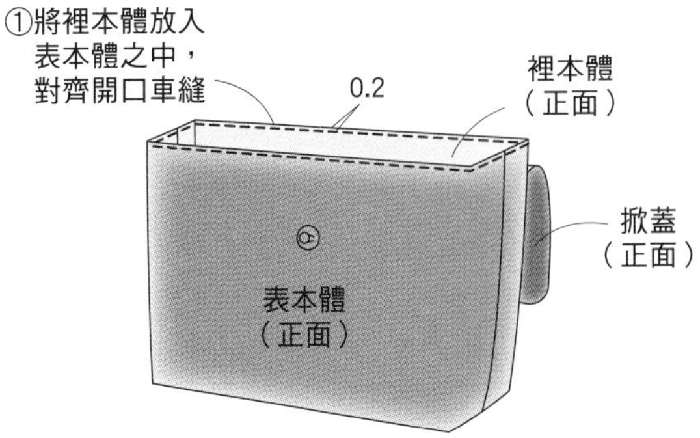

14 束口波奇包

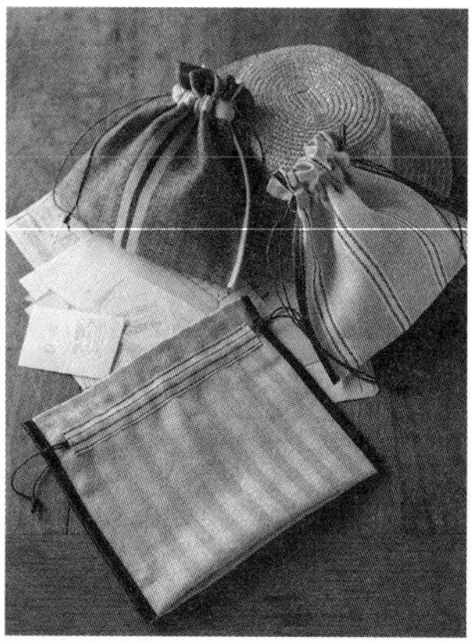

材料

表布（亞麻） 30cm×50cm

皮布 5cm×25cm

亞麻帶寬2.5cm 50cm

蠟繩 粗0.2cm 130cm

完成尺寸

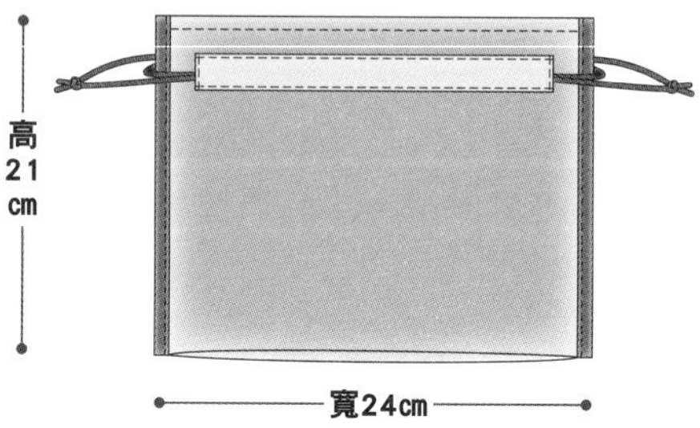

裁布圖

※標示數字已含縫份。無需添加縫份，依照標示數字裁剪。

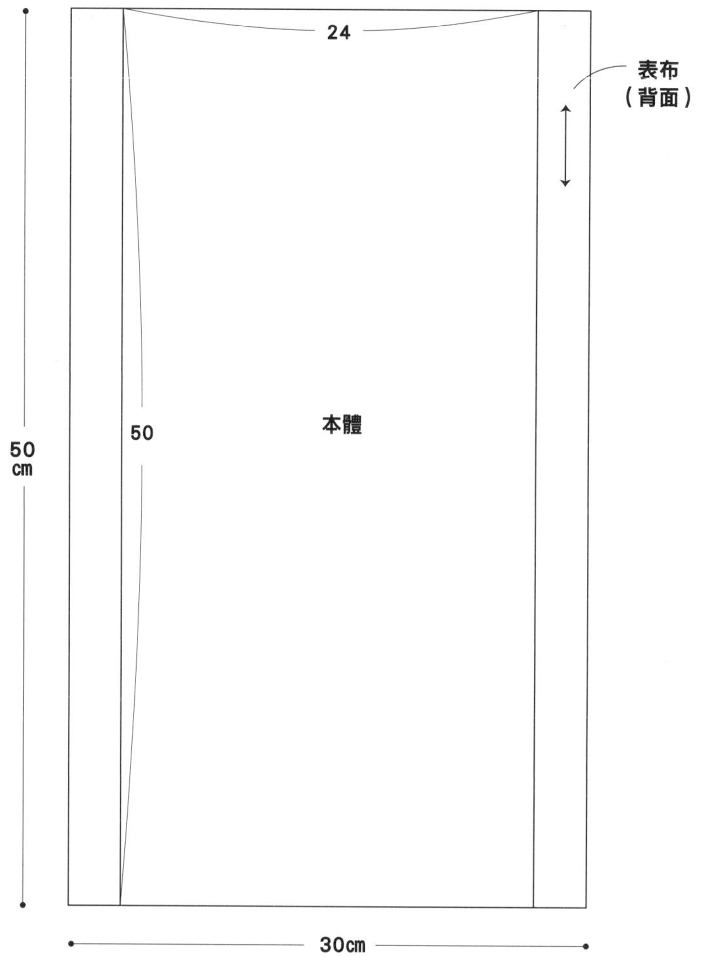

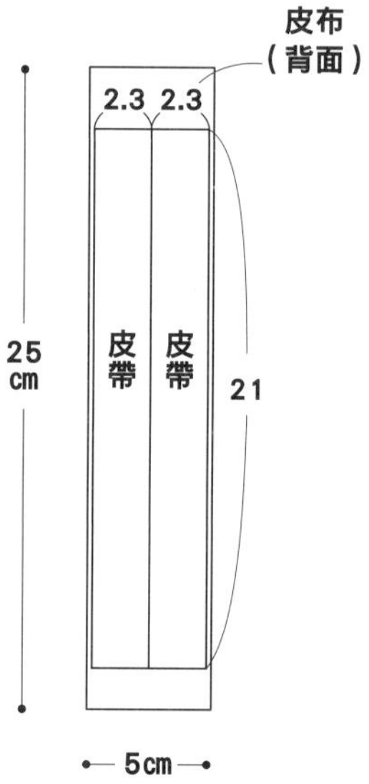

1.製作本體

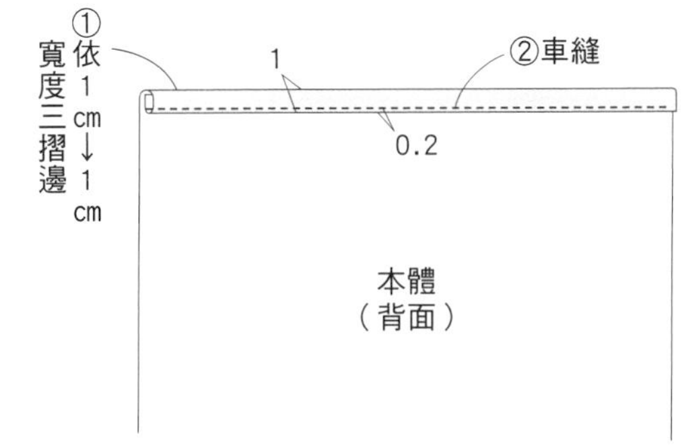

①依寬度1cm↓1cm三摺邊
②車縫
1
0.2
本體
（背面）

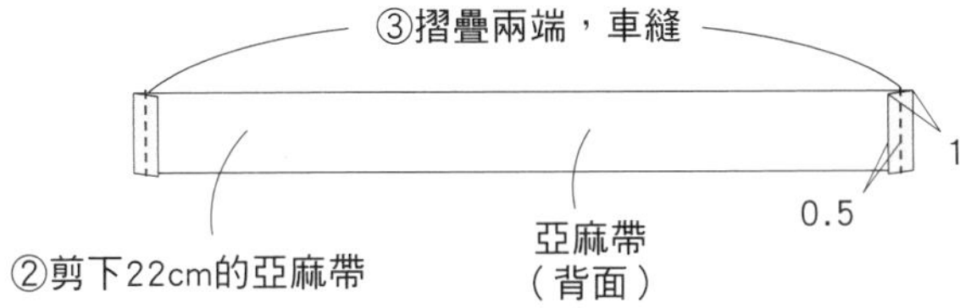

③摺疊兩端，車縫
1
0.5
②剪下22cm的亞麻帶
亞麻帶
（背面）

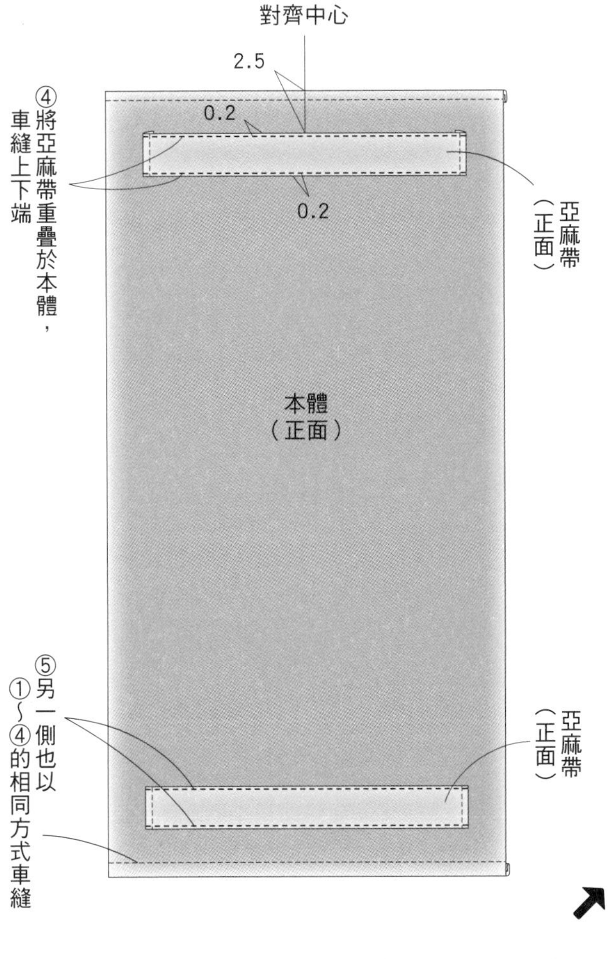

對齊中心
2.5
0.2
0.2
④將亞麻帶重疊於本體，車縫上下端
亞麻帶
（正面）
本體
（正面）
⑤另一側也以①～④的相同方式車縫
亞麻帶
（正面）

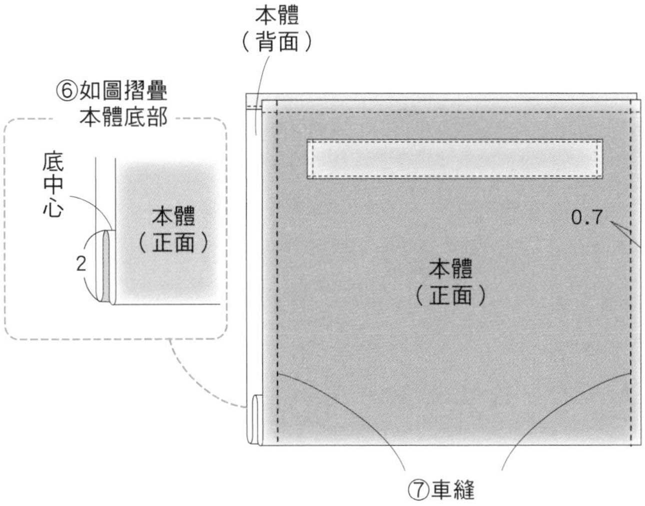

本體
（背面）
⑥如圖摺疊本體底部
底中心
2
本體
（正面）
0.7
本體
（正面）
⑦車縫

atelier popo 流!!

包捲縫份的方法

參照 P.43

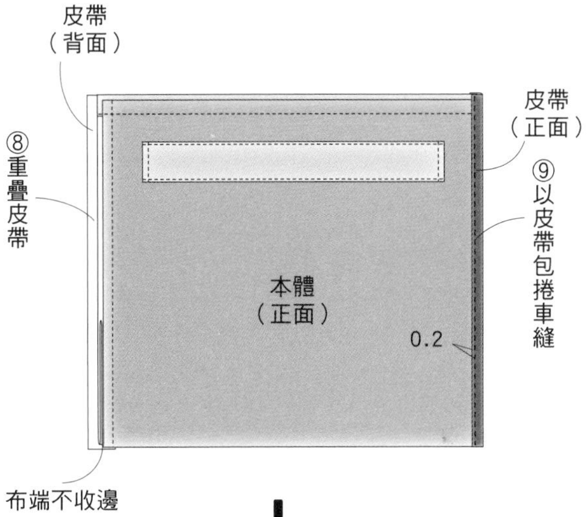

皮帶
（背面）
皮帶
（正面）
⑧重疊皮帶
⑨以皮帶包捲車縫
本體
（正面）
0.2
布端不收邊

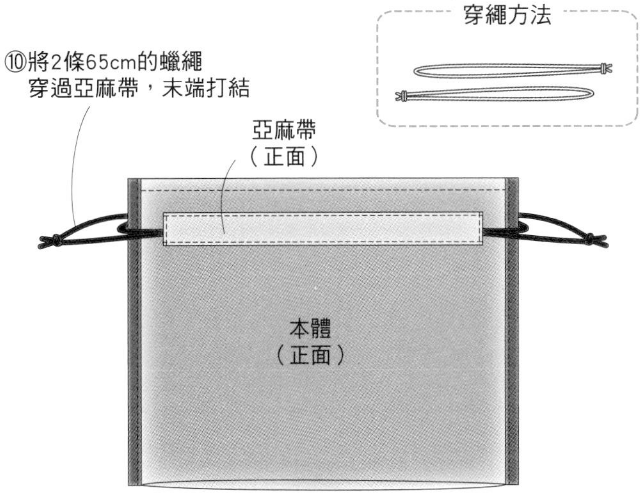

穿繩方法
⑩將2條65cm的蠟繩穿過亞麻帶，末端打結
亞麻帶
（正面）
本體
（正面）

P.21 15 | 斜背手機袋

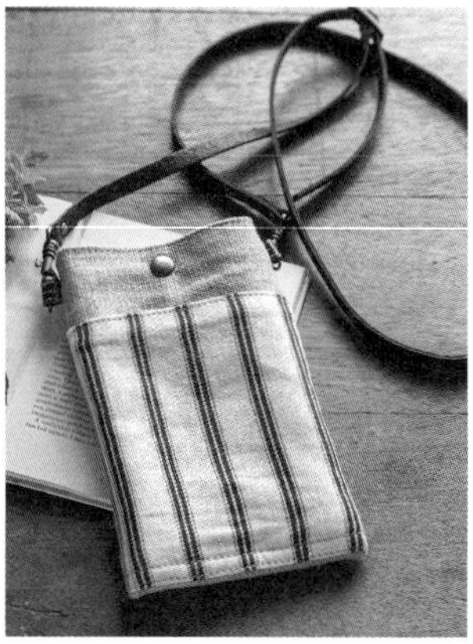

材料

表布（亞麻） 50cm×20cm
配布（綿） 20cm×20cm
裡布（棉厚織79號） 80cm×20cm
自黏襯（或不織布接著襯） 40cm×20cm
皮布 5cm×5cm
0.3mm厚insole襯 15cm×10cm
四合釦 13mm 1組
D環 12mm 2個
問號鉤肩背帶 寬10mm 1條

完成尺寸

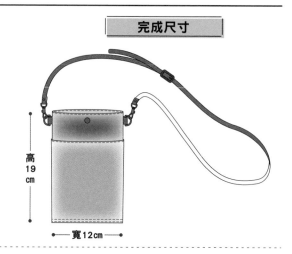

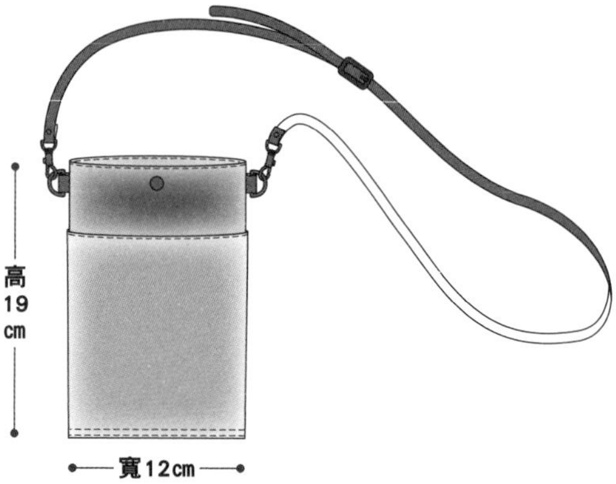

裁布圖

※紙型作法、裁布方式請參照P.35～P.36。
※●內的數字為縫份寬。若未標示，則不用加縫份直接裁剪。

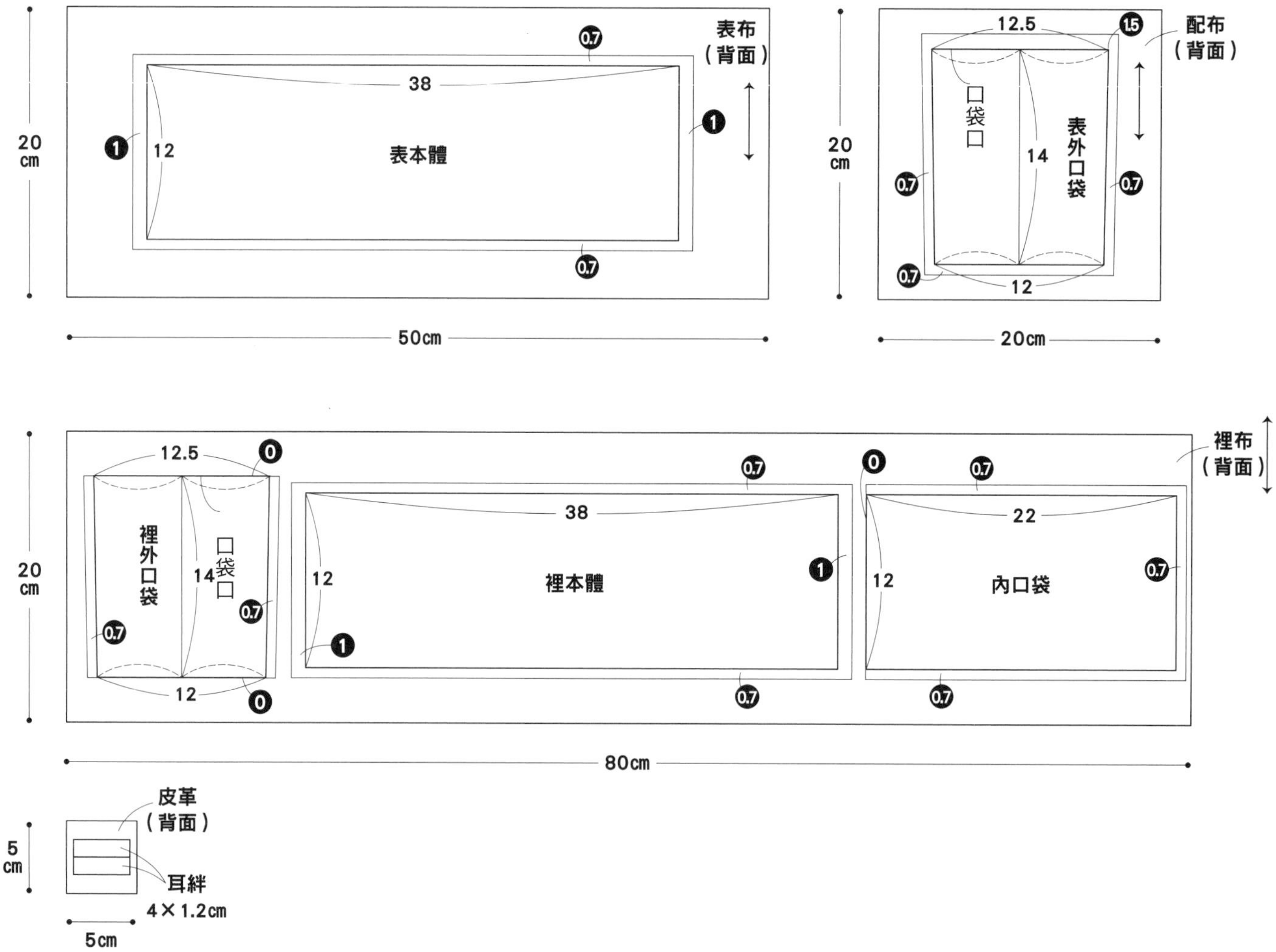

1.貼襯

atelier popo 流!!

襯的用法

參照 P.37～P.39

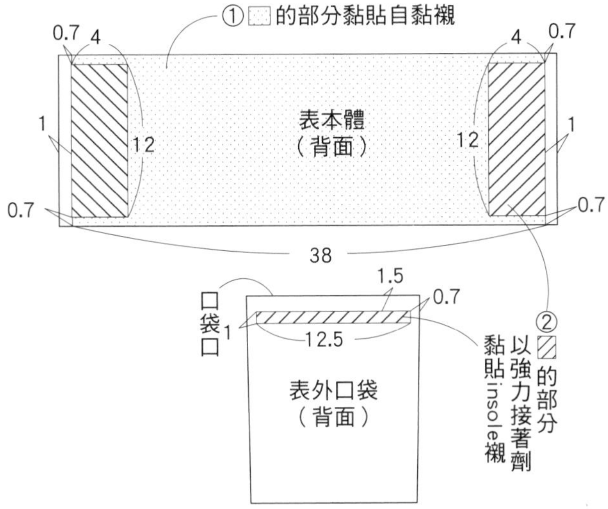

2.製作外口袋・內口袋・耳絆

【外口袋】

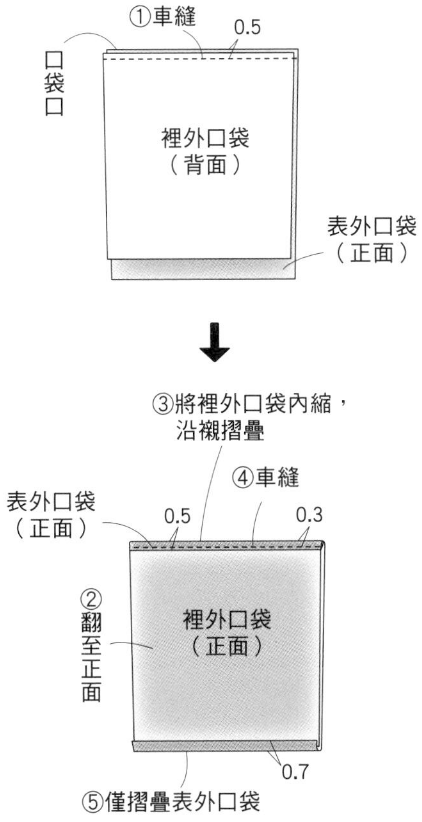

【內口袋】

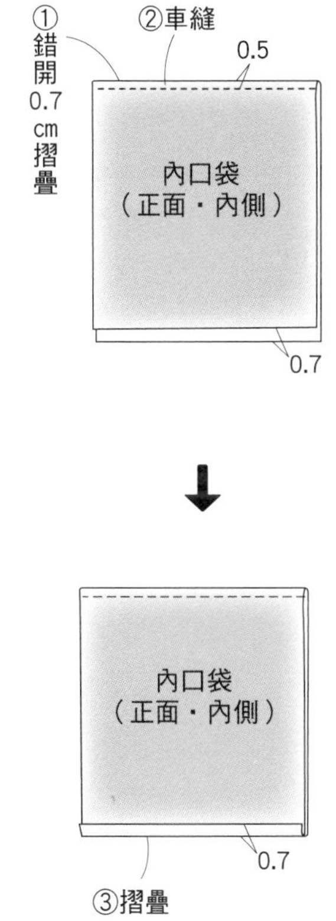

【耳絆】

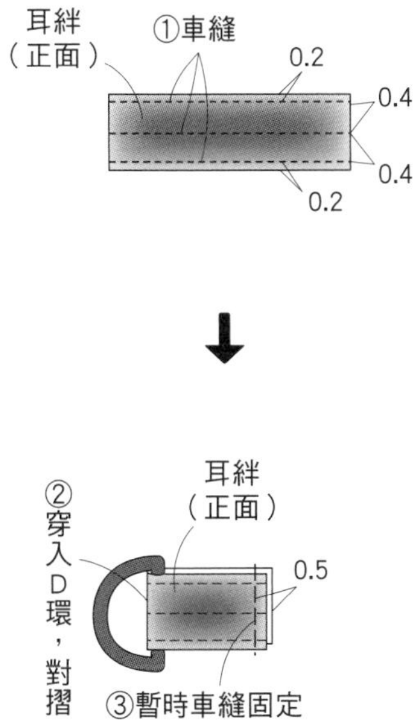

※另一片也以相同方式製作

3.製作表本體・裡本體

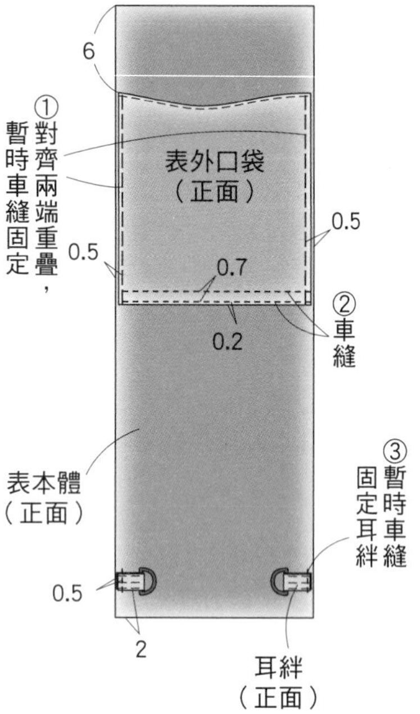

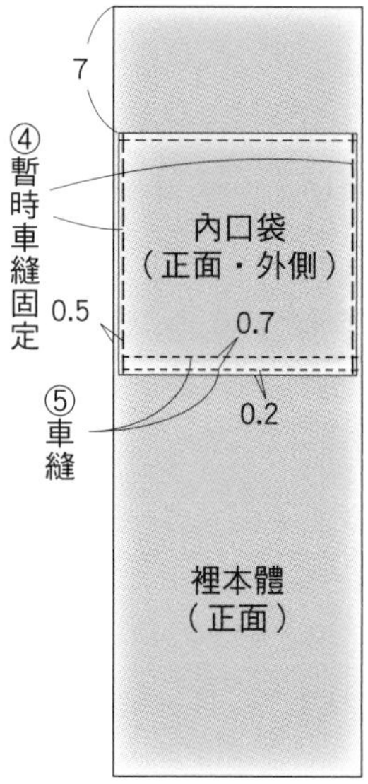

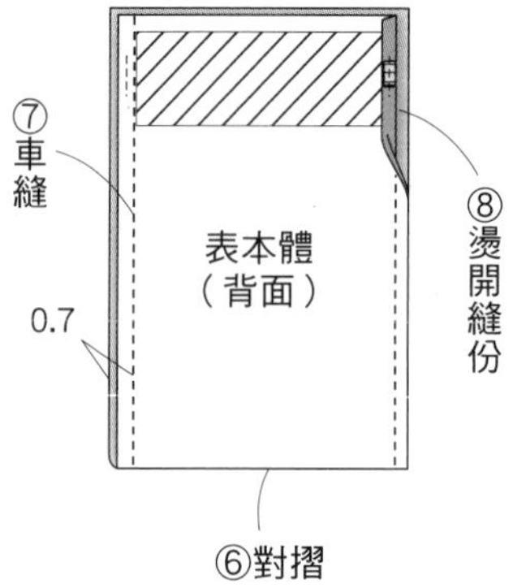

※裡本體也以相同方式車縫

⑩表本體、裡本體皆摺疊開口縫份，
將裡本體放入表本體之中
（置入時，內口袋與外口袋位於相反側）

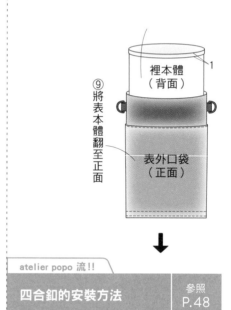

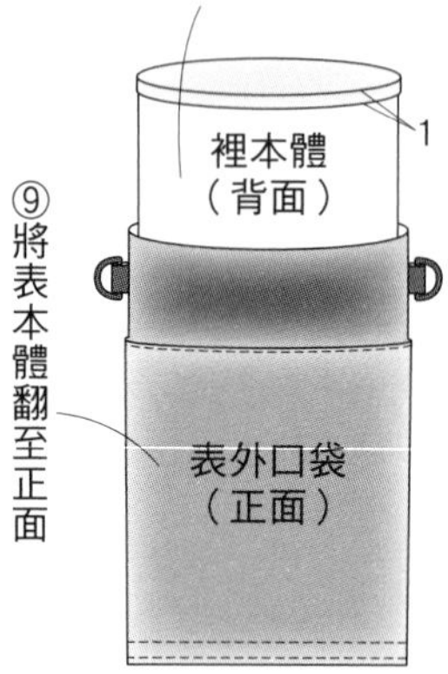

atelier popo 流!!

四合釦的安裝方法

參照 P.48

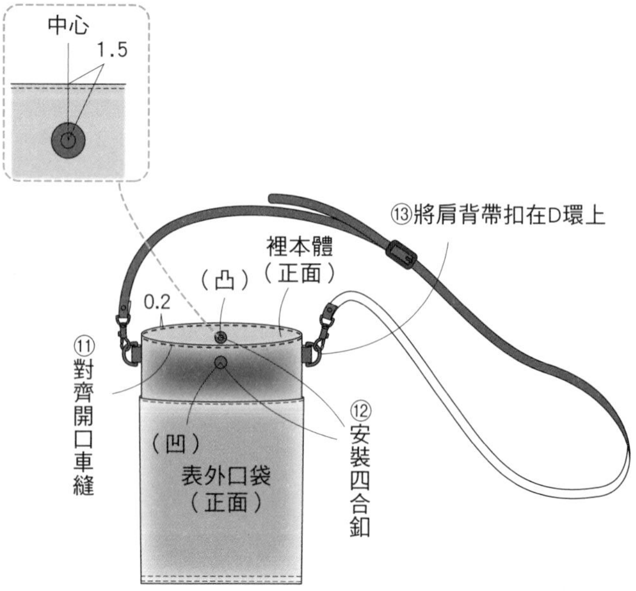

6 水桶形托特包

材料

表布（亞麻） 110cm×60cm
裡布（棉厚織79號） 110cm×90cm
皮布 50cm×10cm
自黏襯 60cm×80cm
（或不織布接著襯 40cm×180cm**）**
0.3mm厚insole襯 30cm×20cm
0.8mm厚insole襯 40cm×20cm
壓克力帶 寬38mm 100cm
拉鍊 25cm 1條

完成尺寸

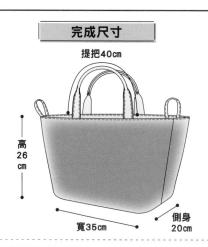

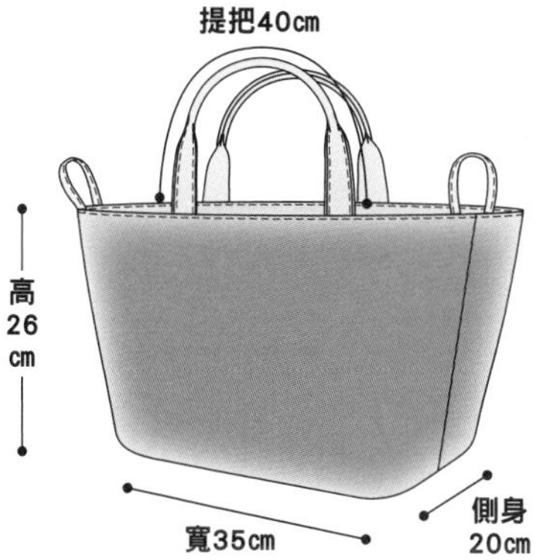

圓角的畫法

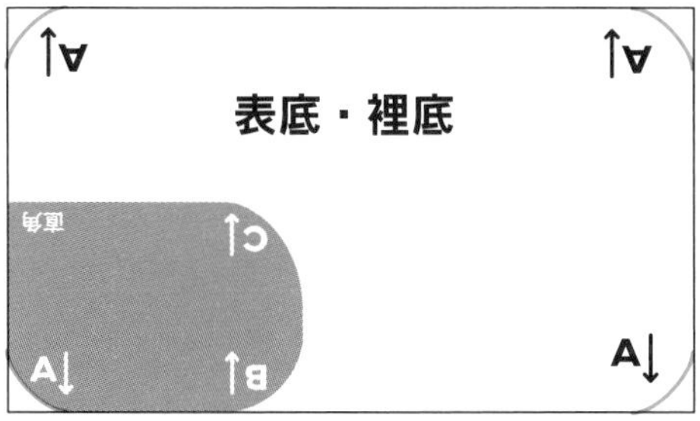

表本體・裡本體的底部圓角使用**「圓弧尺」A**的角落描繪圓角弧度。
對向側的圓角則將「圓弧尺」翻轉描繪。
（請注意箭頭方向，避免上下相反）

裁布圖

※紙型作法、裁布方式請參照P.34～P.36。
※ 文字所標記的裁片，使用附錄的「圓弧尺」。
※●內的數字為縫份寬。
若未標示，則不用加縫份直接裁剪。

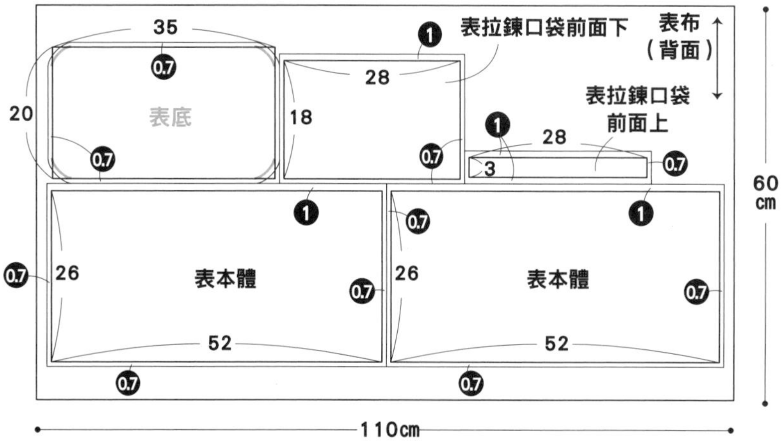

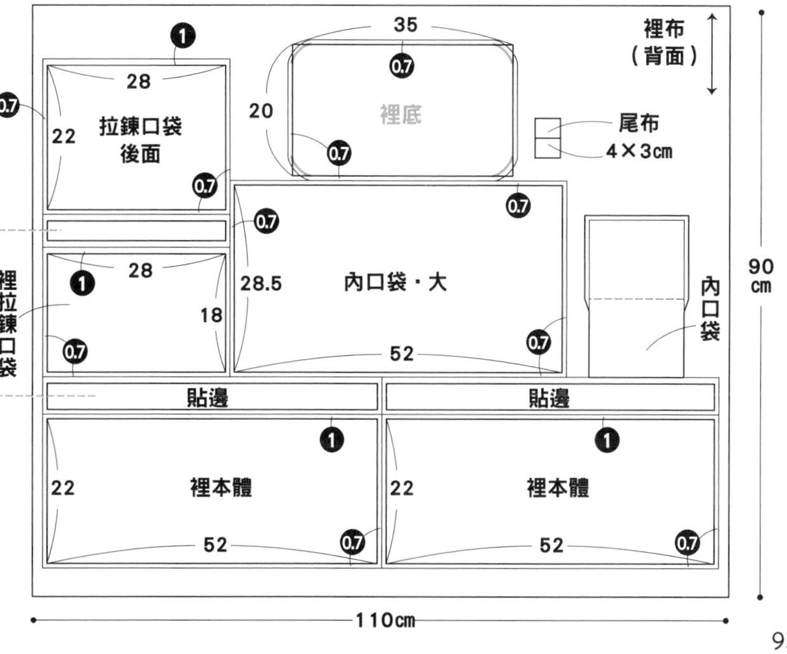

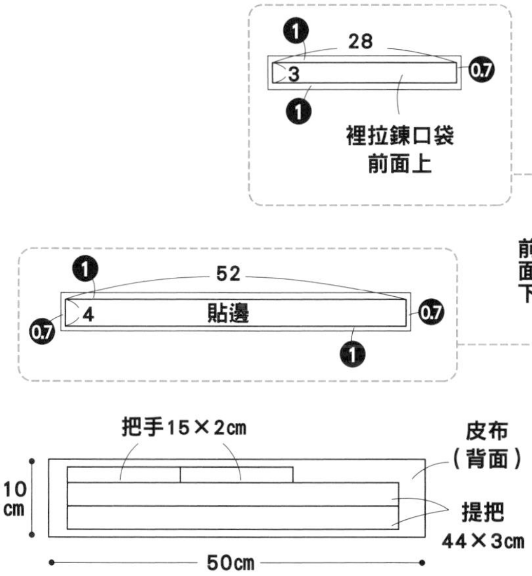

1.貼襯

atelier popo 流!!

襯的用法 參照 P.37～P.39

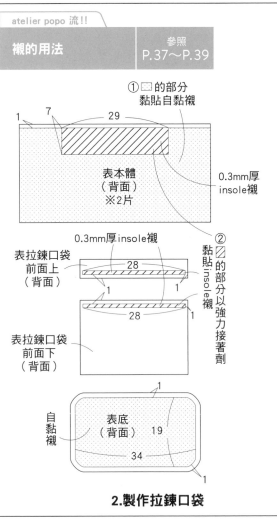

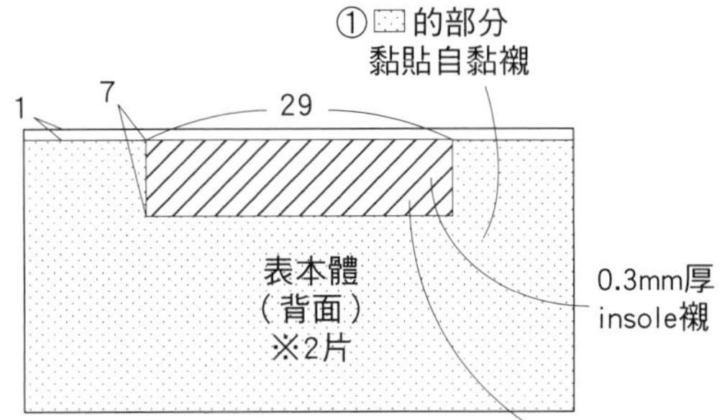

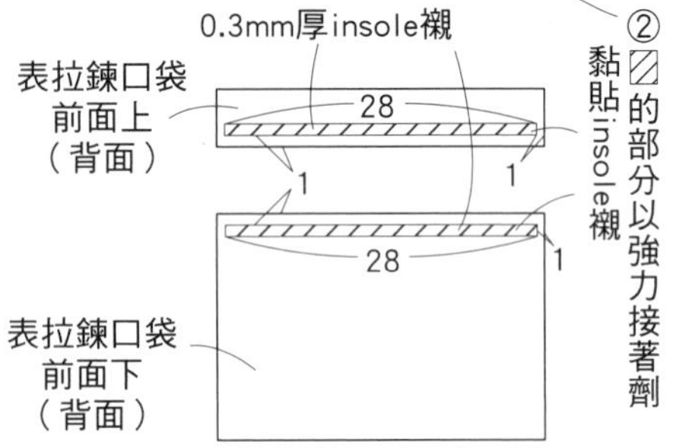

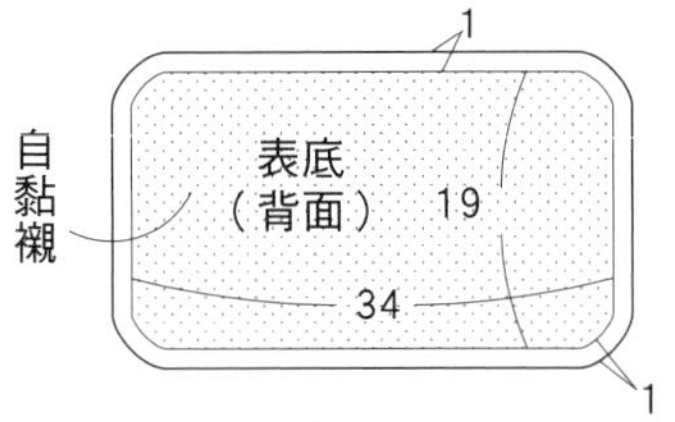

2.製作拉鍊口袋

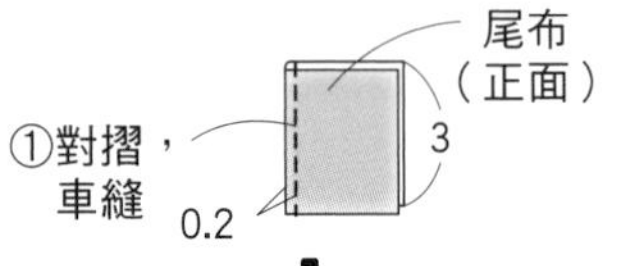

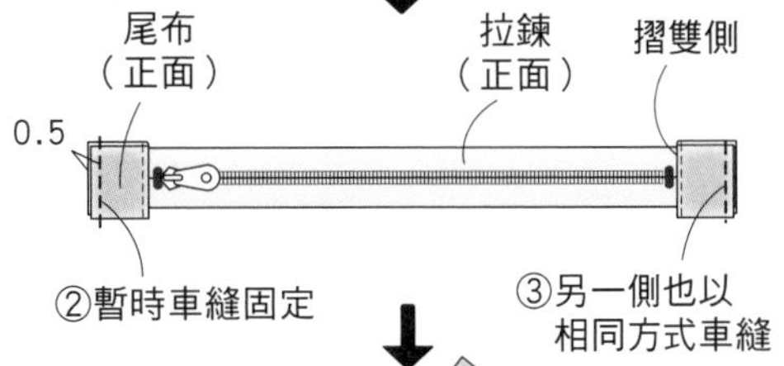

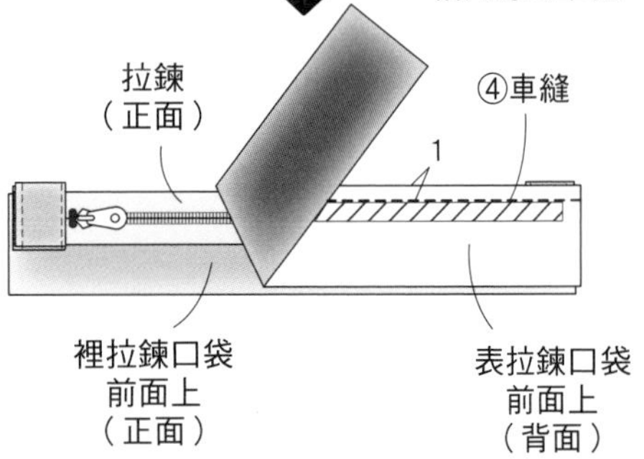

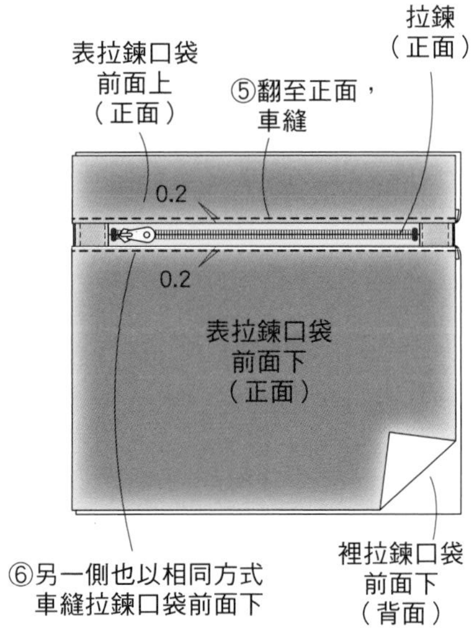

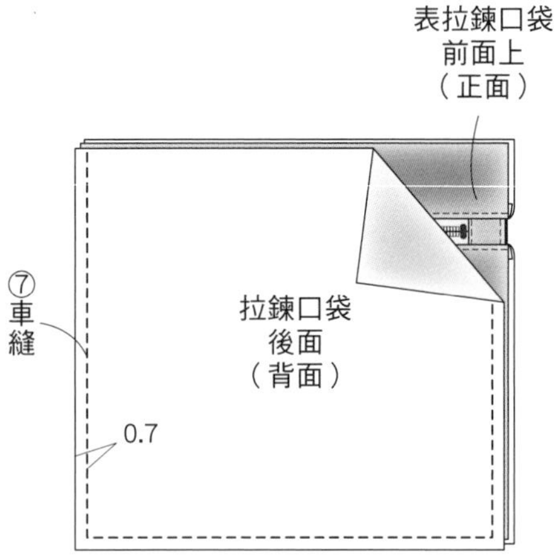

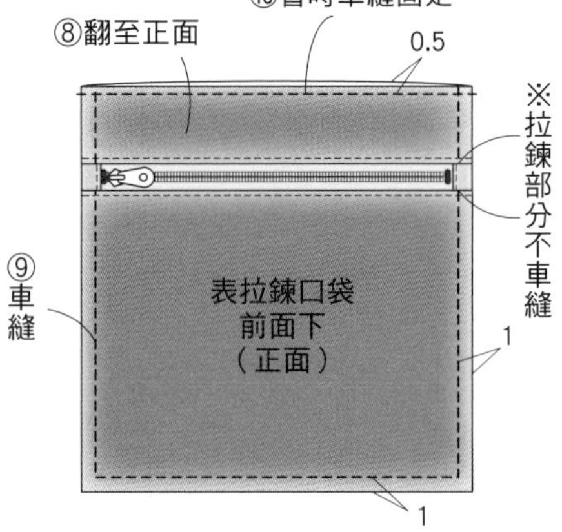

3.製作內口袋

【內口袋】

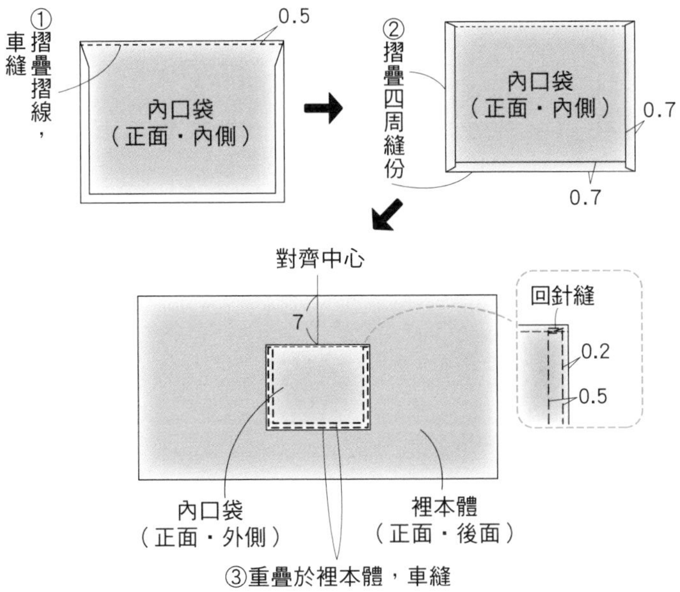

【內口袋・大】

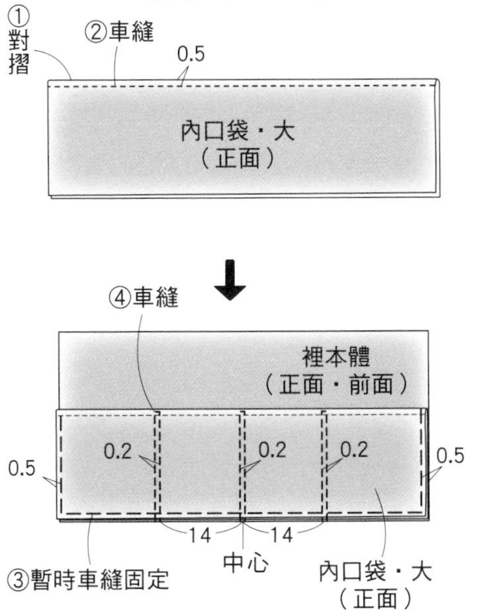

4.製作裡本體

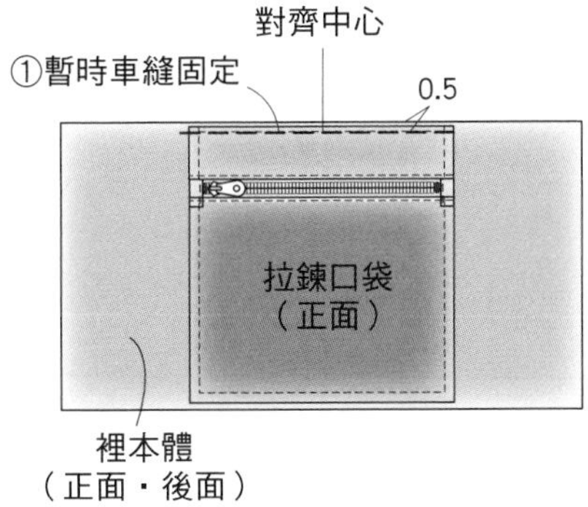

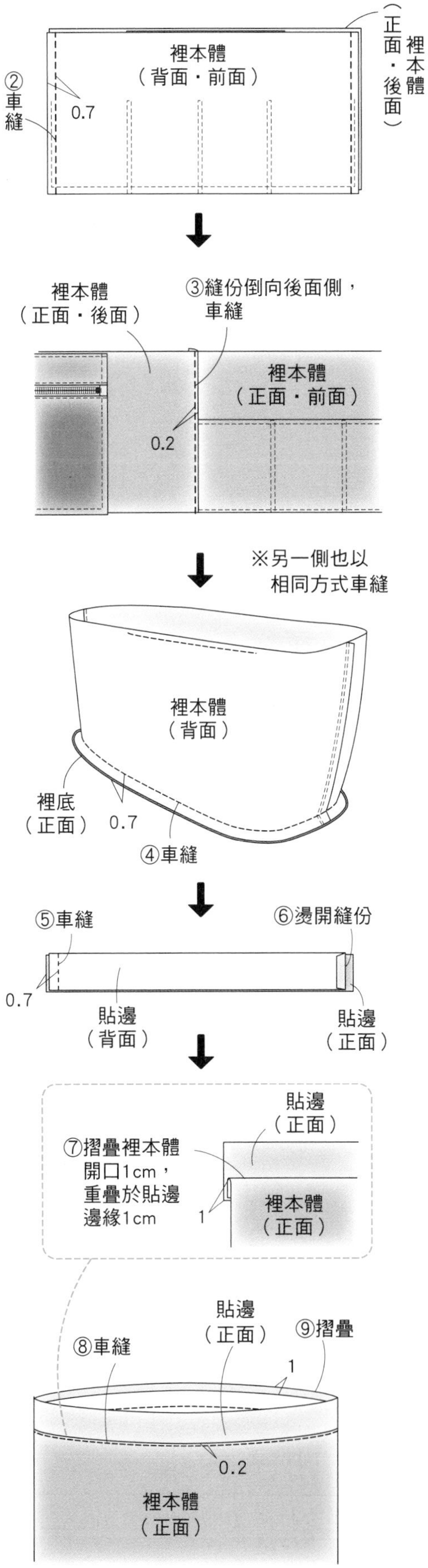

5.製作提把・把手

【把手】

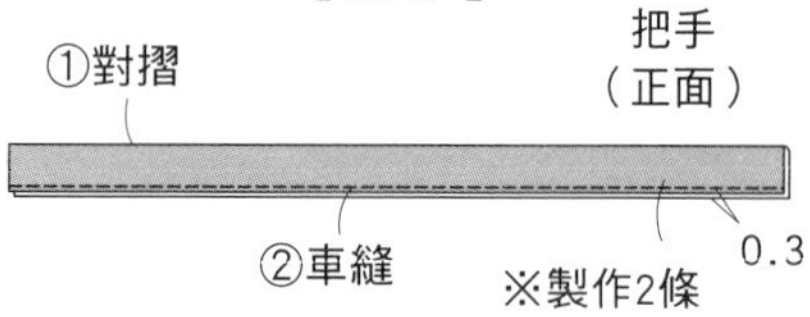

【提把】

atelier popo 流!!

提把的作法 內側織帶提把 參照 P.57

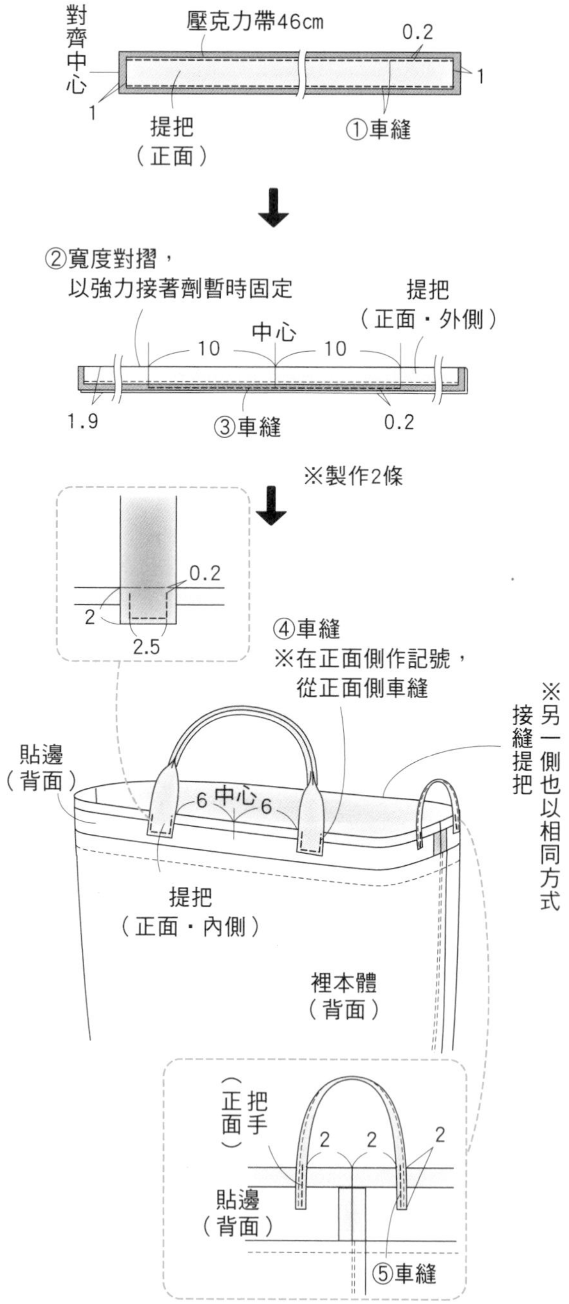

6.製作表本體

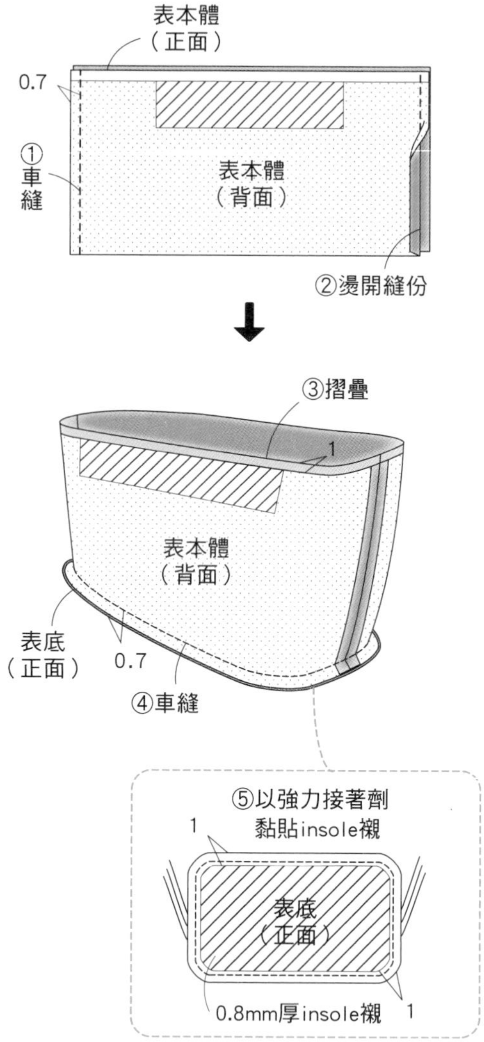

7. 套疊表本體與裡本體

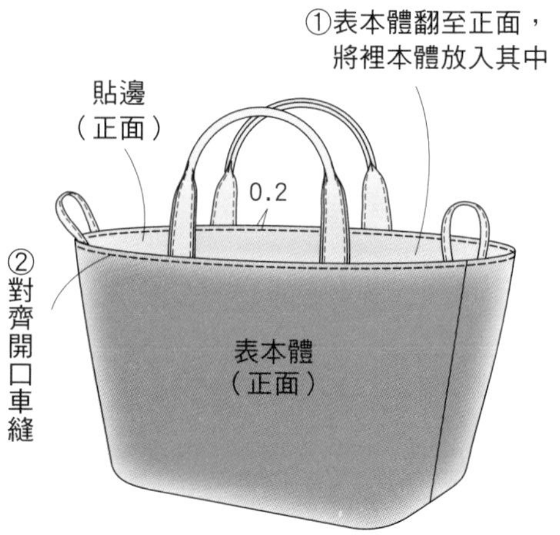

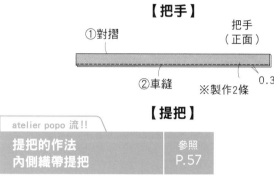

P.25 17 波士頓包

材料

表布（亞麻） 130cm×60cm
裡布（棉厚織79號） 110cm×100cm
皮布 40cm×10cm
自黏襯（或不織布接著襯） 100cm×70cm
0.3mm厚insole襯 60cm×5cm
0.8mm厚insole襯 40cm×20cm
人字織帶寬25mm 70cm
金屬拉鍊 18cm 1條
雙向金屬拉鍊 50cm 1條

完成尺寸

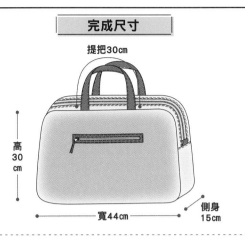

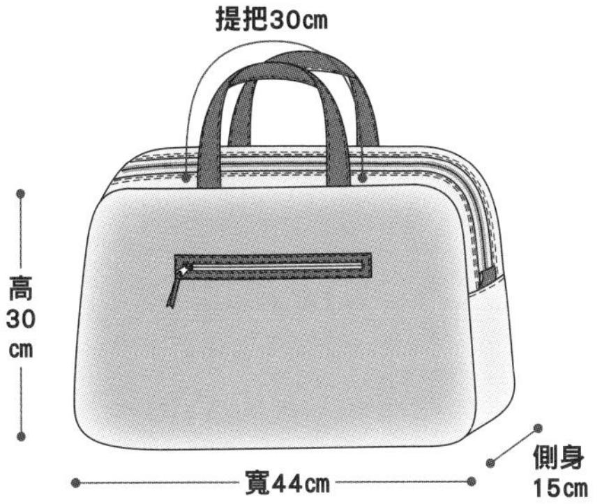

製圖與圓角的畫法

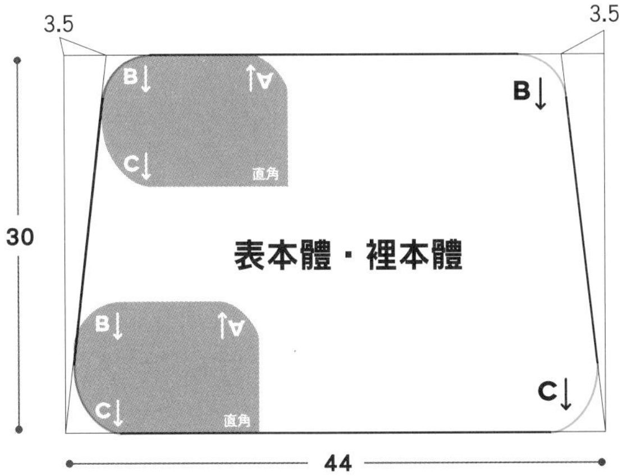

表本體・裡本體的上方圓角使用**「圓弧尺」B**，
底部圓角則使用**「圓弧尺」C**的角落描繪圓角弧度。
對向側的圓角則將「圓弧尺」翻轉描繪。
（請注意箭頭方向，避免上下相反）

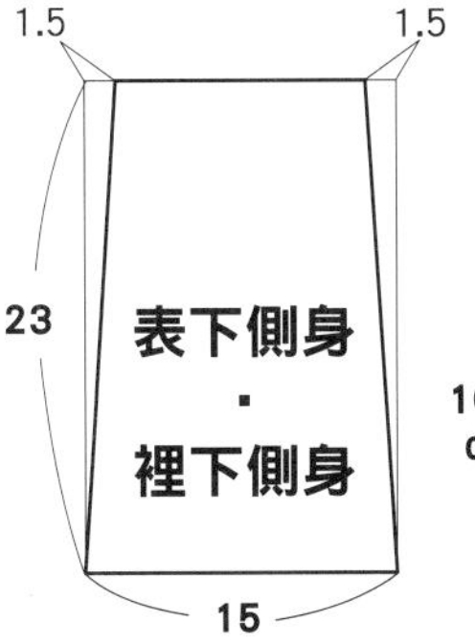

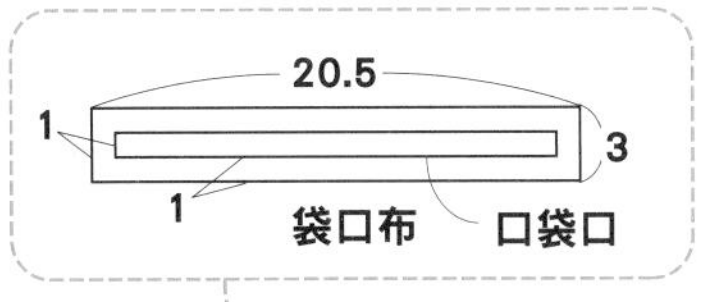

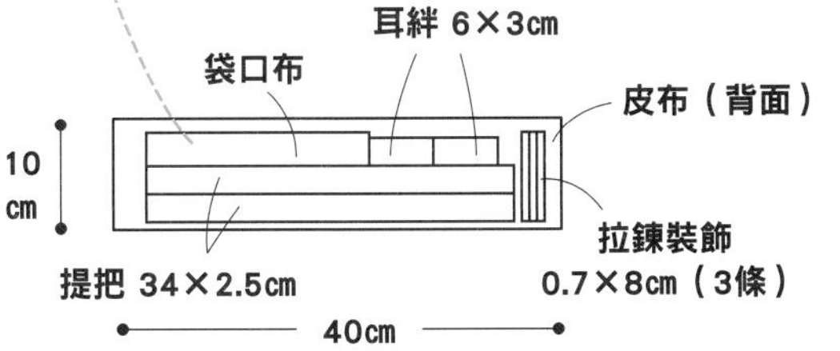

裁布圖

※紙型作法、裁布方式請參照P.34～P.36。
※ 文字所標記的裁片，使用附錄的「圓弧尺」。
※●內的數字為縫份寬。
若未標示，則不用加縫份直接裁剪。

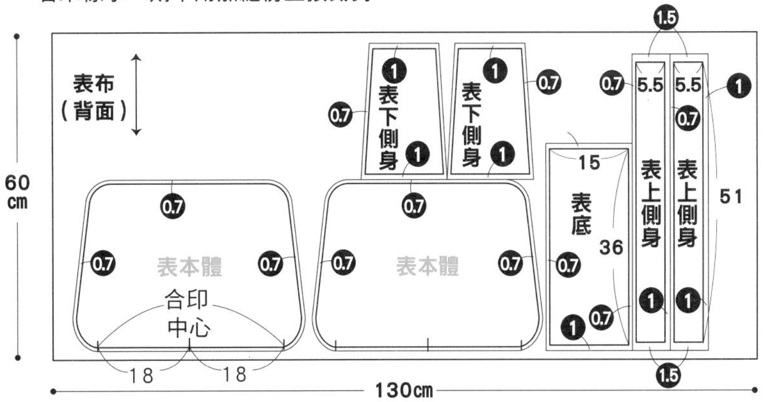

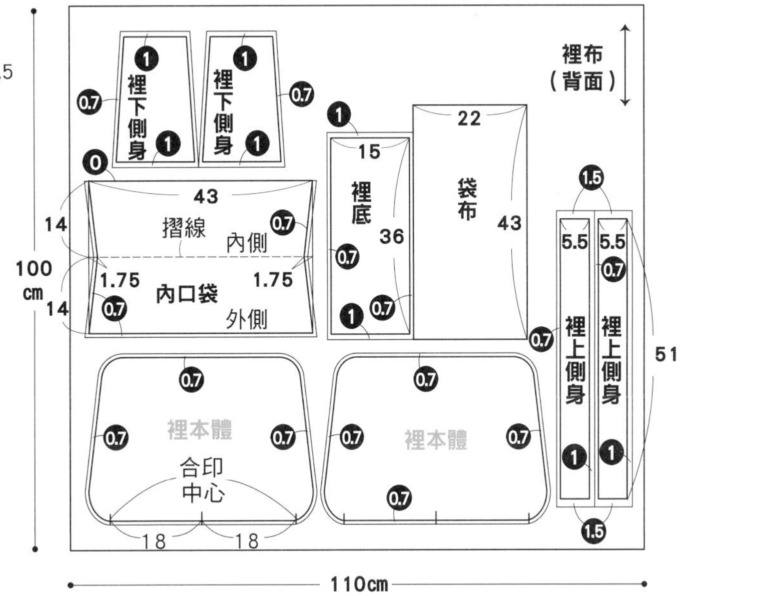

1.貼襯

atelier popo 流!!

襯的用法 參照 P.37～P.39

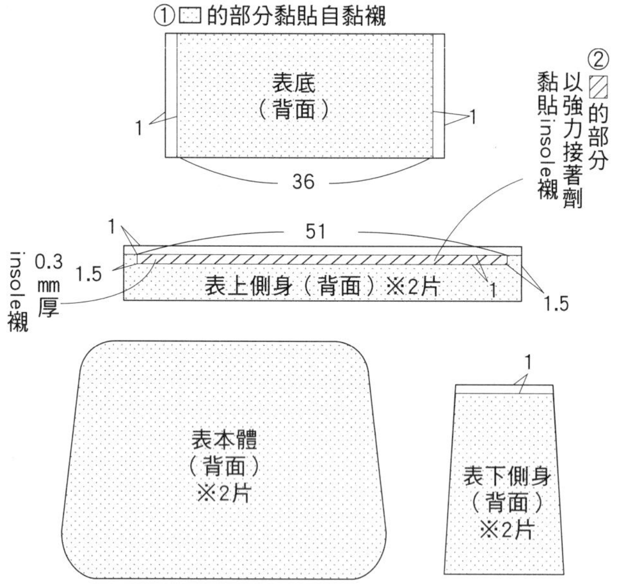

2.製作內口袋

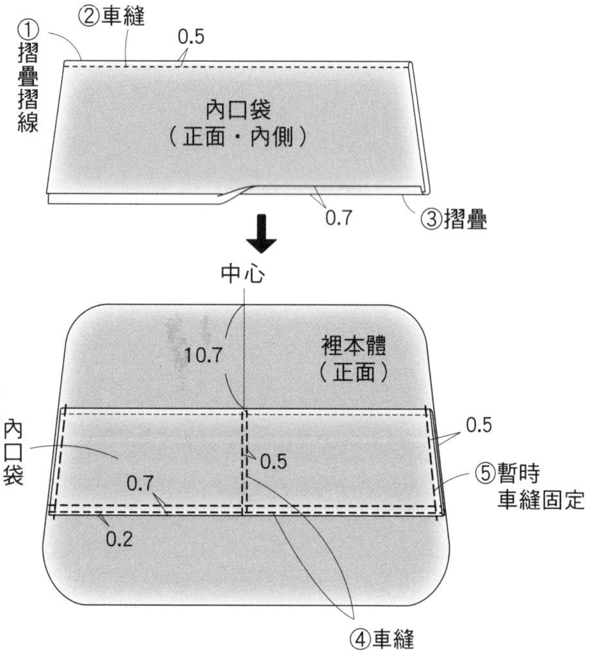

3.製作裡本體

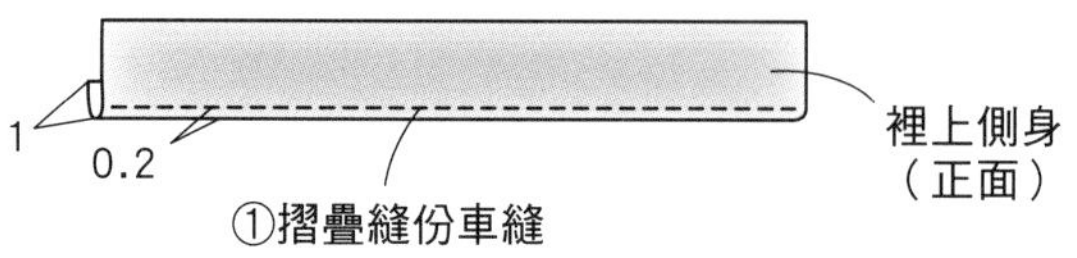

※另一片也以相同方式製作

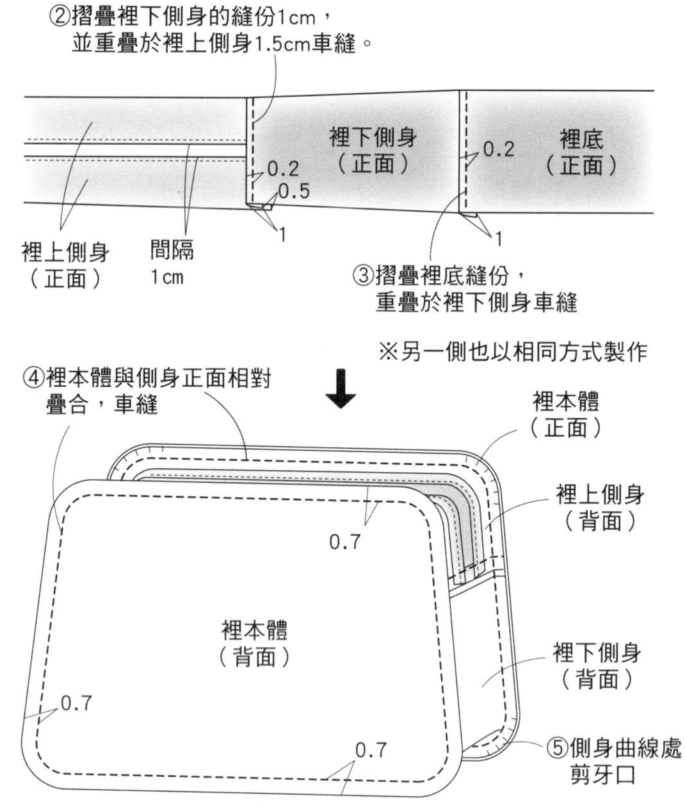

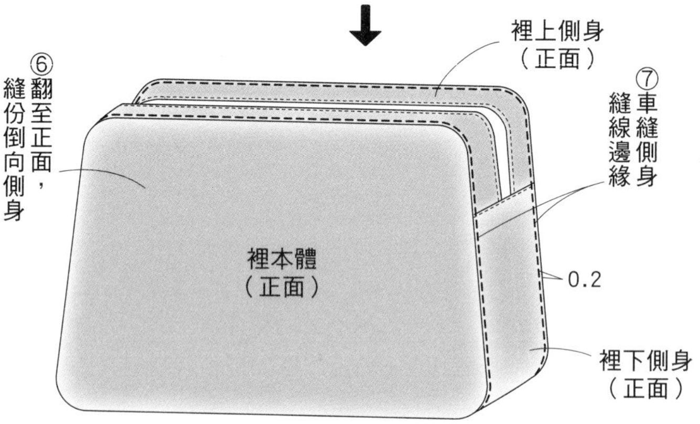

4.製作表本體

atelier popo 流!!

立式拉鍊口袋的作法 參照 P.56

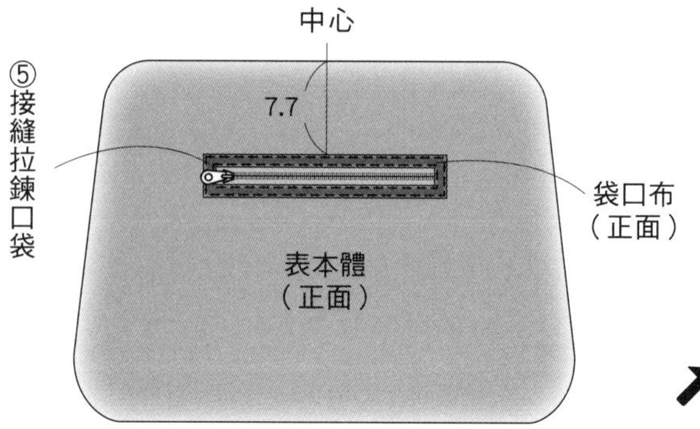

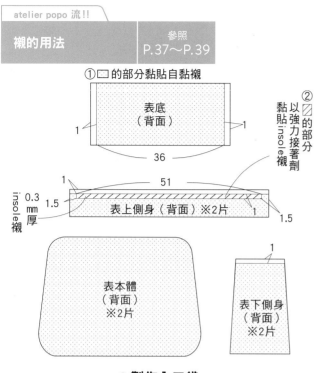

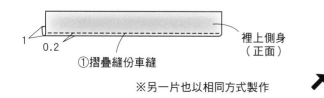

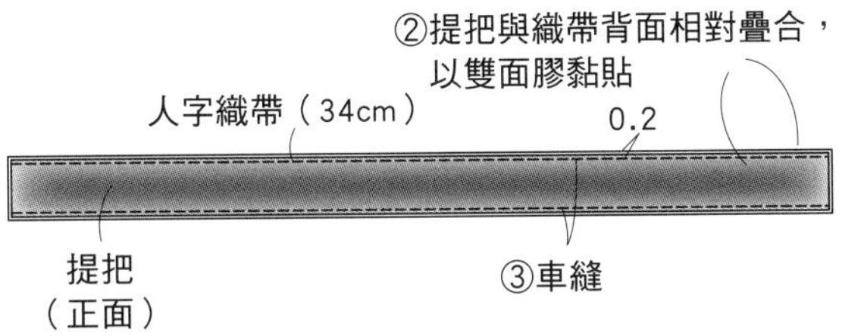

※製作2條

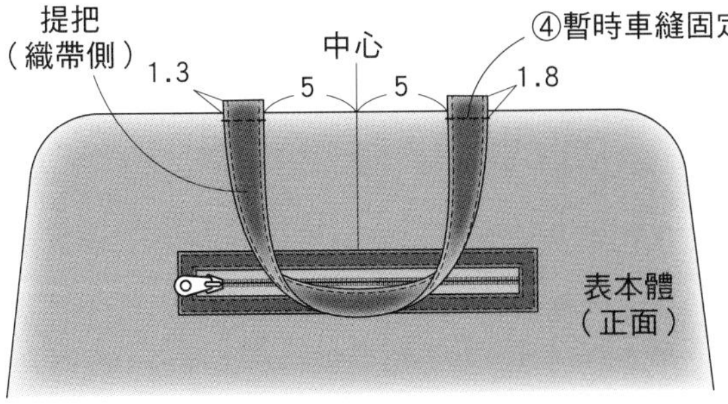

※另一條也以相同方式車縫

atelier popo 流!!

基礎的拉鍊接縫方法

參照 P.53

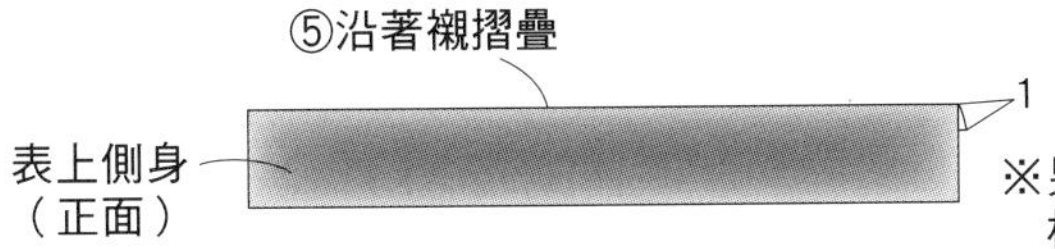

※另一片也以相同方式製作

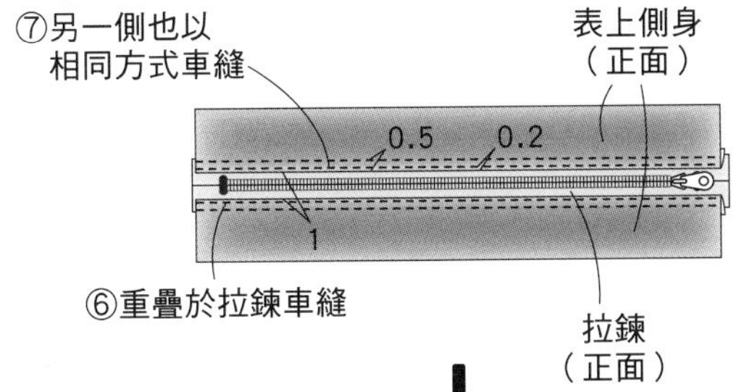

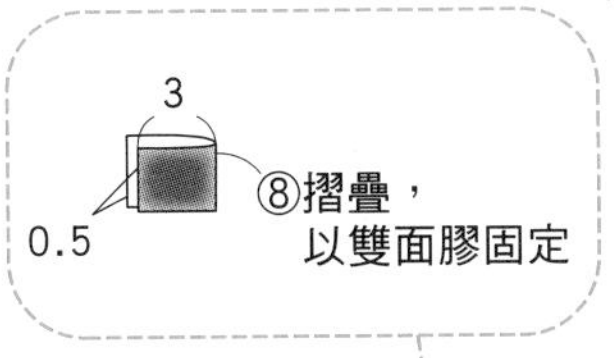

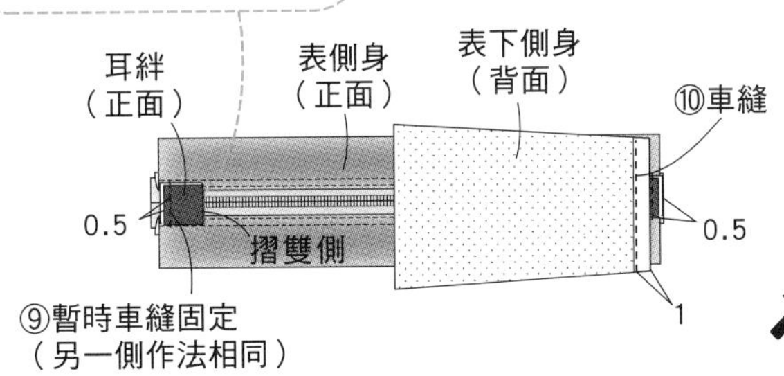

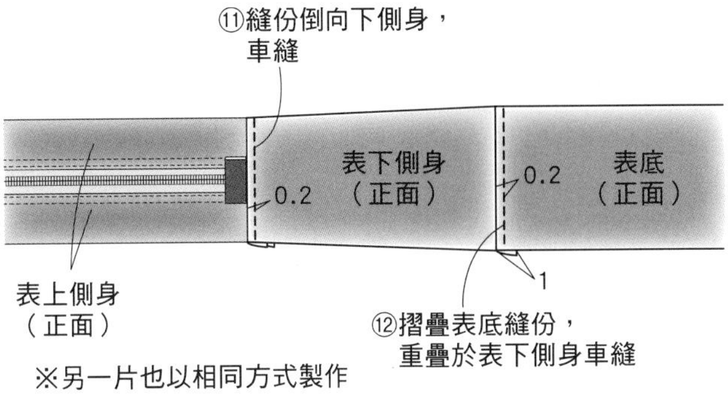

※另一片也以相同方式製作

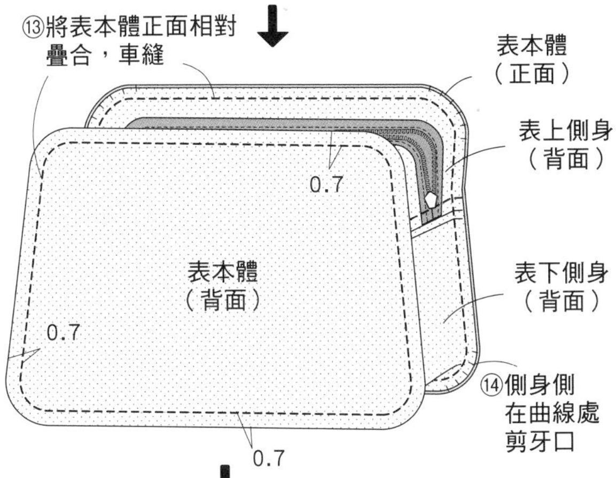

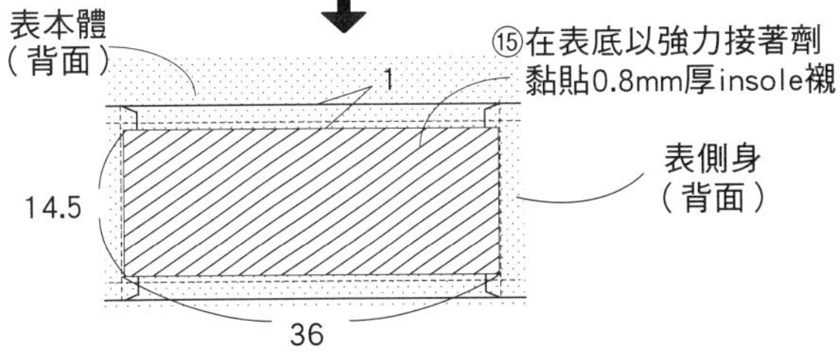

5. 套疊表本體與裡本體

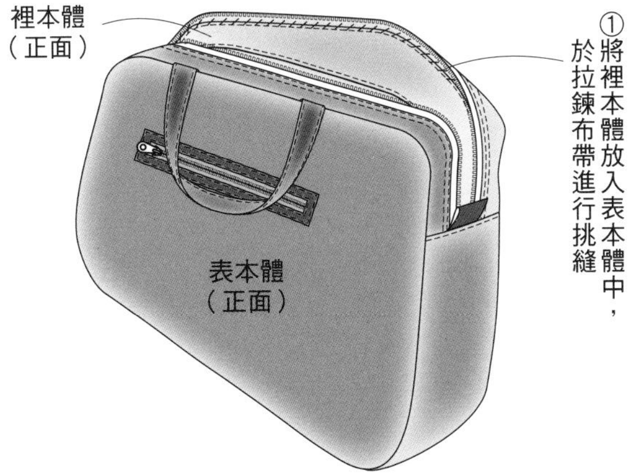

②裝上拉鍊裝飾
（側身拉鍊2處與口袋拉鍊1處）

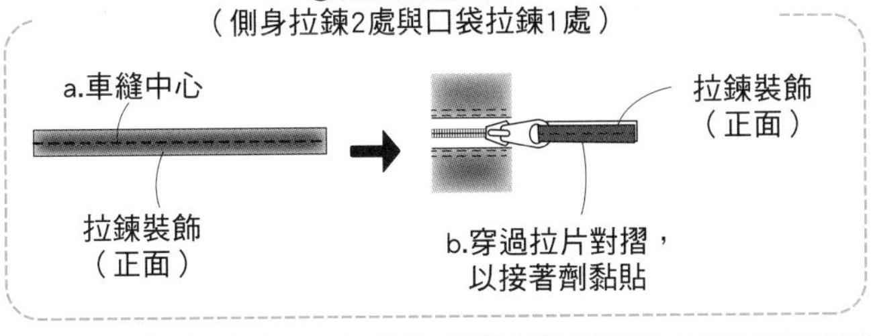

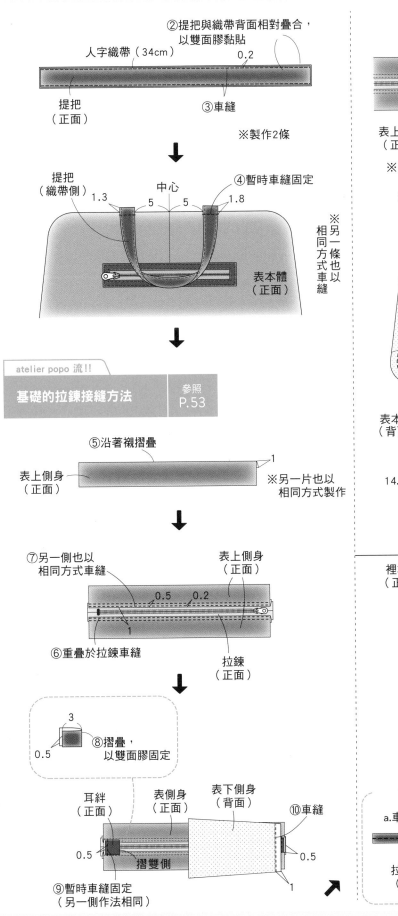

18 寬版波士頓包

材料

表布（亞麻） 70cm×40cm
裡布（棉厚織79號） 80cm×50cm
皮布 65cm×30cm
自黏襯 80cm×40cm
（或不織布接著襯 40cm×80cm**）**
0.3mm厚insole襯 45cm×15cm
0.8mm厚insole襯 30cm×15cm
雙向金屬拉鍊 40cm1條
鉚釘 直徑7mm 8組

完成尺寸

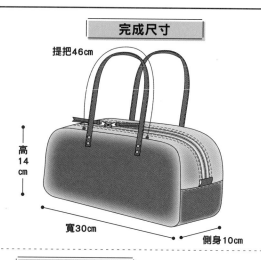

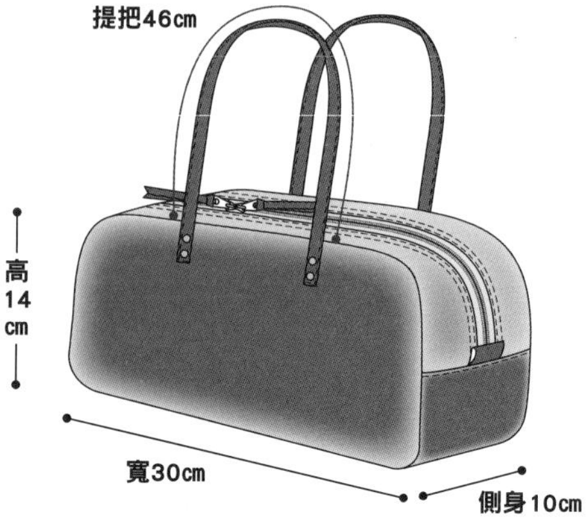

製圖與圓角的畫法

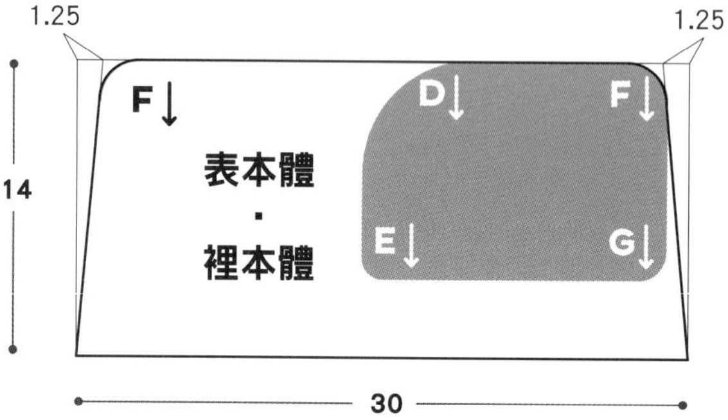

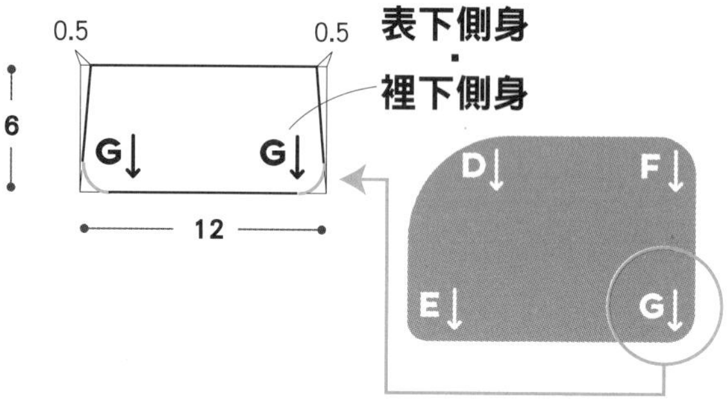

表本體・裡本體的上方圓角使用
「圓弧尺」F，下側身下方圓角使用
「圓弧尺」G的角落描繪圓角弧度。
對向側的圓角則將「圓弧尺」翻轉描繪。
（請注意箭頭方向，避免上下相反）

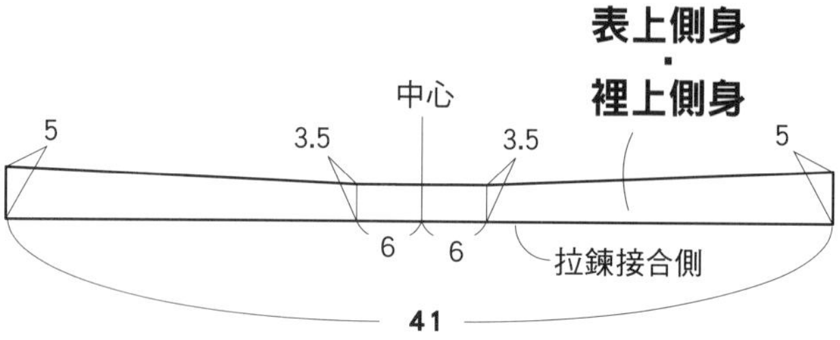

裁布圖

※紙型作法、裁布方式請參照P.34～P.36。
※▭文字所標記的裁片，使用附錄的「圓弧尺」。
※●內的數字為縫份寬。
若未標示，則不用加縫份直接裁剪。

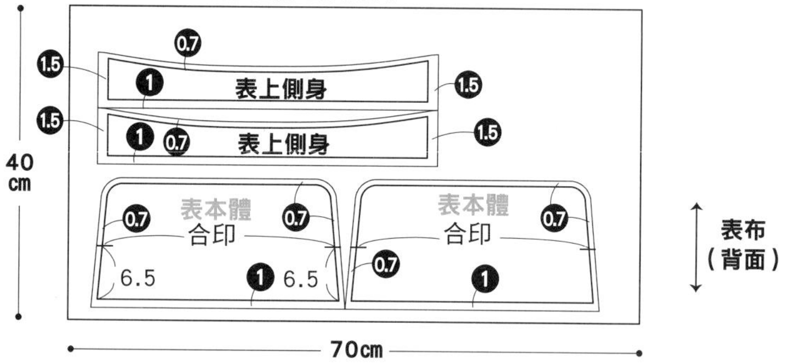

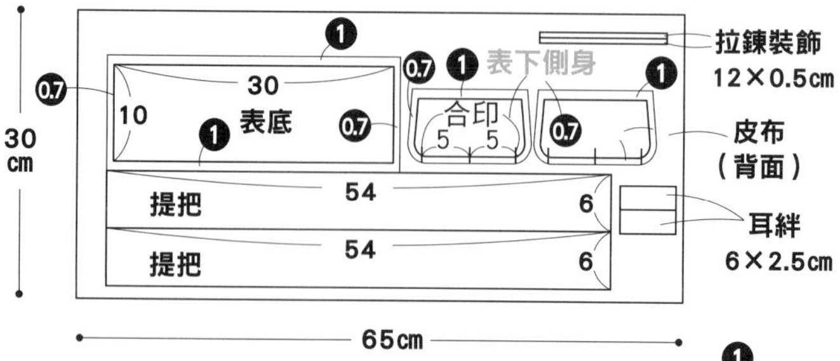

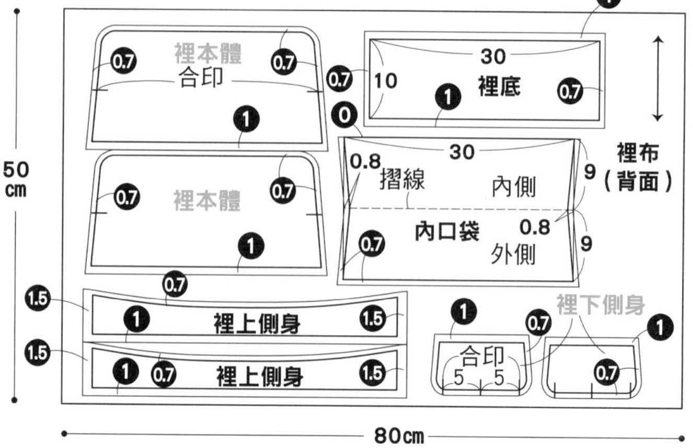

1.貼襯

atelier popo 流!!

襯的用法	參照 P.37～P.39

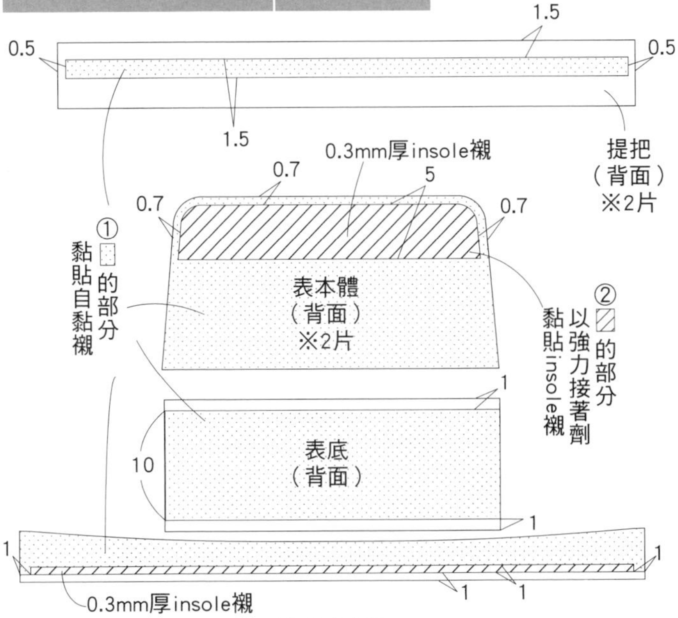

2.製作提把

atelier popo 流!!

提把的作法 四摺提把	參照 P.57

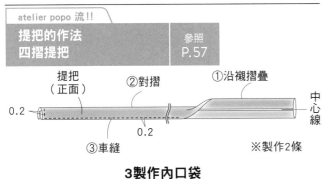

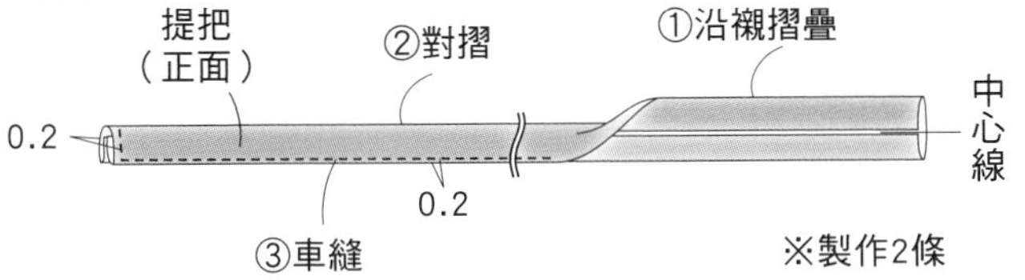

3製作內口袋

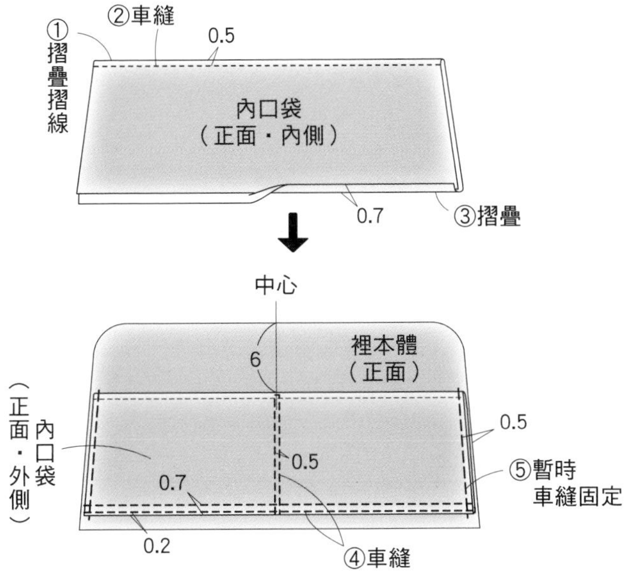

4.製作裡本體

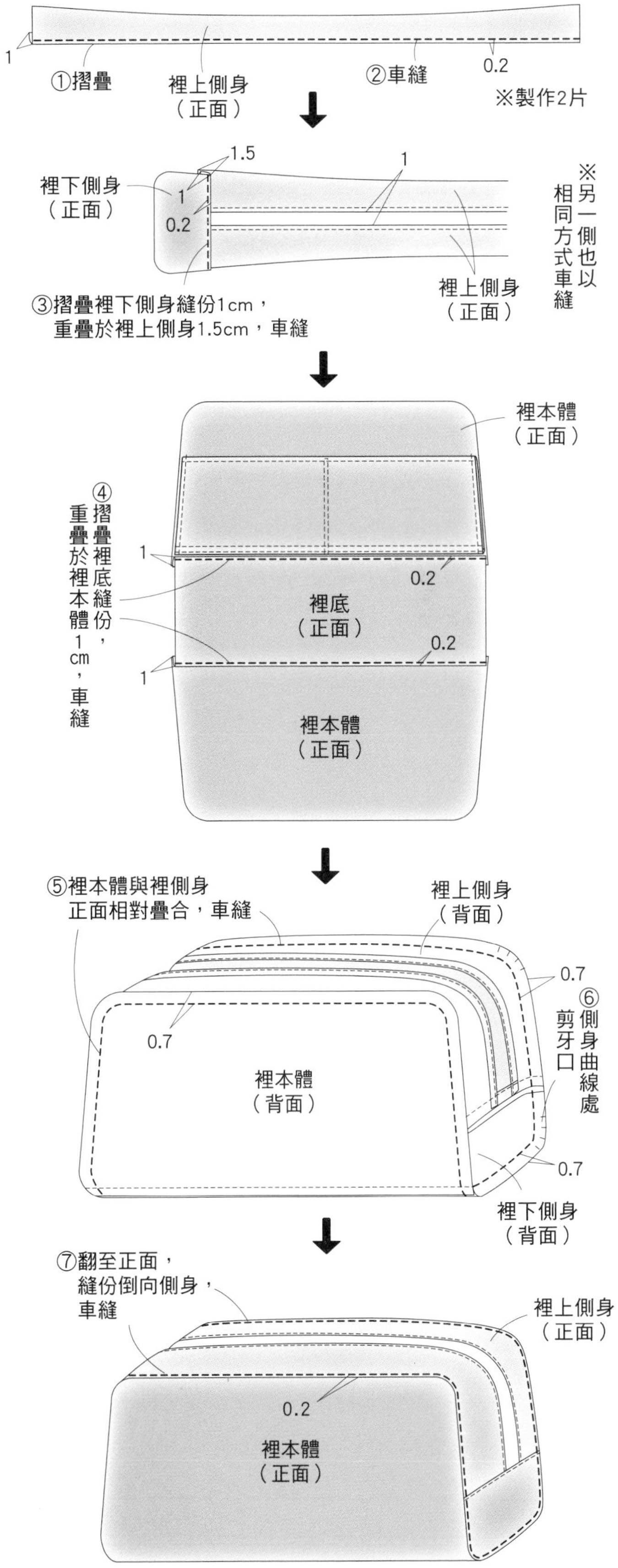

5.製作表本體

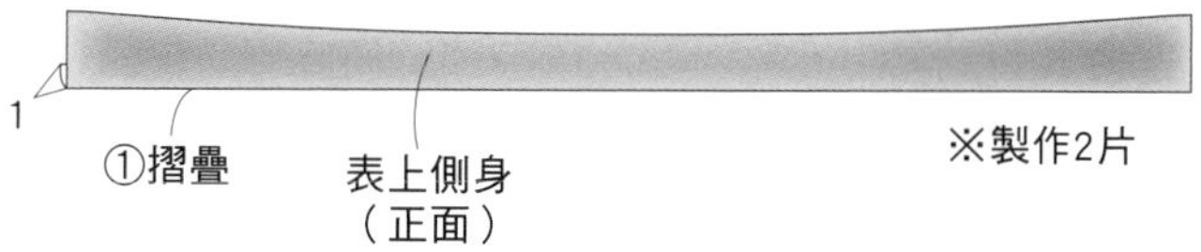

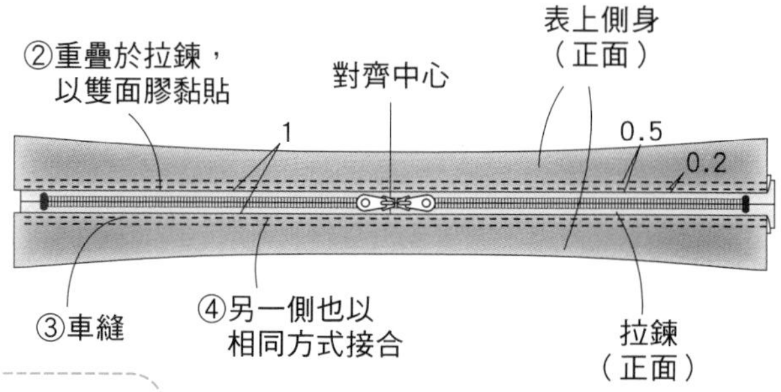

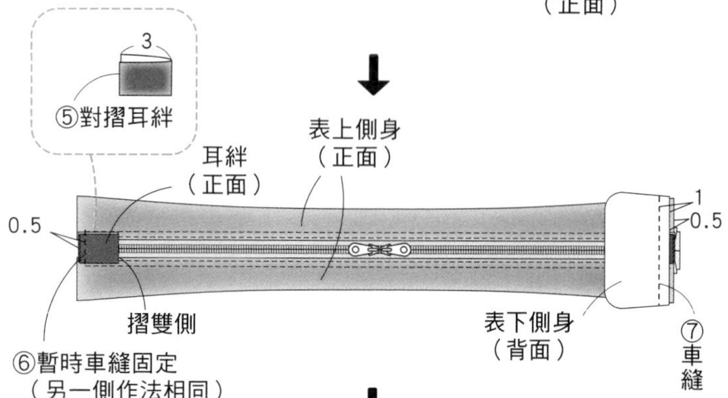

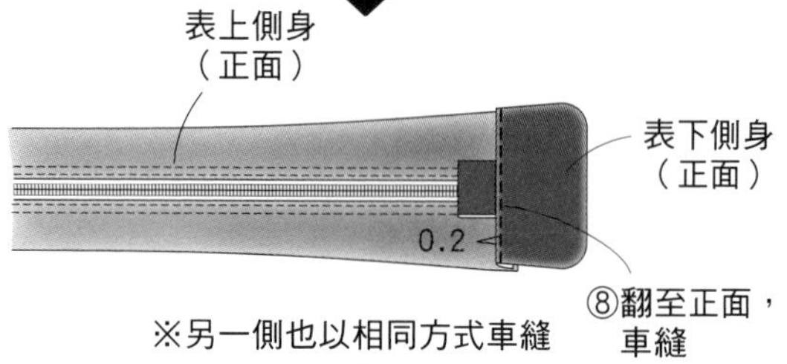

※另一側也以相同方式車縫

⑨參照P.101「**4.製作裡本體**」④，
車縫表本體與表底

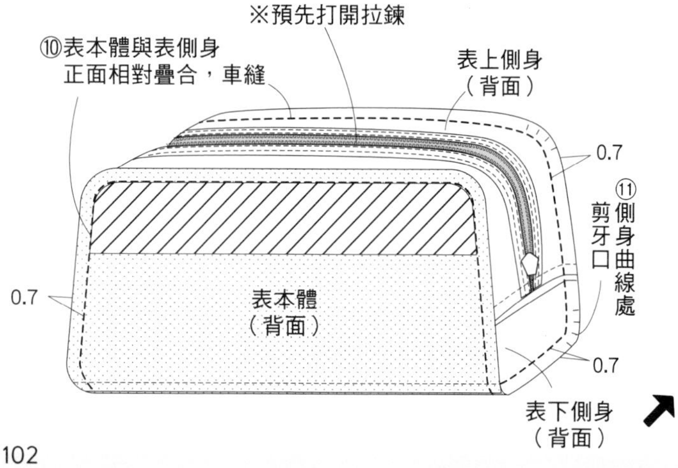

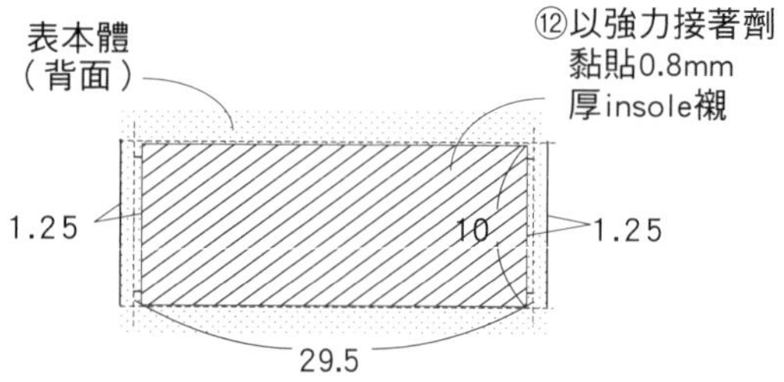

6.套疊表本體與裡本體

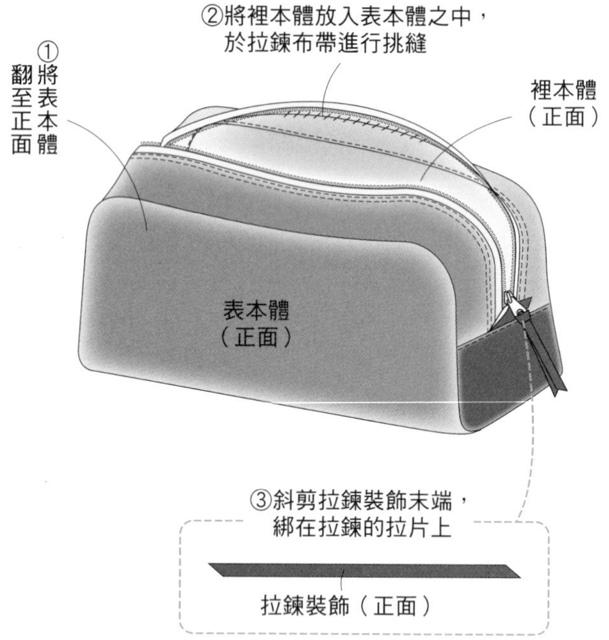

atelier popo 流!!

鉚釘的安裝方法

參照 P.50

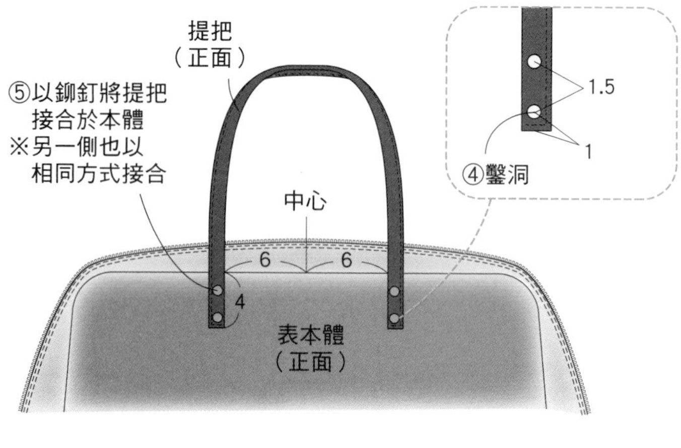

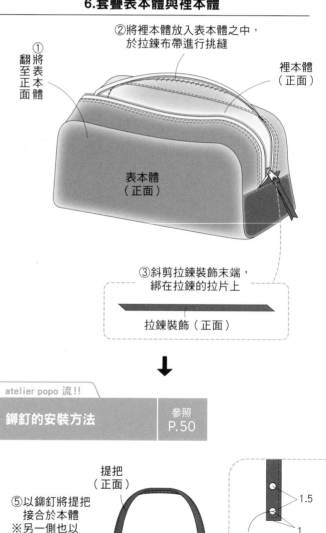

P.28 19

拉鍊寬版波特包

材料

表布（亞麻） 120cm×40cm

裡布（棉厚織79號） 80cm×70cm

皮布 30cm×15cm

自黏襯 100cm×35cm

（或不織布接著襯 35cm×100cm**）**

0.3mm厚insole襯 40cm×20cm

0.8mm厚insole襯 40cm×15cm

金屬拉鍊 40cm 1條

壓克力帶 寬38mm 80cm

完成尺寸

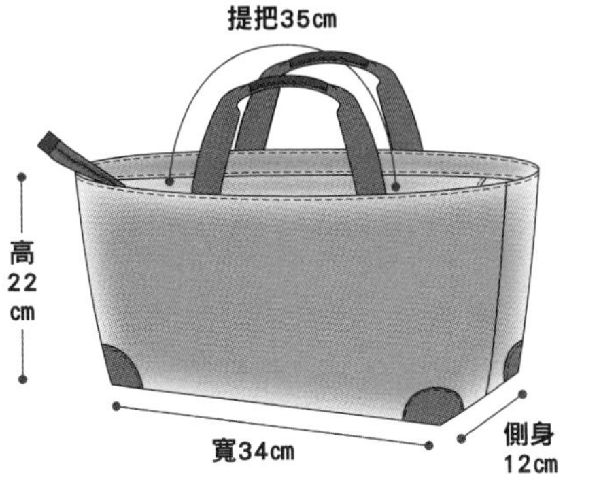

裁布圖

※紙型作法、裁布方式請參照P.35～P.36。
※❶內的數字為縫份寬。
若未標示，則不用加縫份直接裁剪。

※僅護角（P.113）
內口袋（P.115）有紙型

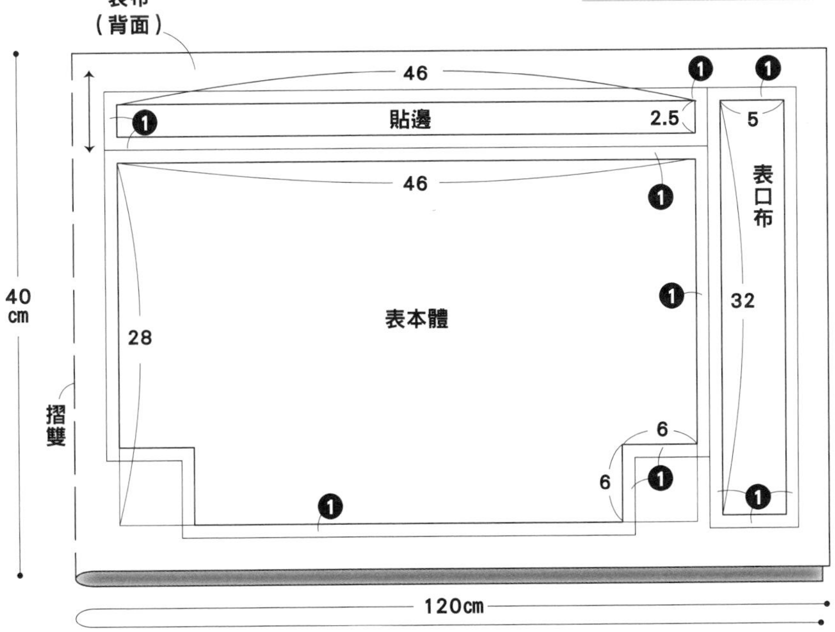

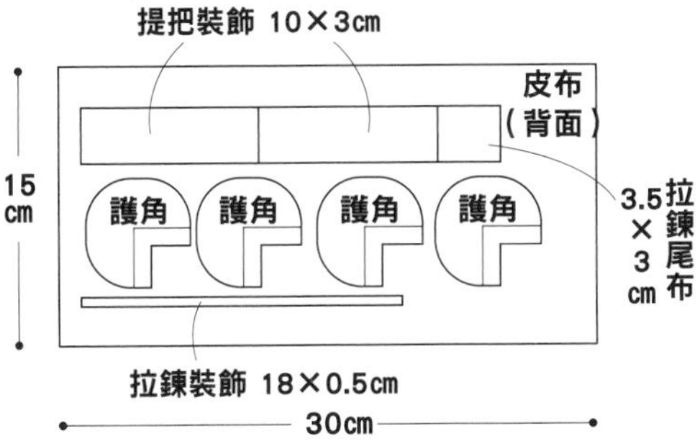

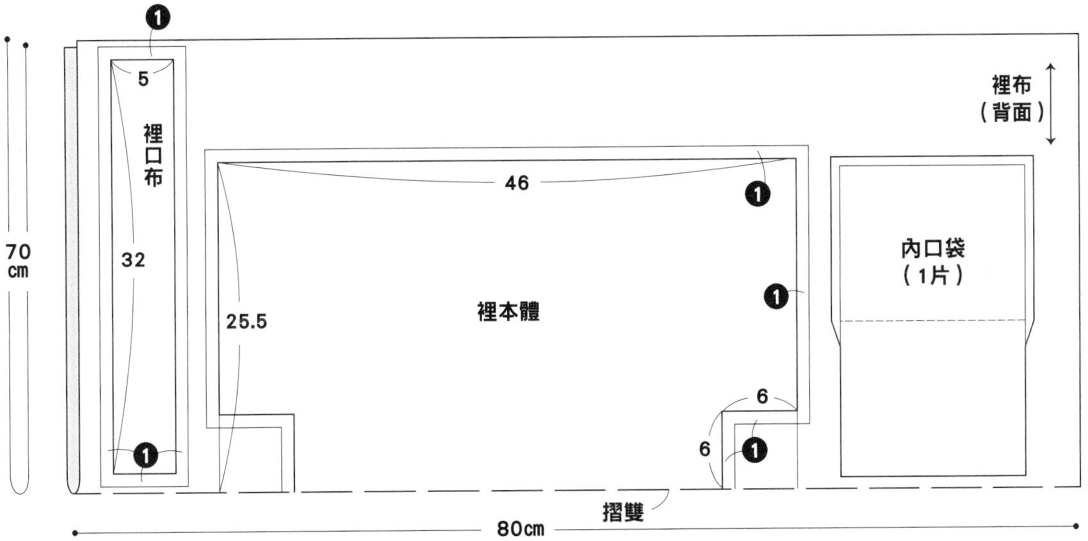

1.貼襯

atelier popo 流!!

襯的用法 參照 P.37～P.39

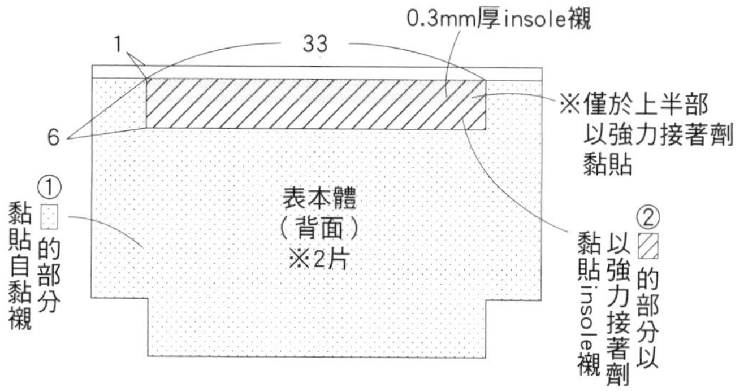

2.製作口布

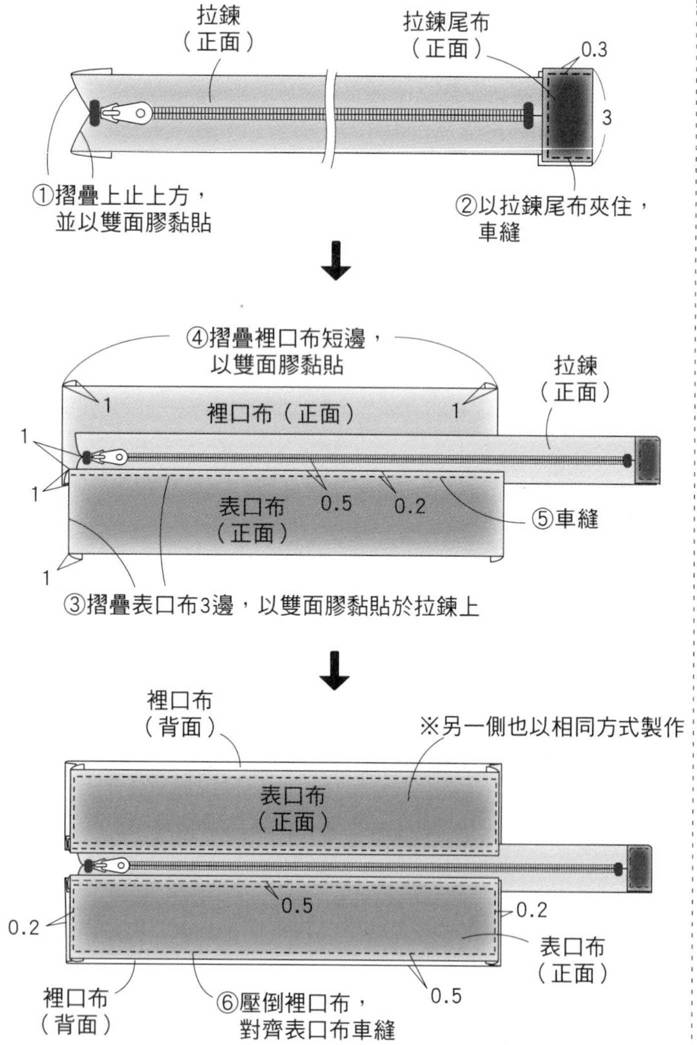

3.製作內口袋

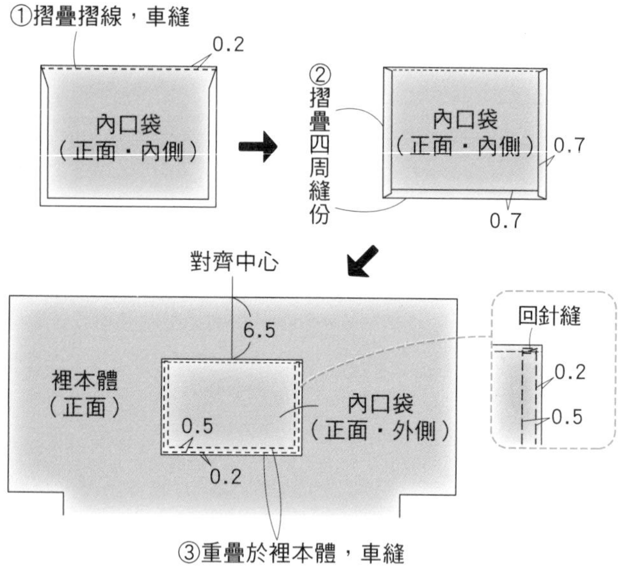

4.製作裡本體

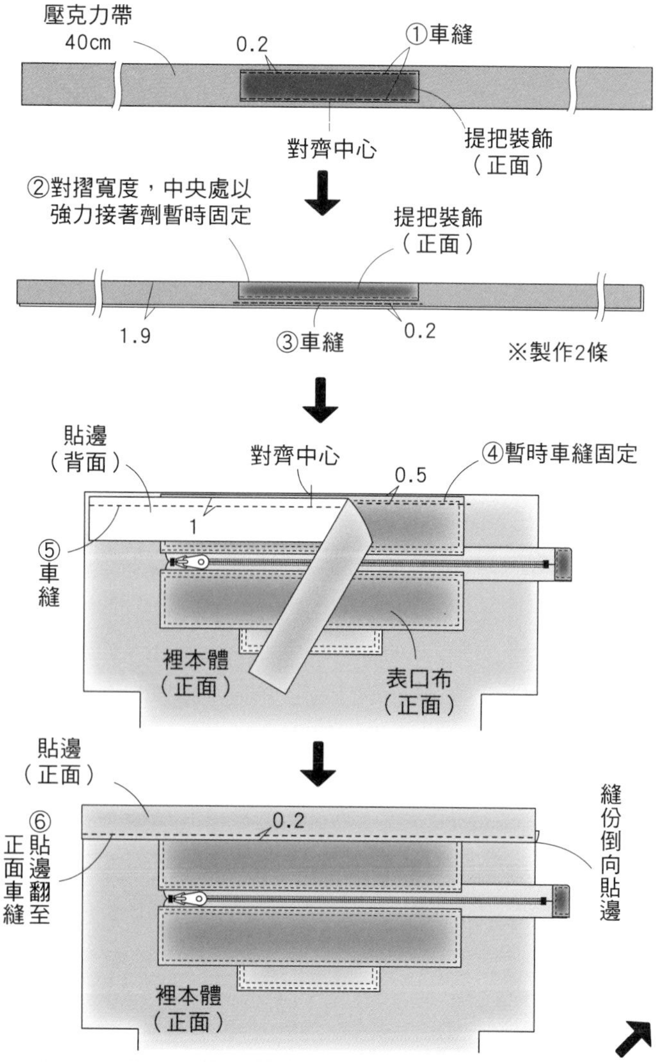

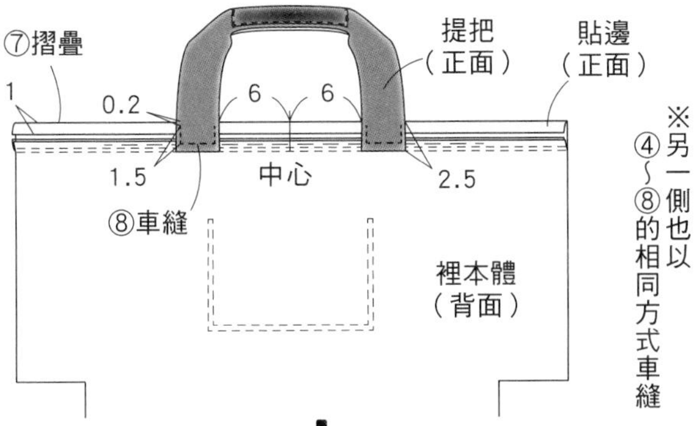

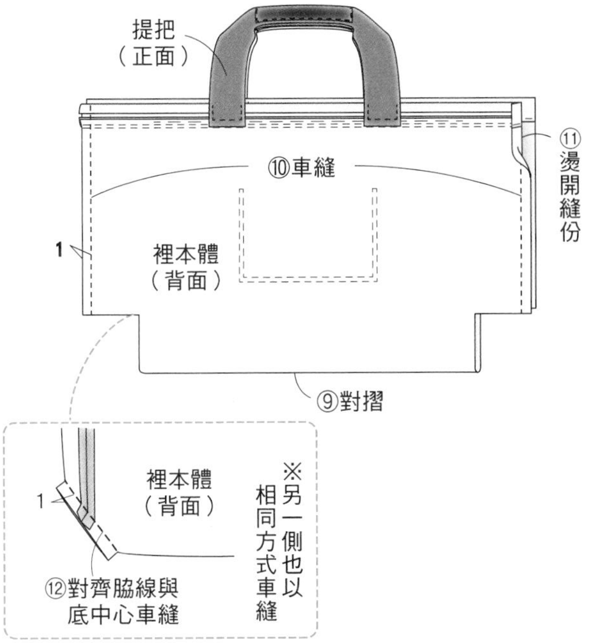

5.製作表本體

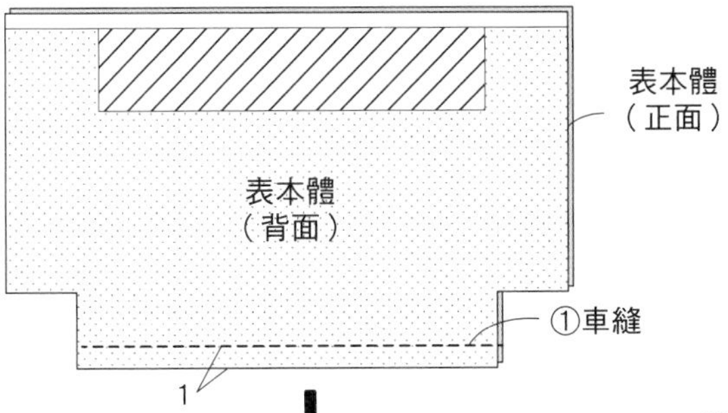

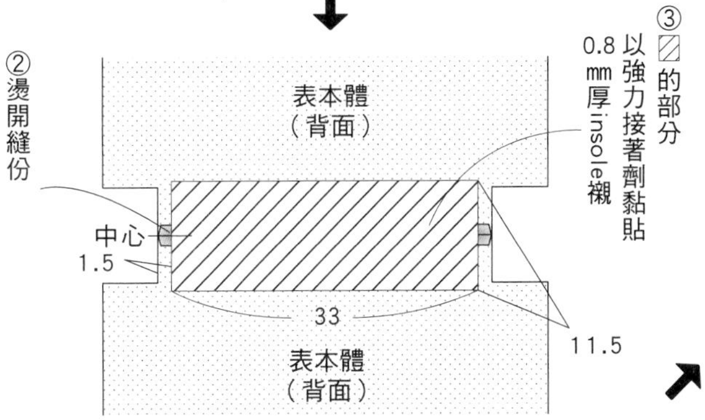

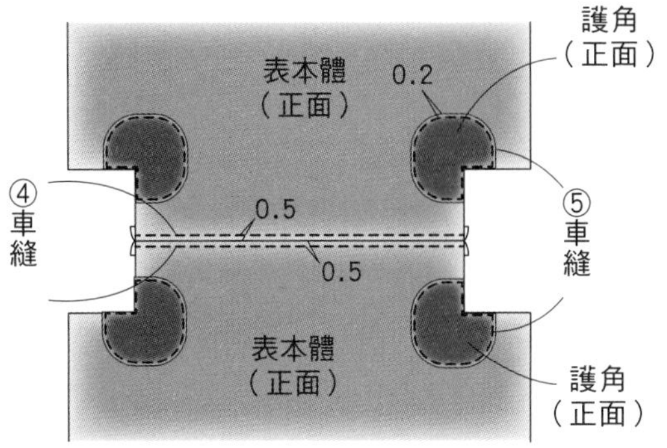

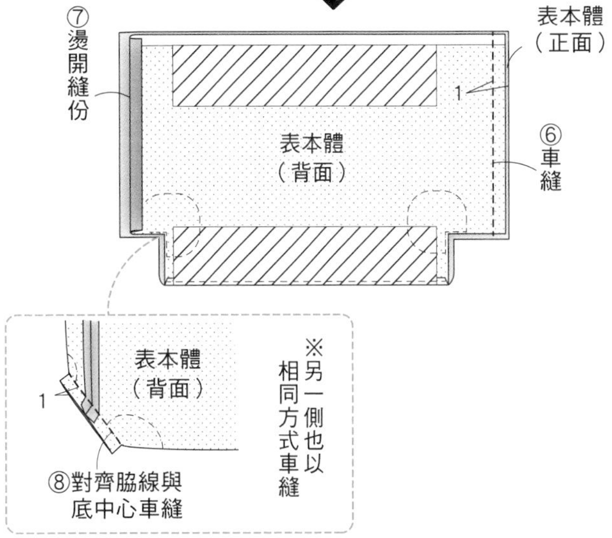

6.套疊表本體與裡本體

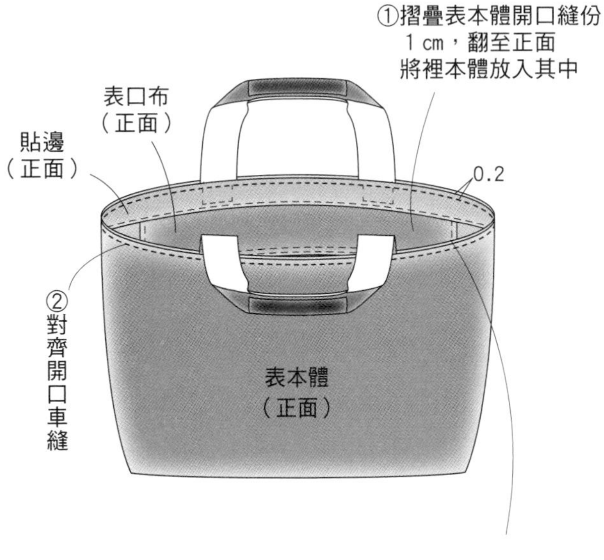

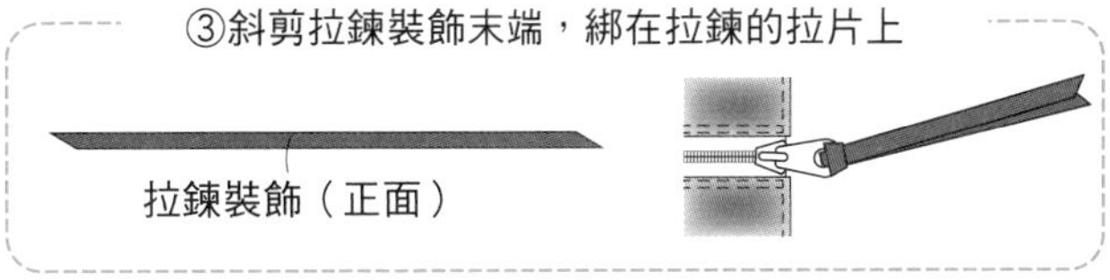

20 後背包

材料

表布（亞麻） 80cm×30cm
皮布 80cm×30cm
裡布（棉厚織79號） 100cm×50cm
自黏襯 80cm×40cm
（或不織布接著襯 40cm×80cm**）**
0.3mm厚insole襯 60cm×10cm
0.8mm厚insole襯 30cm×15cm
皮繩 粗5mm 400cm
雞眼釦 內徑8mm 8組
鉚釘 直徑8mm 1組

完成尺寸

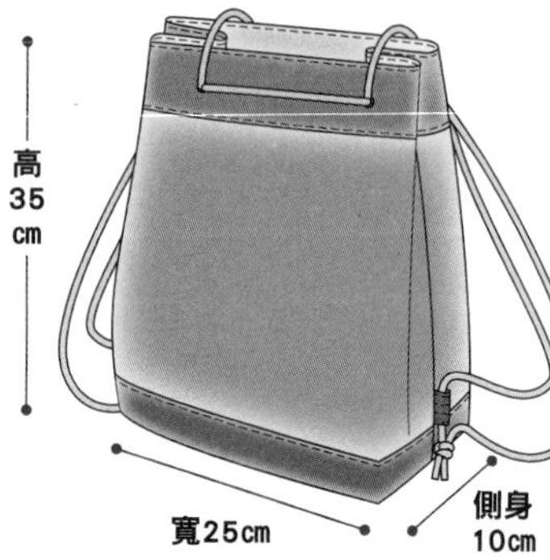

裁布圖

※紙型作法、裁布方式請參照P.35～P.36。
※●內的數字為縫份寬。若未標示，則不用加縫份直接裁剪。

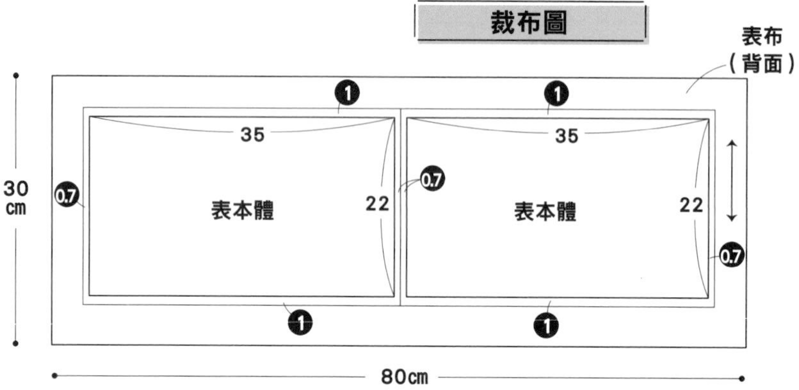

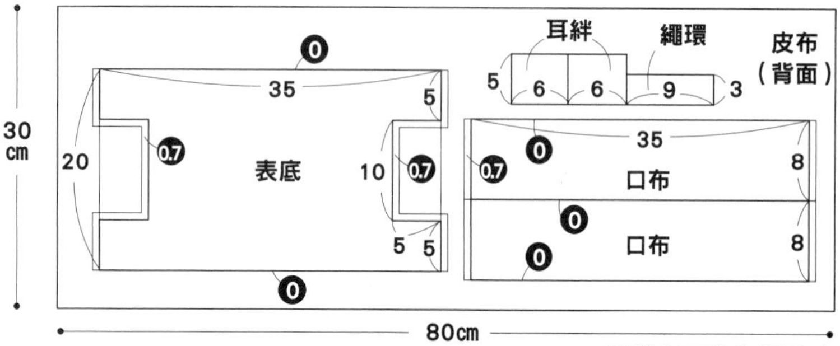

※僅內口袋有紙型（P.115）

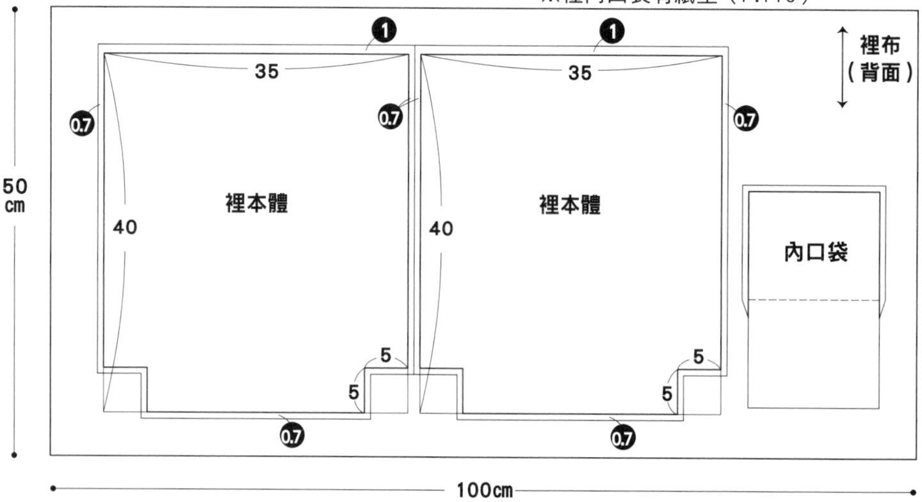

1.貼襯

atelier popo 流!!
襯的用法 參照P.37～P.39

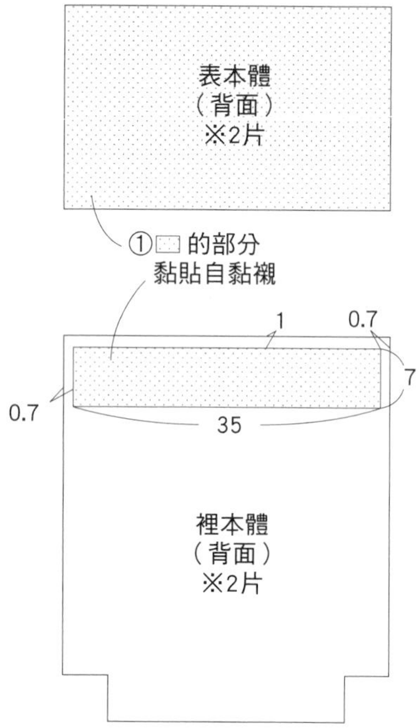

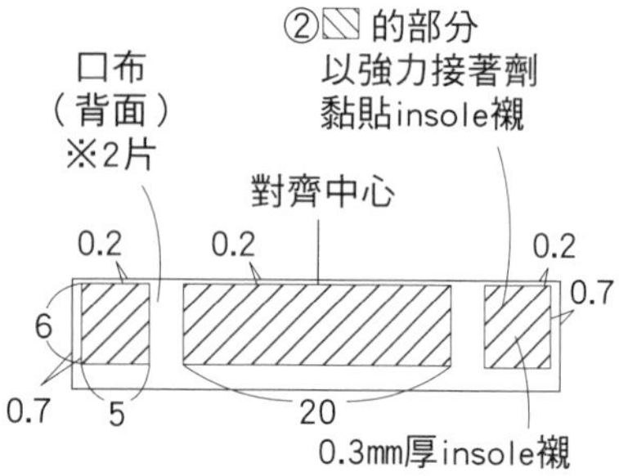

2.製作內口袋

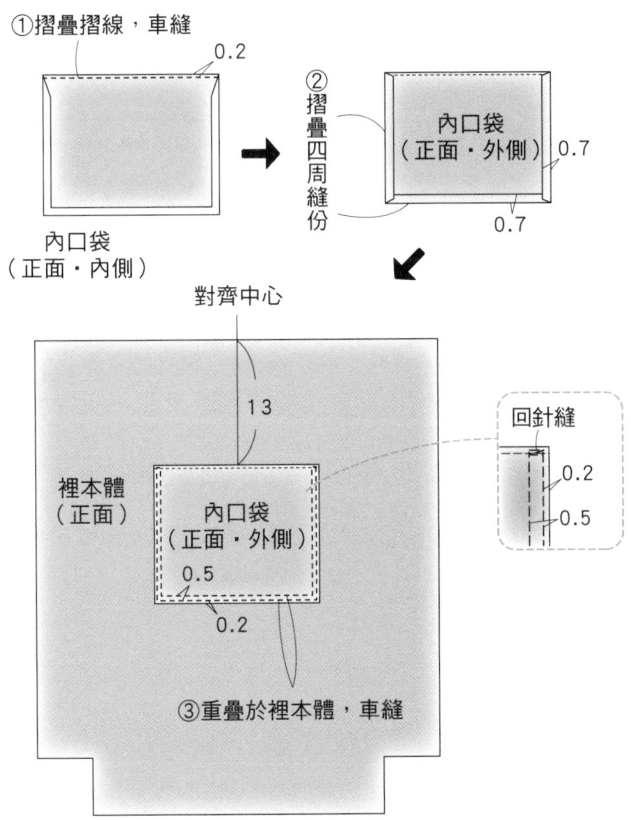

3.製作裡本體

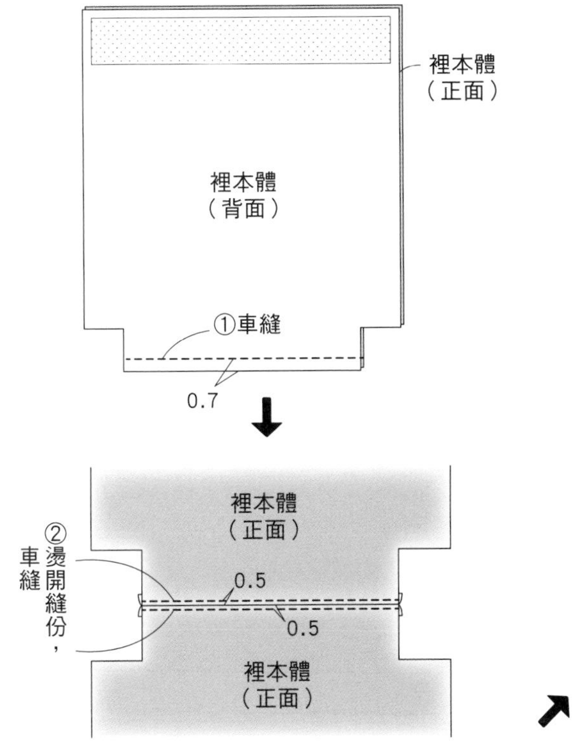

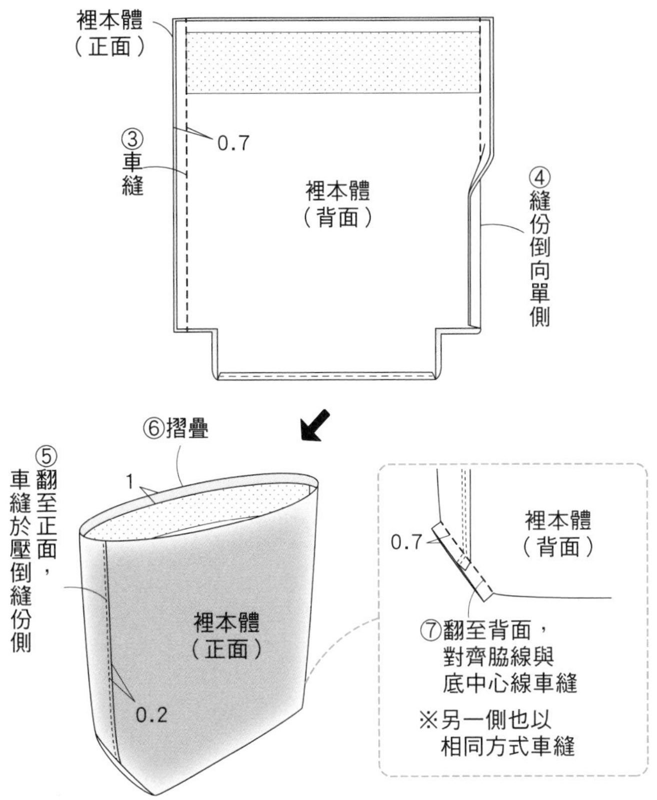

4.製作耳絆・繩環

【耳絆】

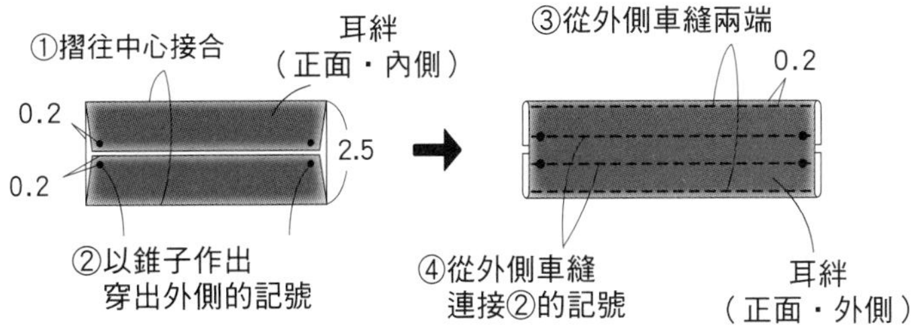

※製作2片

【繩環】

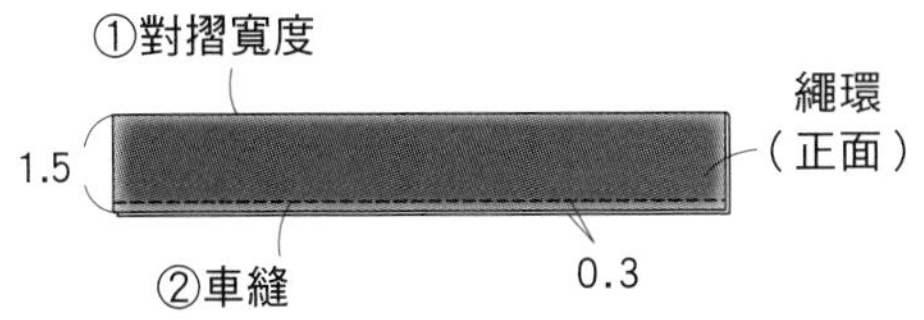

atelier popo 流!!

鉚釘的安裝方法

參照
P.50

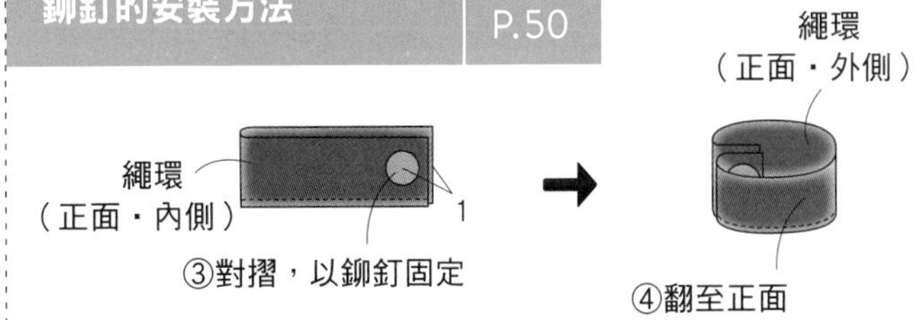

5.製作表本體

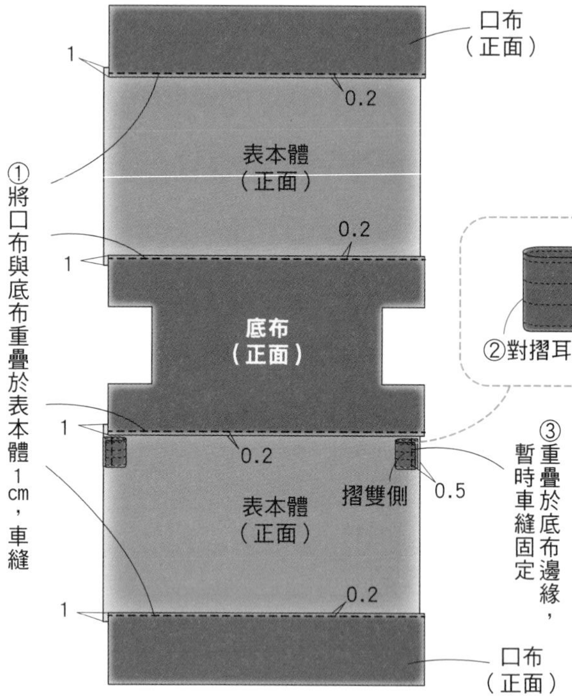

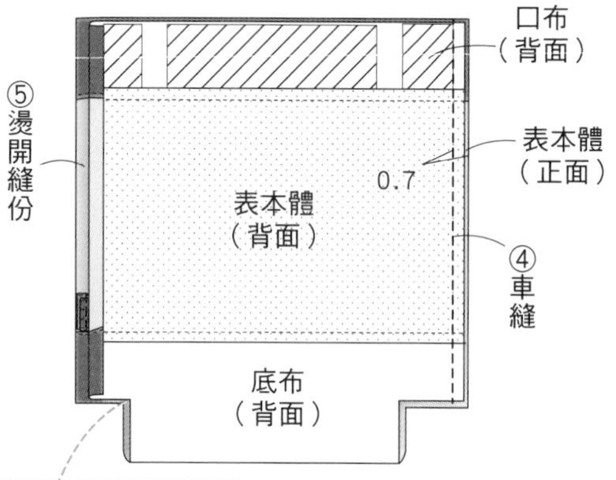

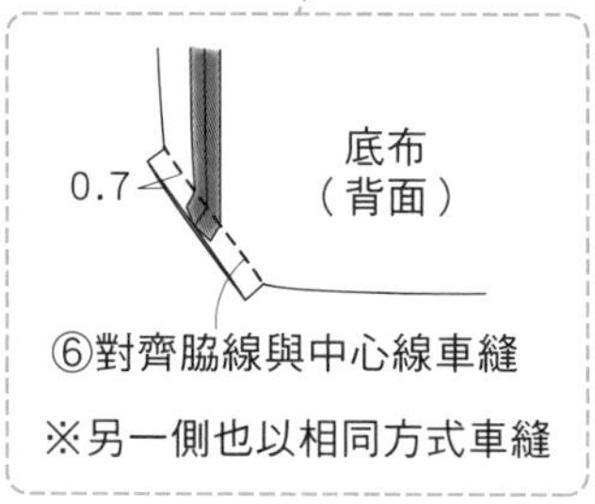

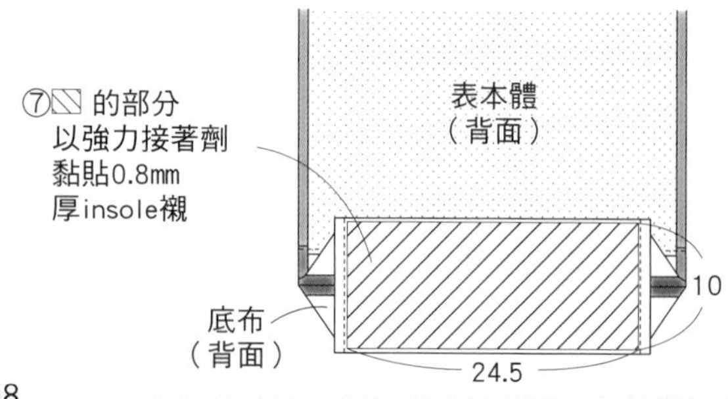

6. 套疊表本體與裡本體

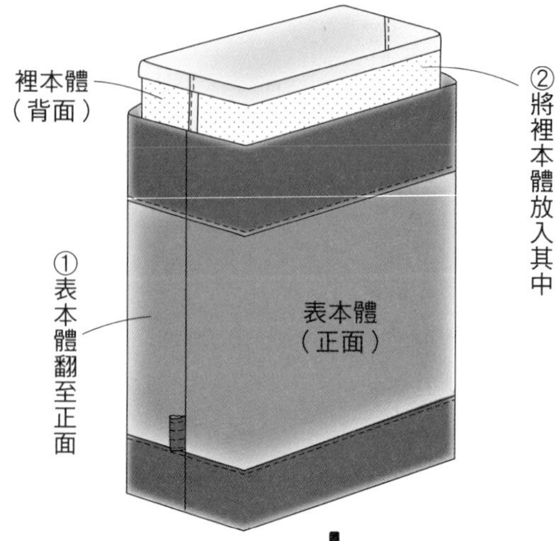

atelier popo 流!!

雞眼釦的安裝方法

參照
P.47

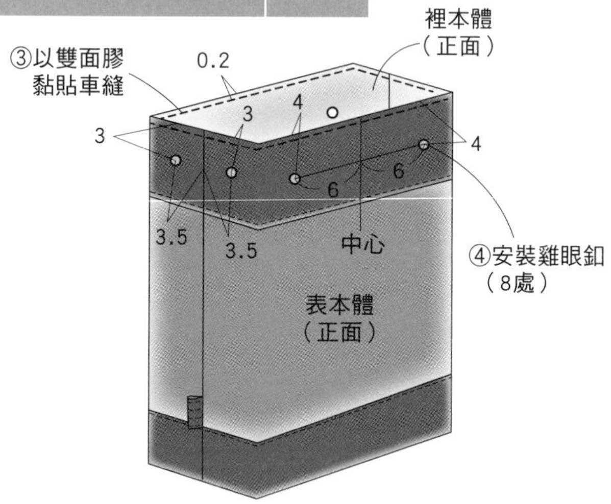

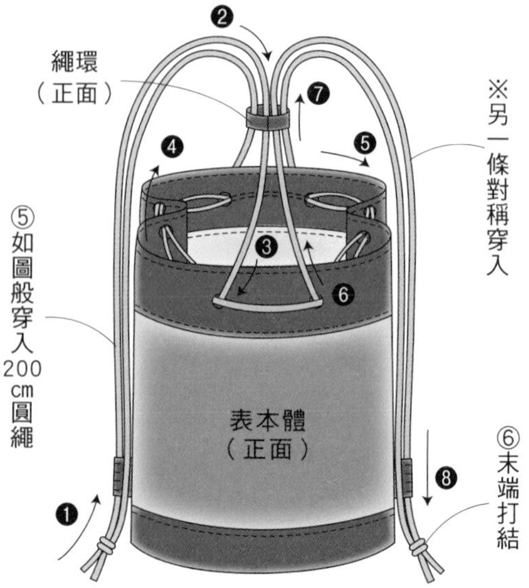

製包本事 05

手作包名師講堂Open！

簡約線條風格手作包

作　　者／冨山朋子
譯　　者／周欣芃
發 行 人／詹慶和
執行編輯／黃璟安
編　　輯／劉蕙寧・陳姿伶・詹凱雲
執行美編／韓欣恬
美術編輯／陳麗娜・周盈汝
出 版 者／雅書堂文化事業有限公司
發 行 者／雅書堂文化事業有限公司
郵政劃撥帳號／18225950
戶　　名／雅書堂文化事業有限公司
地　　址／新北市板橋區板新路206號3樓
網　　址／www.elegantbooks.com.tw
電子信箱／elegant.books@msa.hinet.net
電　　話／(02)8952-4078
傳　　真／(02)8952-4084

2024年04月初版一刷　定價480元

Lady Boutique Series No. 8322
TOTTEOKI NO NUNO DE TSUKURU SHITATE NO YOI BAG TO POUCH

Original Japanese edition published in Japan by BOUTIQUE-SHA.
Chinese (In complex character) translation rights arranged with BOUTIQUE-SHA through Keio Cultural Enterpriso Co., Ltd. New Taipei City, Taiwan

經銷／易可數位行銷股份有限公司
地址／新北市新店區寶橋路235巷6弄3號5樓
電話／(02)8911-0825
傳真／(02)8911-0801

國家圖書館出版品預行編目資料

手作包名師講堂Open！簡約線條風格手作包 ／
冨山朋子著. ; 周欣芃譯.
-- 初版. -- 新北市 : 雅書堂文化事業有限公司,
2024.04
面 ;　公分. -- (製包本事 ; 5)
ISBN 978-986-302-710-2(平裝)

1.CST: 手提袋 2.CST: 手工藝

426.7　　113003471

SHOP LIST

INAZUMA（植村株式会社）
TEL：075-415-1001
https://www.inazuma.biz/

COLONIAL CHECK
東京都港区白金台5-3-6　1F
TEL：03-3449-4568
https://www.colonialcheck.com/

日本バイリーン株式会社
http://www.vilene.co.jp/

富士金梅®（川島商事株式会社）
https://e-ktc.co.jp/textile/

STAFF

書籍設計　みうらしゅう子
攝影　回里純子
步驟攝影　腰塚良彦・藤田律子
造型　西森 萌
妝髮　タニジュンコ
模特兒　島野ソラ
編輯　根本さやか
渡辺千帆里
川島順子
濱口亜沙子
圖說　並木 愛
編集協力　浅沼かおり
校對　澤井清絵

本書特別附綠

隨剪隨用的

原寸紙型

※本紙型已含縫份。請剪下外側粗線使用。

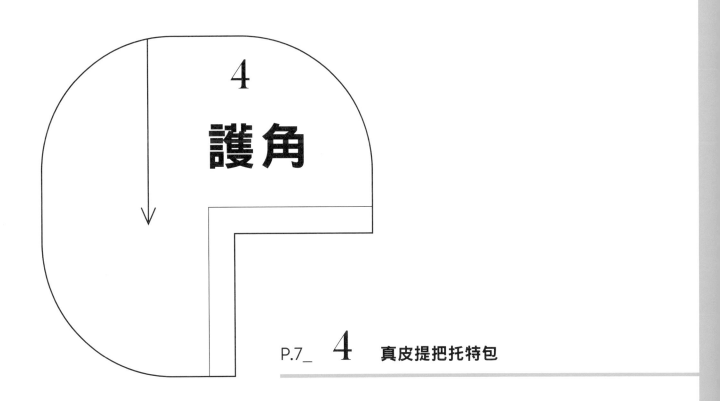

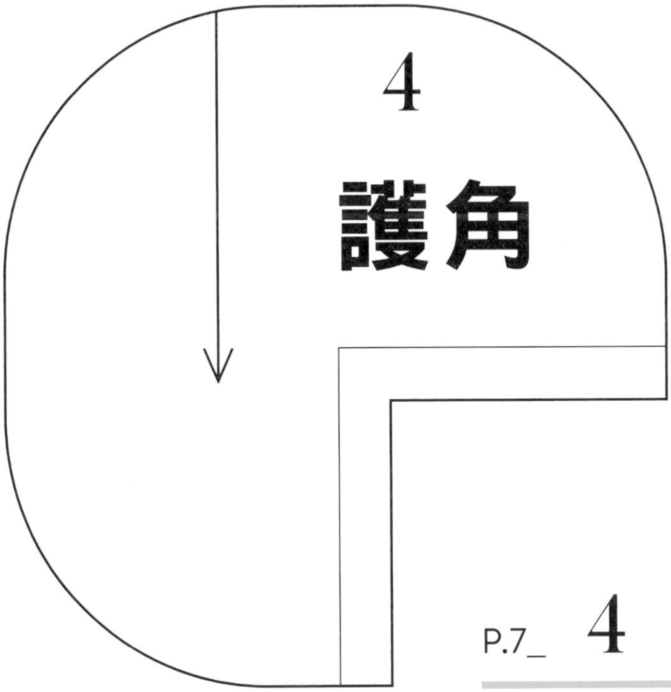

P.7_ 4 **真皮提把托特包**

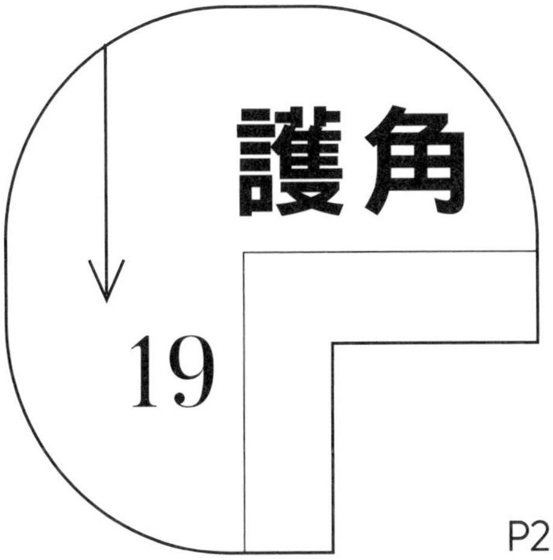

P28_ 19 **拉鍊寬版托特包**

※本紙型已含縫份。請剪下外側粗線使用。

隨剪隨用的

原寸紙型

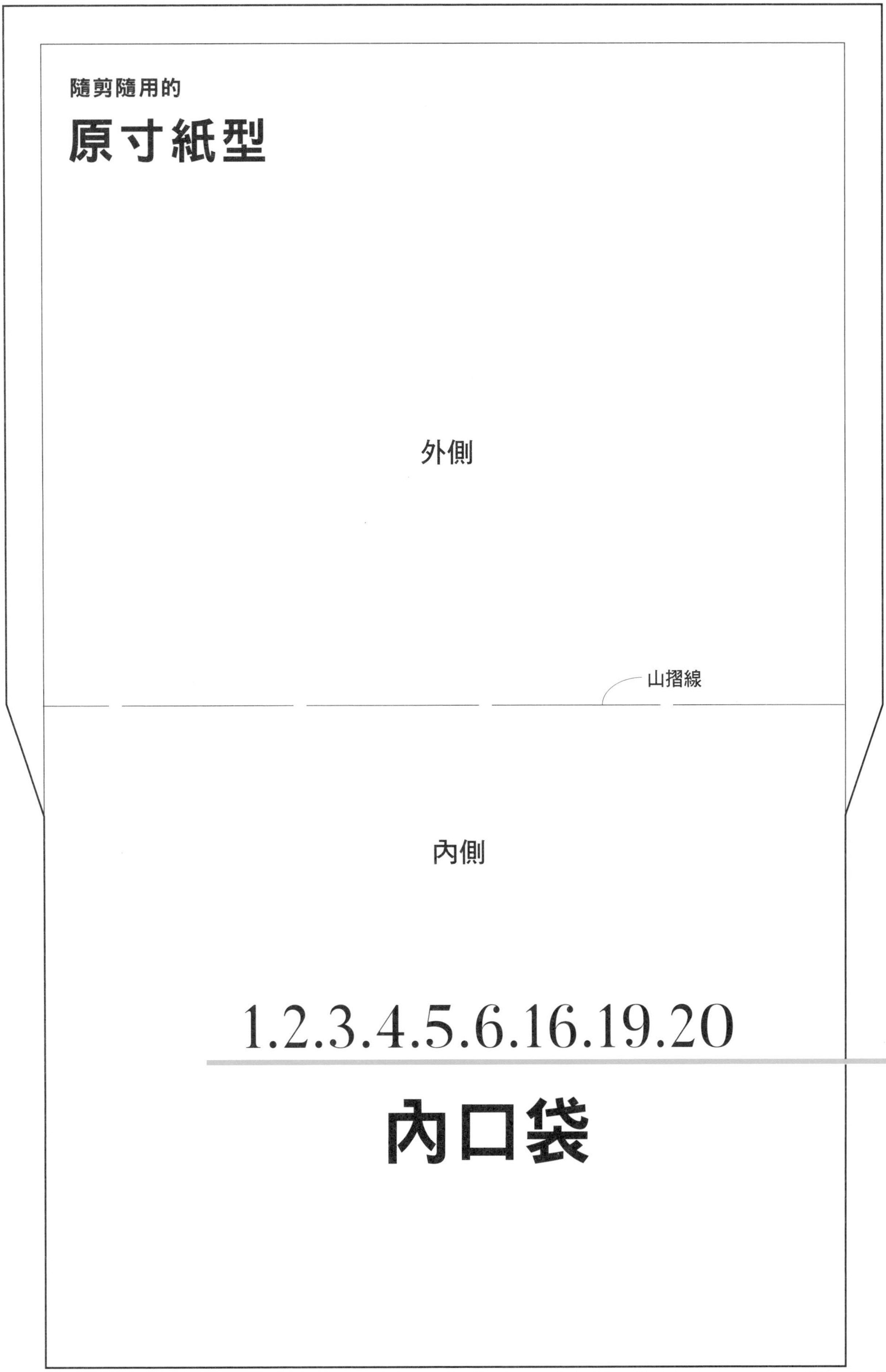

1.2.3.4.5.6.16.19.20

內口袋